名家侃花木经营

方　成　著

中国林业出版社

图书在版编目(CIP)数据

名家侃花木经营/方成著. - 北京:中国林业出版社, 2012.10

ISBN 978-7-5038-6749-1

Ⅰ. ①名… Ⅱ. ①方… Ⅲ. ①园林-经营管理

Ⅳ. ①TU986.3

中国版本图书馆 CIP 数据核字(2012)第 220831 号

出版 中国林业出版社(100009 北京西城区刘海胡同 7 号)

电话 83224477

网址 lycb. forestry. gov. cn

发行 新华书店北京发行所

印刷 三河市祥达印装厂

版次 2012 年 9 月第 1 版

印次 2012 年 9 月第 1 次

开本 787mm × 1092mm 1/16

印张 22

字数 457 千字

序　一

方成老师的又一部力作《名家侃花木经营》就要问世了。方老师的勤奋和高效那是没的说，沉寂了大半年的时间又有新书出版，这我一点也不奇怪。可是，接下来让我诧异的事情来了——方成老师竟让我为此书写序?!

知人者智，自知者明。我不智不明，但对自己半斤八两那还是有数的，方成老师这不是拿鸭子上架吗？我是谁？东北黑土地上的老冒一个！人家方成老师那可是皇城根的大家，是名人大腕，让我染指老师的大作，呵呵，这个本事和勇气真没有。要是老师有其他的事，不消说，我早借两条腿，跟前报到领命了！可是这事，我答应也不是，不答应也不是，就一拖再拖，不想老师的电话执拗地打来，这样就不好再说什么了，只好勉为其难，写上那么几句。

抽空上网打开中国花卉网“老方侃花木经营”专栏一看，竟真的让人放不下。这些看似随意的文笔，会牢牢地抓住你，让你欲罢不能。这些文章，有的给你打开一扇窗口，让你领略沁人心脾的风；有的把住你的命门，直达病灶；有的指明你的方向，该刹车该加油让你心领神会；有的就事论事却让你茅塞顿开，心悦诚服……

也许作为业内人士，在这个行业里摸爬滚打了20年，让我有了读懂老师书的本钱：这是一本指导性超强的工具书。老师的书，不是才华词藻的堆积，而是言之有物，是心血的凝聚。把那些深奥的人生哲理用浅显的叙述，娓娓道来，不自觉地启发了你，教育了你、武装了你。读着读着，就会领悟到他那深深的爱和社会责任感。那份童贞一样的真诚，那一腔火热的激情。老师是用心在耕耘，他像陀螺一样高负荷地运转，像蜜蜂一样飞个不停，然后送人芳香和甜蜜……

我认识方成老师的时间不长，那是在“全国十大苗木经纪人”“东北精准苗木第一人”梁永昌先生在北京顺义成功举办的“2011全国苗木行业发展研讨会”上。当时，方成老师到会，作了精彩的报告。应永昌老弟的抬爱，我也不避浅薄上台讲了自己从业、创业的经历。会后，永昌介绍我与方老师见面。他睿智开朗，富有激情，讲到一些新品种时神采飞扬，滔滔不绝。他有理论高度，我有基层一线的感受，我们相谈甚欢，相见恨晚。我邀老师抽时间来东北，来开原。老师欣然允诺。也就是在那次见面的2个月之后，接到方老师的电话，老师还真说来就来了。下午6时许，夕阳西下，晚风吹散了炊烟，正是北方人用晚饭的时间。老师到后，我说“你稍事休息，我们去吃饭”。“不急，我还是去你的基地转转再说”。拗不过老师，这一转就是两个多小时。按老师的意见，我们就近找了个小饭店，简单地吃了几口。本想再带他尝尝东北本地的特色饮食，但被他一口回绝。第二天早上，他一眼血丝地拿出他的手稿“铁岭出了个赵本山，苗木界出了个郭云清”。数天后，《中国花卉报》原文发表了老师的稿子。之后，老师又来了一次。但来也匆匆，去也匆匆。

一个人服一个人，一个人认一个人，有时真的不需要太久的时间、太长的过程、太多的事情来认证。老师的真诚、敬业、平易和若谷的胸怀一下子就让我锁定了一个想法：这是一生的良师益友。

说来有趣，有一件事让人感慨。江苏省滨海县滨海港经济区，有个80岁的朱同康老人，在报上看到方老师的文章，竟拿着报纸两次不远千里来看我，并求购密枝红叶李等种苗。酒桌上，他说：“82岁的老奶奶（老伴）发动孩子们（5个孩子4个大学毕业，1个中专毕业）开我的批斗会，都让我给顶回去了”“他们能给我钱，能给我追求的快乐吗。我动员84岁的大哥（大舅哥）做老奶奶的工作，他们才放行。”——耄耋之年尚有如此雄心，还在奋斗！这件事让我更好地读懂和理解了老师。也让我不自觉地想到自己曾经的艰辛。

我初中毕业后，自己开过店，卖过豆腐，当过兽医，挨家挨户去劁猪。最后，深一脚浅一脚地迈入苗木花卉这一行。创业之初，在我最困难的时候，我经常租用的出租车司机贾师傅居然主动借一万元钱资助我；粮库退休老职工杨大伯大年三十前主动借钱给我，让我过了一个不算太寒酸的新年；开原市委书记于洪波在我有思想波动的时候，约我到他的办公室，给我打气，指明方向；铁岭市市长吴野松亲自为我协调贷款……正是一个个贵人的倾情相助，让我迈过了一个又一个沟坎，登上了一个又一个台阶。几经风雨，几经坎坷，到2012年初，我的基地已有3450亩，达到事业的巅峰。但我不会就此止步，为了那些我爱和爱我的人，我不会懈怠。我要向方成老师一样永远拼搏向上，用更大的成功来回馈社会，回馈亲人和朋友。

兴之所至，不知所云。这算不算序呢？还是让读者作评价吧。

郭云清

2012年5月16日于辽宁开原

序 二

龙年阳春三月，桃花竞放。在此赏心悦目春意盎然之际，欣闻方成老师《名家侃花木经营》一书即将付梓出版，并致电我代为作序。此番美意让我心潮澎湃，受宠若惊。我才疏学浅，孤陋寡闻，甚难堪当此重托。无奈方老师之诚挚又不敢懈怠，我也就只得硬着头皮勉强而为之。

方老师于《中国花卉报》采访报道20余载，足迹遍及大江南北。深入基层采访报道，其文字朴实无华、浅显易懂、贴近百姓，对行业指导性强，让我受益颇丰。亲聆方老师的精彩演说，是在2006年邯郸花木信息交流会上，其主张“花卉生产必须走专业化之路，但企业发展到一定规模时专业化不等于单一化”的论点堪称经典，精辟独到。我吸收消化引用至今，对我公司的迅速崛起、发展壮大起到一定的作用，方使我“七彩”屹立于燕赵之南，闪烁于万花丛中。

我创业之初，仅凭一辆三轮车和二亩地一个大棚，靠摸索搞点草花生产，小打小闹。几年下来，积累了少许经验，并以“吃苦耐劳，诚信待人”的秉性赢得周边同道的赞许认可，并得到很多朋友的帮助，终于迈出成功的第一步，于2009年正式注册“邯郸市七彩园林绿化工程有限公司”。

我的经营，也从此跃上了一个很大的台阶，由单一的草花生产，发展成为集容器苗木、彩叶苗木、造型苗木为一体化同轨发展的较大型花木企业。在此毫不谦言地说，我的初步成功，得益于《中国花卉报》的报道，以及园林苗木容器栽培等新的栽培模式。这其中，方老师的大量采访报道具有针对性，可采纳吸收，是花木企业导航的一盏启明灯。

企业发展成功之日，即是回报社会之时。因为财富是社会给予的，成功是朋友帮助的，非一人之力。故尔，在我能力之内多伸手帮助朋友，此乃我一惯之习性。

我公司位于赵都之肥乡，人勤地肥民风淳朴，是苗木生产之沃土。近年来，在我公司的帮带下，肥乡成方连片的苗木已初见端貌。坚信不久的将来，“花木之乡”将榜上有名，亦将以公司带动农户的方式运作开来，造福乡里，致富一方。

以上是我多年的苗木生产经营心得，在此拿来一并与同道仁人贤达探讨沟通，以希共谋发展，同兴花木产业。

方老师《名家侃花木经营》一书结集而出版，实乃花卉业之幸事，经营者之福音，让我们一起拜读，从中吸取营养，取精用弘开来开启财富之门，共同走向成功之路。

言至于此，意犹未尽，惜吾水平有限，词不能达意。不揣冒昧，头上脚下，如石乱飞，不足不到之处望同仁斧正。

即生于斯，乃乐于斯，即为斯道，乃敬斯业，可谓道亦有道，乃“花木经营之道”也。是为序。

王建明

于邯郸七彩轩 壬辰年五月

目　录

上　篇

下 篇

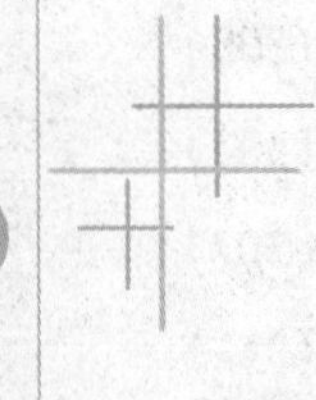

上篇

写给2012

今天清晨，我像往日那样起来，下意识地走到窗前。拉开窗帘，窗外依然黑乎乎的一片，路灯还在闪着明亮的光芒。但黑暗大势所去，东方已经曙光初现，呈现出一片白闪闪的亮光。这种白闪闪的亮光扩展着，延伸着，放大着……由此，城市的轮廓渐渐清晰地展现在晨曦之中。

楼下的路上，遛早的人也逐渐多了起来。不知不觉，在晃动的人影中，还出现了一个清洁女工。她开始挥舞扫把，清扫地面。“唰，唰”的声响，打破了这似乎还在沉睡的小区，而且一下比一下有力。这一切，虽然与往日没有什么不同，但新的一天就是这样开始了。其实更准确地说，从今晨开始，是新的一年开始了。不管你愿意还是不愿意，时间老人始终都按照自己的规律向前行走着，既不快，也不慢。

展望2012年，我们不能不说2011年。这一年，虽然三晃两晃地就这么过去了，甚至还没怎么咂摸滋味。但回头想想，让人感慨的地方还是不少。这一年，国际上就没消停过。先是日本罕见的大地震，尔后核泄漏，让国人都惊吓了一把。后来，美国军方以迅雷不及掩耳之势击毙了本·拉登。然后是北约和美国轰炸利比亚，反对派胜利，叱咤风云40余年的卡扎非死亡。令人喟叹。紧接着，传来欧洲债务危机，不少欧洲国家相继发生大罢工。这种情况，还会蔓延到新的一年。年底，我们的邻居——朝鲜的国家领导人金正日逝世，世界震惊。这之前，美国苹果公司的创始人、首席执行官史蒂夫·乔布斯逝世，让世界失去一位创新大师感到无比悲伤。

在世界复杂多变的情况下，倒是我们中国，度过了又一个经济持续平稳发展的一年，既平平安安，又风调雨顺。民以食为天，年底，农业部传来一个非常好的消息：中国粮食首次连续8年出现增长，迈上了1.1万亿斤的新台阶。手中有粮，心里不慌。13亿人口的大国，没有一定的耕地面积，保证充足的粮食生产是不成的。这都是宏观上的事。

具体到我们花木行业，我认为，这一年把“痛并快乐”一词，改成“兴奋与迷茫”并存这个词来概括是不为过的。说兴奋，是因为春天的苗木行情，从南到北，从东到西，形势大好，一片莺歌艳舞。苗木不仅大苗上涨抢手，小苗也非常紧俏好销，就连最不起眼的榆树小苗都成了香饽饽，而且价格不菲。这一春，哪一家都大赚一把，锅满钵盈的。因此，称之为苗木业的“牛市”“牛气冲天”一点也不为过。说迷茫，是因为进入10月秋天以来，苗木业与春日成了冰火两重天。销售上几乎没有动静，静得有点让人发毛。人们感到瑟瑟的寒意袭来。

新的一年，往大了说，我们希望世界平安。但究竟发生什么事，谁也说不准，谁也挡不住，只能顺其自然，静观其变。我们花木业也是如此。春来时，苗木业肯定还会像往年一样，销路不会少，因为各地还处在大规模的建设之中。中西部地区随着经济的快速发展，对苗木还会有一个明显的提升。这种大的格局并没有发生任何的变化。至于小苗是否还那么抢手，就不好说了。因为小苗毕竟是以苗圃育苗为主，繁殖容易，且需求有限，工程上又基本使用不了。

新的一年，总有新的期待。在此，我送给朋友们3个祝福。

一是祝福您的企业有一个好的定位。我之所以一开始就说这个问题，是因为我们的花木产业经过30余年的发展，产品定位应该摆在突出位置了。一个上百亩甚至上千亩的花木企业，不能再像开杂货铺似地，什么都搞，什么都有。但最终，是什么都不多，什么都不精，还是初级产品。人家一要成批量的高质量的苗木，只能望洋兴叹。干瞧着，别人大口吃肉，而自己甚至连汤都喝不上。

我在2011年，跑了16个省市，这方面的感受最深。因为凡是近些年产品定位清晰，行事果断的企业，都尝到了甜头。以搞苗木经营的铁岭开原的云清苗圃郭云清为例，他有3000亩的苗木，就定位那么几个品种：密枝红叶李、金叶榆、紫叶水蜡、金叶糖槭等。其中，密枝红叶李竟占了1000多亩，红色海洋似地，好大一片，让人振奋。前些天，刚刚去的广州绿航农业科技有限公司程德成那里，更是让人振奋，2000多亩的温室大棚，定位更绝。数百个观叶植物品种，他就选择1个品种：绿萝。这两家企业，虽然产品都很单一，但效益却出奇地好。郭云清去年的销售额可以达到数千万元。程德成的销售额可以超过1亿元。多么让人欣喜。定位Positioning，是美国定位之父杰克·特劳特先生1969年首次提出的商业概念，指企业的产品必须在外部市场竞争中界定，回过头来引领内部运营，才能使企业产生的成果（产品和服务）被顾客接受，继而转化为业绩。那么，产品定位，选定什么样的品种为好？从郭云清和程德成的经验看，一定要结合当地的情况，选择适应市场广阔的、占有量大的花木品种。适应面窄，再好的品种也要慎重。

二是祝福您往精细上管理。精细管理，不是目的，目的是使我们的产品实现优质化，精品化。优质化和精品化是我们花木业发展的必由之路。

前几天，《经济日报》一位名叫张朝阳的老先生给我打电话，问我这些年花木业的发展情况。我说，如今的花木业已经比起改革开放初期不知发展了多少倍。今后的发展，主要是向现有的规模要效益，走精品化发展之路。因为，我们在这方面与国际上还有不少差距。以1株出口月季苗为例，欧洲人生产的月季销售价是6欧元，而我们销售价只有1欧元。相差5倍。其他的花木产品情况也大体如此。而我们这样一个人口大国，又不能无限制地拿出土地去种植花木。在数量上跟人家竞争，这样也有点太傻了吧。所以，我们必须走精品之路。这是市场竞争的需要，也是提高经济效益的需要。而品种相对单一，定位准确，就为花木生产实现优质化、精品化打下了一个很好的基础。

当然，这只是基础而已。我们只有在培养员工爱岗敬业上下工夫，在科学养护上下工夫，才不愁搞不出精品来。但我想，这需要我们的经营者高度重视，在思想上牢固树立精品的观念，下大力气来抓，而且要狠抓数年才行。否则，即使雷声大，也是雨点小，没什么明显的成效。

三是祝福您心境好。曾国藩说：心安为福，心劳为祸。心境好，比什么都重要。这与多么富有与金钱并无大的联系，但也是人生的终极目的 。因此，我们在经营上，在追求物质财富的路上，只要尽力了，拼搏了，进取了，就行了。至于企业发展有多大，效益有多高，都退到了次要的位置。有了好的心境，就没有什么困难和烦恼牵制得住你。让你的心和员工的心紧紧地靠在一起吧。同舟共济，踏着一路鲜花，在反思中奋进，忘记岁月的沧桑，畅想明天的美妙，吉祥康乐！

灿烂的朝霞已经出现在东方，一轮火红的太阳即将喷薄而出。让我们携手共进，在新的一年中取得更好的成绩！

2012年1月1日，上午

一年之计在于春

一年之计在于春，这是立春节气的一句谚语。今天是2月4日，就是立春。早上吃过早点，妻子从超市回来，买回来一大袋子东西。我问她中午吃什么？她说吃春饼。她这么一说，我才纳过闷儿来，敢情今天是2012年立春了。因为立春是要吃春饼的。

立春是二十四节气之一，又称“咬春”，还有“报春”一说。立春，即是万物复苏开始的意思。古代有四立，即春、夏、秋、冬四季的开始。其农业意义为春种、夏长、秋收、冬藏，概括了黄河中下游农业生产与气候关系的全过程。

在我的老家北京乡下，立春这一天，是不说立春的，而是说“打春”。我记得小时候这天晌午放学回来，问母亲吃什么，母亲会笑着说："今天打春了，吃春饼裹鸡蛋，让你这个馋猫饱饱口福。"听到这话，我连挎在身上的书包都顾不得放下，就屋里屋外的蹦着跳着叫着："啊哦，啊哦，吃好吃的啦!"因为春饼是白面的，鸡蛋是家里的鸡头冬天下的。这些东西，除了过年，平时是吃不上的。

说到立春，我想起我喜爱的作家朱自清先生的一篇著名的散文，这篇散文就是《春》。朱先生文章的开头三段话是这么写的：

盼望着，盼望着，东风来了，春天的脚步近了。

一切都像刚睡醒的样子，欣欣然张开了眼。山朗润起来了，水涨起来了，太阳的脸红起来了。

小草偷偷地从土里钻出来，嫩嫩的，绿绿的。园子里，田野里，瞧去，一大片一大片满是的。坐着，躺着，打两个滚儿，踢几脚球，赛几趟跑，捉几回迷藏。风轻悄悄的，草软绵绵的。

这三段话写得多么生动，大自然的阳气升发，万物的复苏与朝气，大地焕然一新的模样，都展现得淋漓尽致。

朱先生末尾的三句话，写的也非常地道：

春天像刚落地的娃娃，从头到脚都是新的，它生长着。

春天像小姑娘，花枝招展的，笑着，走着。

春天像健壮的青年，有铁一般的胳膊和腰脚，领着我们上前去。

是啊，春正如朱先生所说，就像刚落地的娃娃，就像花枝招展的小姑娘，还像有铁一般胳膊和腰脚的健壮青年。

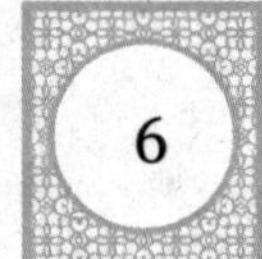

春的这番景象，在江南地区要出现得早一些。"江南春早，莺飞草长"说的就是这个意思。在我所在的华北地区，春则来得迟，要到4月初清明才像朱先生所描绘的那样，一切都像刚睡醒的样子，小草才会偷偷地从土里钻出来。但华北地区从立春开始，气温会随之回暖，春天的味道还是会渐渐地显现出来。被冬雪浸润过的土地散发着泥土特有的清香，会裹在季风里扑面而来。小草也会尽早地从冻得发僵的泥土中拱出新芽。这是自然界的大趋势，是任何力量也阻挡不了的。

一年之计在于春。这是一个农事开始的信号，是带给我们新的一年以无尽的希望的标志。农事指南说："走亲访友把年拜，莫忘怎样种好田。二十四节掌握好，才能丰收夺高产。看天看地讲科学，农林牧渔齐发展。土地渐渐把冻化，耙耢保墒莫迟缓。划锄耙压冬小麦，保墒增温分蘖添。抗旱双保不能忘，开动机器灌春田。农具机械早筹措，化肥农药备齐全。粮棉种子准备足，优良品种要精选。"这些说的都是农事，实际上也适用于我们花木业。

因此，从这一天开始，我们的苗圃经营者，要满怀豪情，以崭新的姿态，谋划这一年的打算，作出一个新的发展计划。如果你能把一年之春抓好，你自然就拥有了美好的一年。因为，我们立春播下希望的种子，加上辛勤耕耘，换来的肯定是累累的硕果。

那么，计划怎么制定？希望的种子怎么播下？我想，不同规模的苗圃，不同地区的苗圃，甚至不同树种的苗圃，都会有不同的计划，而且计划也是多方面的。但我认为，鼓励科技创新，在全苗圃造就一个科技兴圃的氛围迫在眉睫。这一点，计划里是万万不可缺少的。为什么科技兴圃迫在眉睫？这与当下的大趋势密切相关。当下，苗木发展的大趋势就是花木优质化。从植株健康到株型优美，缺一不可。粗放型经营，不讲科学，凭老道道搞经营、搞生产，已经吃不开了。这一点，当老板的必须明白。不然，你的花木产品在市场上就不好销，就卖不上好价钱，就没有竞争力。

那么，如何实现优质化？很显然，这就离不开科技上的给力。我的看法是，要想做到这一步，作为老板，就要有科技兴圃的计划措施。比如肥料，比如设施，比如修剪，比如嫁接，比如病虫害防治，比如打药，比如浇水等，这些方面，都有不少需要改进的道道。这些，老板要依靠各部门和员工们实现。换句话说，是要靠人来实现的。

因此，我觉得当老板的有必要成立一个科技创新领导小组，或者科技创新评议小组。凡是员工有了科技创新，对生产发展或者降低成本有明显成效的，经过小组认可之后，都要给予奖励。年底，再评个科技创新能手之类的称号。当然，有条件的，还要尽可能地利用科技院校的科技人才。两股绳拧在一起，力量会更大。总之，我们的苗圃要营造一个科技兴圃有功，科技兴圃光荣的浓郁氛围。有了这样一个氛围，经过一番努力，也许一年，也许两年，最多三年，不愁我们的苗圃没有一个明显的变化。当然，人的认识是无止境的，科技创新也是无止境的，只要我们始终咬定科技这座青山不放松，依靠科技转变花木发展方式，我们的花木产品不愁没有市场竞争力，不愁赶不上世界先进水平。

一年之计在于春。其后还有一句话：一生之计在于勤。勤就是动。您制定好计划，就早点付诸行动吧！

2012年2月4日

苗木，种什么有前途

大约10天前，我作为演讲嘉宾，参加了在山东临沂举办的华东苗木信息交流会。在会议报到的这天傍晚，主办者组织了一个座谈会。座谈会采取的是互动的形式：苗木经营者提问题，专家现场解答。1个多小时的时间里，据我观察，大家问得最多的问题是：种什么苗木品种有前途？第二天开会，专家演讲，之后，演讲嘉宾让大家提问题，大家提问题最多的，还是如昨日一般："种什么苗木有前途？"问这类问题的经营者，显然多数都是刚加入花木行业的新人。乱花渐欲迷人眼。面对各种各样的品种，新人有点不知所措，摸不着门儿，找不到北的感觉。

是啊，一个苗圃种什么苗木有前途呢？选择好了品种，就选择了未来，就有前途，就有钱赚，就有希望。这就好像我们到了一个陌生的城市，去一个地方，倘若打听清楚乘哪路公交车，方向不错，就很容易到达目的地。不然往往就有可能南辕北辙，背道而驰，绕半天也找不着地儿。一句话，路线对了头，一步一层楼。至于种什么苗木品种为好，我当时都鲜明地亮出了自己的观点，逐一作了回答。纵使回答的不非常准确，但听者均甚为满意。

时间如梭。一晃会议已经结束了许多日子，但我心里还想着当时大家提问题时那种急迫的样子。我在想，参会的人关心的问题，未参会的不少新人也会关心的。大家在一个行当，种什么是个大问题，会有同感的。

现在，费点时间，把当时回答的话，整理出来，供更多的兄弟姐妹们参考，以免走偏了路子。

一是选择乡土树种发展。乡土树种都是经过上百年，甚至数百年时间考验的，已经适应了一个地区的生存环境，没有水土不服的问题。因此，你选择了乡土树种，就选择了蓬勃生机，就选择了强大的生命力，不存在是否成活的问题。于己于人都有好处。这是基础，这是前提。我再说句生硬的话：这是必须的。

二是树种是有地域性的。袁枚说：苔花如米小，也学牡丹开。这就是说，任何一种植物，在自然界里存在，都有它存在的必然性，都有它存在的价值。但受地域气候和环境限制，植物的适应范围是有一定局限性的，并不是放之四海而皆准的。同为乡土树种，在长江以南适应种植，在黄河以北就并非适应种植。换句话说，在此地为乡土树种，在彼地就不属于乡土树种。就像我们人，有水土不服的问题。引种新树种很重要，但一定在你所在的地区中寻找新的树种，寻找新的突破。反之，总想从老远的地方引种新树种，别出心裁，与众不同，结果没经过三冬两冬的，就几乎全军覆没了，这样的例子不少。真惨！几十万，上百万的银子打水漂了。教训啊！我们一定要牢记。

三是新品种先试种。吃不准的树种，别人又反复向你推荐的树种，有经济条件的，可以少量地引种。总而言之，别人即使说得天花乱坠，你也不能脑袋瓜犯热，大举进军。

四是种植适应性广泛的树种。在那次会上，有来自济南的人问我：发展日本红枫有没有前途？问这样问题的人，如同前几年红叶石楠热时，问红叶石楠在济南有没有前途一样，都是看到别人发展这个赚了大钱，想跟进。我看，这是不可取的。对此，当时我的回答很明确：在济南，甚至在山东，我是不赞成发展日本红枫的。日本红枫和红叶石楠，都是华东地区的强势品种，非常适合长江流域种植，而且生长速度快。这两个树种，在山东生长也没多大问题，但都属于边缘品种，再往北，就生长困难了。由此说来，这两个品种你若是生产，日后销售出路只能在南方。而往南销售，你怎么可能竞争得过江南地区？人家养一年，你几乎要养一年半，成本要多出许多，很不划算的。以此类推，凡是江南地区的强势品种，多数在北方都不宜大力发展。所以，一个苗圃选择的品种，尤其是主打品种，一定要选择适应广泛的品种。左右逢源。如此一来，你的销售范围不半圆形的，而是整个圆，三百六十度。既可以往南销售，也可以往北销售。

五是不要选择大路货品种。一个地区已经形成大规模种植的品种，你就不要跟风，不要大力发展。还是百舸争流，千帆竞发为好。你寻找你的优势为好。北方地区的苗圃，有很多搞得比较少的品种，诸如小叶朴、大叶朴、七叶树、楝树、椴树、黄连木等，都可以大量发展。不要总往银杏、法桐、国槐、白蜡、栾树上用劲儿。这些老树种，在一些地方已经形成苗木之乡，有非常大的生产基地，你新上的苗圃怎么跟人家比拼。前几年，我去过一个苗圃，他就另辟蹊径，专门种植马蔺（俗名马莲、马兰花）。马蔺自然野趣，作为地被植物发展，也是很不错的。

我认为，一个苗圃，就种植品种而言，按着这些路子走，种植方向不会错，一定会大有前途的。哥啊，妹啊，你就莫回头，大胆地往前走！

2012年7月8日，晨

紧盯自己的乡土植物种类

过去常听一句话，外国的月亮比中国的圆，什么都是外国的好。到现在，这种认识还有一定的市场，还没有消除掉。其实，这是一种自卑的片面的认识。

以咱们中国的植物来说，就满不是这么一回事。因为，我们中国原产的植物几乎比世界上任何一个国家都要丰富，都要齐全。

从这个意义上说，我们的月亮也很圆，也很亮，也很漂亮，足以照亮我们的前程。

这个认识，是最近拜访中国工程院院士、北京林业大学教授陈俊愉老先生后得到的。

陈先生今年已经94岁高龄了，功成名就，桃李满天下。好几个出版社都想给他出自传，他也答应过给出版社写自传。

但老先生思来想去，觉得自传是要写，但还不是时候，现在最需要写的，是要把外国人和中国自己同胞们在植物分布上的一些不客观的认识纠正过来，还事物的本来面目。

近日，他刚刚完成《菊花起源》的书稿，做的就是这方面的工作。这本书30万字，不仅有中文，还有英文。

配上英文，主要是给西方人看的，特别是给美国人看的。因为西方人一直有种错误的认识，认为菊花的原产地是日本。

西方人形成这样一种偏见，主要是日本近几十年菊花育种比较发达，加之在国外学术刊物上发表了不少文章所致。

菊花起源于日本，是不对的，这是把道理讲歪了。实际上，是唐朝时，日本的留学生到中国长安学习，把菊花带回了东瀛。在此之前，日本是没有菊花的。

而在此之前，中国就有大量的野生菊花存在了。陶渊明的“采菊东篱下，悠然见南山”诗句，就很能说明问题。

当然，那时候的菊花，并不一定就是现在的观赏菊花。但那时候的菊花，跟现在我们泡茶喝的菊花是差不多的。

这些年，陈先生的学生们通过野外实地调查，已经找到了几个栽培菊花的野生亲缘种。还有，用人工的方法，把南方的和北方的野菊杂交，形成了现代的观赏菊花，都很成功。

“写完菊花的书，您该休息休息养养神了吧？”在陈先生家，我问他。

“哈哈哈！不行，时间不多了，我还要争分夺秒地写。”

“对了，该写您的自传了。”

“不是，主编学生们翻译的一本书。这本书可谓大名鼎鼎，是长中国人志气的一本书。”

“是一本什么样的书？”

“这本书就是《中国——园林之母》（China Mother of Gardens），是一个叫威尔逊的英国人1929年写的。在西方影响非常大。威尔逊通过几次到中国调查，得出的结论是，中国是世界园林之母。”

威尔逊（E.H.Wilson），生于1876年，是20世纪初英国著名的自然学家、植物学家、探险家和作家，曾任美国哈佛大学植物研究所所长。

1899年初，威尔逊第一次踏上中国西南部人迹罕至的土地。此后，他被这片神奇的植物王国所吸引，共计4次不远万里到中国收集植物。

他的足迹，遍及四川、云南、湖北、江西等省。尤以在四川境内收集的范围最广、持续的时间最长。

我看过一份资料，说在前后12年时间里，这位老兄在我们中国一共收集了65000多份植物标本（共计4700种植物），并将1593份植物种子和168份植物切片带回了西方。

其中，最著名的，有被西方称为“中国鸽子树”和“手帕树”的珙桐，有被称为“高傲的玛格里特”的黄花杓兰，有被称为“帝王百合”的岷江百合，有被称为“花中皇后”的月季，还有被称为“华丽美人”的绿绒蒿，以及后来，成为新西兰栽培水果“中国鹅莓”的猕猴桃等。

近一个世纪以来，“中国是世界园林之母”的提法，已为众多的国外植物学者和园艺家所接受。但圈子还是小。

如今，陈先生让学生把这本书翻译成中文，就是想让所有的中国人都知道：我们中国是世界园林之母，我们的植物种类是极为丰富的。在不排除外来种源的情况下，主要依靠自己的植物资源，完全可以从事大规模的花木生产，大规模的绿化美化，打造一个非常绚烂多彩的植物世界，实现生物多样性的目标。

扬自己的优势，壮自己的威风吧。

90多岁的陈先生，整日煞费苦心，争分夺秒，奋笔疾书，这么热爱自己的祖国，为的不就是这个嘛！

2011年8月22日，晨

发展乡土植物的4种途径

前几天在长春，我去了吉林农业大学，给园艺学院的学生们作了一场报告。500多人的梯形教室，座无虚席。学生们刚开学，正在军训。他们穿着迷彩服，一身戎装，真是精神抖擞，活力四射。在他们的感染下，我也格外兴奋。讲完中国花木产业发展最新状况和年轻人如何走上成功之路后，掌声四起。借着这股浓浓的气氛，我让同学们提问，互动一下，效果更好。

有一个男研究生问道："听了您的介绍，加上我自己的感触，我们东北地区受寒冷气候的影响，园林绿化使用的乡土植物不是很多，品种还比较单一。这就表明，我们东北地区利用乡土植物的潜力还很大。您认为，在东北地区，应该怎样尽快发展乡土植物，才能满足园林绿化的需要？"

我说："园林绿化使用的乡土植物比较少，这个问题不仅东北存在，在全国也是普遍存在的。这种情况，与我们是世界园林之母的地位极不相符。如何缩小这个差距，让资源优势变为产业优势，我提出4种途径。"

哪4种途径呢？

我向同学们逐一道来。

"第一种途径，是继续发展现有在绿化中普遍应用的品种。比如，我在东北许多地方看到的杨树、柳树、榆树、山桃、丁香、蒙古栎，槭树类以及松柏类植物等。这些常规品种，虽然面孔比较老，种植的比较多。但今后的园林绿化，仍然离不开这些乡土植物。它们之所以大量存在，就是因为它们早已适应了这片黑土地。好繁殖，不畏严寒酷暑，易成活，管理粗放，是他们共有的特征。我想，任何时候，这些植物都是我们园林绿化的主力军，任何时候都是苗木生产不可忽视的品种。我所在的北京也是一样。你出了门，走到大街上，你就可以看到国槐、栾树、银杏、柳树、杨树、桃树、白蜡什么的。现在，他们是园林绿化的主力军，今后依然改变不了这种情况。我想，即使再过一百年也是如此。

第二种途径，是大量发展孤植品种。所谓孤植品种，就是在绿化上早已应用，而且还有上百年大树存在的植物。这些植物，由于繁殖有一定的难度，或者缺少种子来源，我们的苗圃还没有批量生产，有的甚至连少量的生产苗都没有。这方面，我们要千方百计把它做大做强。长城以南地区在这方面有成功的例子。比如七叶树，比如灯台树，比如密枝红叶李，七八年前还极少见，现在一些苗圃已经实现规模化生产了。大量挖掘、发展这些乡土植物，是需要克服不少困难的。我想，我们的同学们毕业之后，你自己当老板也好，你到公司打工也好，一定要树立战胜这些困难的信心。我们今天的学习，就是为了明天解决困难，战胜困难，向科学技术高峰攀登。

第三种途径，就是引进、驯化还在山野里睡大觉的乡土植物。我们有很多非常好的植物品种，在山里，在野外，在大自然，都还在默默地生长着，园林绿化中，找不到它们的影子，藏在深闺无人问。这不禁让人喟叹。前几年，我在河南郑州，看见河南四季春园林绿化有限公司从豫西的大山里，把一种叫巨紫荆的乔木引进了苗圃，并且成功地进行了选育和繁殖。这就很好。让资源变成了绿化材料，就是大功臣!

还有一种途径，就是擦亮眼睛，用心发现大自然中发生变异的乡土植物。河北的金叶榆，山东的金枝国槐、金叶国槐、彩叶椿，浙江的红运玉兰，成都的日香桂，河南的红叶杨等，都是经营者发现的变异品种。现在，它们都成了园林绿化的主力军。自然，这些新品种，也为经营者赚了大钱。”

我想，我把这些记录下来，既是对同学们说的，更是对我们的经营者说的。

什么是摇钱树？上面说的这些只要做到了一点点，你就等于找到了一棵摇钱树。

2011年9月14日，晨

精细精细再精细

我的心里有几分凝重。

因为心里有事，凌晨3点钟的时候，便起了床，走出南国海滨这宁静的酒店，漫步在如水的月色之中。隐隐地，可以听到不远处海浪的声响；肥大的阔叶树叶，好像在凑趣，在夜色中微微地摇曳，发出微微颤动的声响。这一切，听的是那么的清晰，那么的逼真，似有王维的“人闲桂花落”之意。而此时此刻，拍打我心中浪花的，是昨天上午在三亚市亚龙湾玫瑰谷（8月2日）的一番感慨之言。其主旨思想就是：精细精细再精细。当然，那番话我是代表中国花卉协会月季分会讲的，听众，是参加第五届中国月季花展览参展城市的六七十位代表。

大家是前天，也就是8月1日，从祖国的四面八方赶来，汇集到了天涯海角这座南国美丽的海滨城市。

在月季花展举办地亚龙湾玫瑰谷现场，代表们确认了各自的参展场地，之后，在宽敞、高大的月季切花加工车间小憩。承办方（三亚圣兰德花卉文化产业有限公司）搭起了一个几十米的长台。窄窄的台子上，摆满了热带新鲜的水果，诸如椰子、香蕉、红毛丹等，还铺上了精美的桌布。清凉、柔软的海风，从通透的钢架立柱周围吹进来，扑面而来，好一个舒适优雅的世界。大家吃着、喝着，置身在热带海滨城市特有的浓浓氛围中。

就是在这个时候，我站了起来，手持麦克风，讲了一番话。

“各位代表，大家好！大家都是从事园林绿化管理、设计、施工的，今天，我想讲一个观点。这个观点就是精心设计，精心施工。

大家知道，我们国家改革开放之后，经过30多年的发展，各方面都取得了巨大的成就。但我们没有理由自满，我们还要毫不懈怠，脚踏实地，继续努力。因为，我们在不少方面离发达国家尚有不小的差距。

从整体上说来，我们还没有摆脱粗放型经营的习惯，几乎不少方面都是以数量，以规模，以低价资源，以低价劳动力取胜。所以，有外国人给我们的评价是：巨人面前的小个子。

小个子也该感到自豪。因为我们毕竟有了一定的个头儿。况且，大个子从来都是从小个子变化过来的。但这些，不是从天上掉下来的，需要我们自己去改变。

经济发展到了今天，时代发展到了今天，粗放型经营已经吃不开了，整个社会的经济增长点和消费已经发生了根本的变化。正因为如此，党中央、国务院近年来才反复强调，要转变经济发展方式。

所以，我们必须变，首先是从思想上变。这种变，是向精细化方向变，是向集约型方向变，是向优质化方向变。我们的花木产品不例外，同样，我们的园林设计、园林施工也不例外。

一个经典的园林小品，一个经典的园林景点，一个经典的花圃或者苗圃，是离不开精细做支撑的。我刚才下车来到玫瑰谷的时候，看到切花加工车间感到很是惊喜，还对玫瑰谷的开拓者杨莹总经理说，这里的变化真大。4个月前我来过这里，还是这个大厅，还是这个场所，边边角角还可以看到垃圾，但这次来，一切都变了，变得是那么的整洁，变得是那么的优雅。这一切，无一不是精细做事的结果。

其实，我们现在很多地方，很多产品之所以让人感觉粗糙，就是做事没有做到十分，多数只做到了八分，多者做到了九分，就像胡适先生一百年前所说，中国盛产差不多先生。什么事，都是差不多，差不离。其实，我们多一点耐心，少那么一点浮躁，做事再多那么几分，把事情做足，精细、优质就成了零距离。

在世界经济一体化的今天，我们的月季协会，近几年跟世界月季联合会有了密切的联系。我们要给他们一个惊喜。两年前，我们在常州举办第四届中国月季花展览时，世界月季区域性月季大会同时举办，来了300多位世界各地的月季精英。这一届月季大展在三亚举办，各国的月季精英也不会少。因此，我们不仅要让他们感叹中国经济、中国城市的巨大变化，还要让他们感叹我们的月季园、我们的月季景点建设的飞快变化。而实现这一切，都需要我们精细做事，都需要我们一丝不苟地做事。我们把这一次做好了，就可以为今后做事打下一个良好的基础，同时，也是为各自的城市争光，也为国际旅游岛三亚争光！

美国长木公园一角

那么，做事怎么能做到精细呢？我想，我们最好的办法就是保持一种平静的心态，如白石老人题画所说：‘心闲气静时一挥。’

最后，我想把美国总统奥巴马5年前上台的时候，写给女儿一封信中的话送给大家。这封信非常感人，至今常在我的耳畔回荡。他说：

‘你们的祖母使我懂得，美国之所以伟大，并不是因为这个国家完美无缺，而是因为这片土地上的人们总能够使这个国家变得日益完善。现在，这个使命已经落到了我们的肩上’。

美国是现今世界上最发达的国家，奥巴马还希望这个国家变得日益完善，更何况我们呢？

让我们大家一起努力，做事认真认真再认真，精细精细再精细！目的只有一个，就是把我们这届月季盛会办德更加出色！让绚烂的月季花艺术地再现美丽的亚龙湾！”

会后，此次月季展组委会办公室主任华钢先生、三亚盛兰德的副总经理乔顺法先生，还有河南焦作市园林局设计室主任宋利敏女士等，都说我讲的精彩。我想，我讲的并不一定精彩，这我是有自知之明的，能吃几碗干饭自己怎么可能不知道。但我讲的内容，诚然应是很有现实意义的，并且具有广泛性。

为此，我匆匆地走回房间，打开电脑，将这些想法打成文字。对于没有来开会的人，也许这有一定参考价值。不然，我的心里怎么能平静得下来，会如一块大石压在心头，越发地感到沉重的。

记录下这段文字，我合上电脑，喝了一口茶，窗外已经露出了几许曙色，心里顿感轻松了许多。

2012年8月3日，晨，于海南三亚

打工是发现大商机的开始

打工，是改革开放之后出现的词汇。刚开始，听到打工这个名词的时候，还不习惯，打工者自己也不好意思让人家称呼他是“打工仔”，因为总有一种低人一等的感觉。如今，打工已经成了千千万万人的谋生手段。打工也就成了最普通的词汇，没人小瞧了这个身份。

打工，不仅是谋生的手段，而且可以从中发现大商机。自己单挑，日后成为大老板，这都是完全有可能的事情。

台湾王雪红女士就是一个典型的例子。

昨晚看中央电视台4频道，得知王雪红上了2011年福布斯全球亿万富翁排行榜。

而且，王雪红与丈夫陈文琦以68亿美元的净资产打败了去年的台湾首富郭台铭，成为新一代“台湾首富”。

王雪红，系出名门，台湾已故著名大亨王永庆的女儿。王永庆生前是台湾塑胶集团董事长，在台湾家喻户晓。他把台湾塑胶集团推进到了世界化工行业的前50名。

如今，王雪红成为大老板，我想，在她创业的时候，当爹的王永庆应该或多或少帮助过她。但王雪红做大，成为商界的领袖人物，绝对靠的不是他的老爸。她靠的是打工，发现了商机，自立门户，奋力打拼的结果。

她给谁打工？给她一个最亲密的人。这个人，就是她的二姐王雪龄。

大学毕业后，王雪红加入了二姐王雪龄创办的大众电脑公司，主要负责销售。

她不满足于每天坐在办公室里电话销售，为了多卖些产品，常常一个人拖个大桌子、租个展会摊，到处销售公司那些硕大的电脑。

利用姐姐公司的销售平台，王雪红学到了很多经营之道，但很快她就跌了跟头，而且这个跟头跌得很惨。

她由于缺乏经验，中了一个西班牙人的圈套。当时，这个西班牙人是作为大客户姿态出现的。好强的王雪红，在一番争取之后获得了他的大额订单。她在没有收取预付款的情况下便追加生产了大宗产品和相关配件，结果对方迟迟不肯支付款项。这可不是小数目，整整70万美元。

她受骗了，觉得是自己把姐姐的公司“毁了”。她觉得“自己的世界完蛋了”。但很快，她就振作起来。

面对这笔巨额订单的损失，王雪红毅然飞到西班牙追债。她租公寓，雇保镖，打官司，长达半年。

虽然到最后一分钱也没要到，但这种负责到底，“拼命三娘”的劲头儿，已经为她不久后的创业埋下了伏笔。

在等待官司判决的那段日子，王雪红不仅顶住了追债压力，还带着电脑在欧洲四处寻找新的业务机会。受过挫折的人，成熟得总会快一些。

1988年，她在硅谷接触到一家做芯片的小公司，忽然萌生了自己创业的想法。

当时，台湾大多数厂商都给欧美品牌做代工，通过组装进口的零件来赚取加工费。王雪红就想，难道中国自己的厂商就不能做整个产业？

于是，她当机立断，以母亲送给自己的房子做抵押，向银行借了500万新台币（约合人民币112万元），买下了硅谷的一家公司。

王雪红将业务重点锁定为芯片组。销路一直不错。1992年的一天，当时IT业巨头英特尔公司的首席执行官安迪·葛鲁夫提出想见王雪红。没想到，这次“召见”是葛鲁夫对她发出警告：“你不该做这个，英特尔对芯片组的挑战者会非常严厉。”

她不服这口气。她认为，美国芯片组的带头研发人几乎全是来自台湾的留学生。产品卖得非常贵，凭什么不让别人做芯片呢？于是，王雪红再次展现出她“拼命三娘”的劲儿，和自己的公司团队铆足了劲儿进行新技术的研发。

就这样，经过7年的不懈努力，1999年，威盛的芯片组上市了。而且迅速攻下全球70%的芯片组市场。

作为董事长，她前前后后在世界各个地方参加了100多场听证会。“拼命三娘”没有白拼命，王雪红带领她的威盛和宏达一路高歌猛进，终于成为雄踞世界、称霸台湾的IT领袖。

在打工过程中发现的巨大商机，不仅在IT业，各行各业都有。我们花木行业也是如此。

这些年，做进口新品种非常有名的女老板刘丽萍，最初，就是一个从新疆来北京的打工者。她在打工的过程中，发现了花木新品种有着很大的商机，于是勇敢地走出来，开辟了自己的新天地，现在已成为格瑞阳光生态科技发展有限公司的总经理。类似的例子，举不胜举。

打工，虽然是为他人作嫁衣，但要想日后成为大老板，做大生意，这个阶段还是不可缺少的。你会发现诸多商机。

2011年8月28日，午

24岁那年，张强销了1400万元花木

一个刚走上社会不久的小伙子，没有从业经历，没有后门靠山，24岁时一年就销售了1400万元花木。我听了这个消息之后，很是惊讶，真是佩服得不得了！

这个小伙子，就是成都市温江区薄利园林的总经理张强。

24岁那一年，他因为销了1400万元的花木，成为著名的花木之乡温江“杀出来的一匹黑马”。2011年，他在区花卉园林局的推荐下，被《中国花卉报》评为“2011年度全国十大苗木经纪人”。

他24岁那一年，其实离2012年非常之近，就是前年，2010年。今年，他才26岁。

2012年正月十五过后，我在温江见到了张强。这是一个瘦高个儿的小伙子，白白净净，不善言谈，也很少露出笑容，斯斯文文的，好像还是一个在校的大学生。别人说话时，或者与客户谈生意时，多数情况下他都是聚精会神地听别人说，一双明亮的大眼睛真诚地望着对方，一副恭恭敬敬的样子。

张强2009年注册成立了薄利园林的公司。只有一年，弹指一挥间，他怎么一下子就做到了1400万元的花木生意？很多人对此有点费解。我也一样，最初也有过费解。

他的家在温江区寿安镇长青村。在长青村的路边，有张强的一个苗木基地。在这里，他慢条斯理地给我讲述了其中的经营奥秘，这才解除了我心中的迷雾。

他说，2009年以前，他是国家电网系统的一名职工。真正使他走上花木经营这一行，有两个因素。一个因素是从小就生长在花木经济的氛围中。工作之后，虽然与花木经营没有什么关系，但他跟朋友们一起吃饭、喝茶，摆龙门阵，多数情况下谈的话题就是花木。张家前天进了什么好的苗木品种，李家昨天一笔花木生意挣了多少钱。慢慢地，他对花木经营有了兴趣。但只是有兴趣而已。真正让他辞掉公职专吃花木这碗饭的，是云南一个从事花木经营的女老板。

因为在此之前，他通过网络，做了西南地区花木商讯在四川的总代理。他揽这个差事，也是有一搭无一搭的事。然而就是在这种情况下，云南一个叫钟心美的绿化公司的女强人找他订苗。

钟老板来后，他背个学生包，整个一个学生装束。他实事求是地把自己的情况作了介绍。同时，他还把自己的身份证拿出来给人家看。尽管没有从业经验，但真诚的样子，却打动了那位远道而来的钟老板。

两人经过一番接触后，钟老板说："小张，我相信你。在温江进货，就托付给你了。"那一次，他跟钟老板做了20万元的花木生意，装了13辆车子。由此，他下定决心，走上了花木经营这条路子。

小张说，背靠温江这棵大树，花木生意特别好做。2010年上半年，他就往云南和重庆销了几百万元的花木。到了秋季，很长时间，他的销售业绩还没有什么变化，销售额还是那数百万元。但突然有一天，就厉害了。

这天，重庆有个客户给他打电话，说重庆市永川区凤凰湖有个市政绿化工程，需要一批苗木。他得知这个消息，就赶了过去。到了那里一看，对方要20厘米粗的大叶女贞3000棵，15厘米粗的桢楠要2000多棵。还有，对方要的也是大规格的，就是天竺桂，也需要一大批。他看了单子，很是惊喜。因为这些货都是温江花木的主打品种。

这一单子要是接下来，可不得了，一下子就是700多万元。但当时单子并没有全部给他，只是给了他其中一部分。按合同规定，对方每收到50万元的货，先付给他80%的款项。第一批货发过去之后，小张并没有让对方付款80%，而是送到第二批货才提付款的事。他所做的，就是全力以赴为对方组织好货源，把好每一棵、每一车的苗木质量，并连夜以最快的速度送到施工现场。他送的货，很快就让对方的老板看到了。老板非常满意，马上吩咐工程部："这次施工所需要的花木，全部由小张提供。"700多万元的生意就这么做成了。

我想，小张之所以能做成这么一大笔生意，其实很简单。抛开温江花木之乡这个大因素外，他主要是做到了这样几点：一是他的第一批货物送到之后，并没有盯着货款，不提钱，给人留下了很好的印象。他所做的，就是把好苗木质量关。他送的货，之所以感动了对方的老板，就是因为他的苗木质优、抢眼，棵棵枝叶碧绿，株株冠径丰满，这是其二。三是连夜送货，最大限度压缩了从起苗到定植的时间，保证了苗木的成活率。因为，苗木是鲜活货物。小张在向我介绍情况时，他还道出了一个原因。这个原因，就是他的苗木价格比较合理，而且是比较低的。因为，他走的就是薄利多销的路子。

这一切，我想可以用两个字概括：真诚。真诚地为客户服务，实实在在做好你的事情，最终你是会有回报的。因为客户的眼睛是雪亮的，是看得清楚的。

作者与张强合影

张强的造型植物

小张非常相信这样一句话：经营者不要精明的销售，而是要真诚地为客户尽可能地做些什么，营销之路才会走得长远。

刚刚过去的2011年，他的经营业绩依然不菲，销售额仍没有低于上千万元。

他说，通过这两年的营销，他已积累了如何为客户服务的经验。可以这么说，只要客户打个电话，他就能解决四川苗木供应的所有问题，给客户一个惊喜。

他向客户提出的承诺是：薄利园林，永远是花木营销商的驿站，是工程公司和苗木生产者的娘家。

现在，他在温江已有3个苗木基地。我转了一下，给我留下最深印象的是他的造型苗木。

他用小叶女贞，搞了12生肖动物造型，都在3米多高，个个形态逼真，栩栩如生。小张现在的销售方法是，不光单一地出售某一种植物生肖动物造型，还承担生肖主题公园的设计、施工。

这两年，五六厘米粗的桂花在温江比较多，价格比较低，而且销路也不畅。为此，他去年另辟蹊径，用小桂花独创出了六角亭。这样一来，不仅大大提高了桂花苗木的附加值，而且销路也快。他站到一个桂花六角亭下说："到了阴历八月，桂花开花了，在亭子下支张桌子要（休闲），满是桂花香气，多舒服！"

张强的花木经营之路一起航，就有了一个良好的开端。我相信，今后不管风吹浪打，他都会一往无前地驶向前方。

2012年2月14日，于成都温江

刘海彬为何免费举办苗木信息交流会

夏季烈日炎炎，而2012年6月28日由齐鲁苗木网组织的华东地区苗木信息交流会更加热烈。这是我作为特邀嘉宾感受最深的一点。

齐鲁苗木网所在地在临沂，因而此次会议在山东临沂举办。参会的苗木经营者，有来自山东各地、市的，也有远道而来的江苏、河南、湖北、山西、浙江、陕西、北京、河北等地的苗木经营者，共达500多人。偌大的礼堂，不仅座无虚席，还有不少人只能站在周围聆听。山东省花卉协会会长徐金光先生、东北著名会展活动家梁永昌先生、山东省临沂市林业局种苗站站长牛天印先生，还有我本人，在会上作了演讲，并且当场回答了大家提出的各种热点问题，反响不俗。

会议结束之后，参加会议的山东省泰安市汇源园林张斌广总经理激动地对我说："我参加过很多苗木信息交流会，免费参加这样的大型会议还是第一次，学到了很多东西。我要衷心地感谢会议组织者。"西安市白皮松红豆杉研究所所长余林翰感慨道："参加这次免费信息交流会让我在今后的经营中心明眼亮。我要向这次会议的组织者致敬！"不少会议参加者均向记者表达了类似的看法。

其实，此次会议组织者不仅是免费让大家参加会议，而且还搭进去了七八万元。齐鲁苗木网总经理周琼女士是这次会议的组织者和总指挥。她向我介绍说，参加这次会议的花木经营者，参会每人只交200元即可。这200元，包括头一天晚上就餐，一夜住宿和第二天一顿午餐的费用。而实际上，每人费用需要240元。因此，每个需要吃住的外埠参会者就要补助40元。此外，还有会议的其他费用。不仅如此，齐鲁苗木网还动用了近20人的人力，用1个月的时间，来保证会议的成功举办。

在商品经济日益发展的今天，企业是要讲经济效益的。在这种情况下，齐鲁苗木网为何花费这么大的财力、人力组织这次会议？他们也是企业，不是政府部门。企业是要讲经济效益的。

为此，会议结束之后，我专门对齐鲁苗木网的总裁刘海彬先生做了一次访谈。刘海彬，

作者与刘海彬在他组织的信息交流会上合影

文质彬彬，他慢条斯理地，逐一道出了他的想法。我听后耳目一新，也令我很是钦佩。

刘海彬认为，齐鲁苗木网是为花木行业服务的。宗旨也好，定位也罢，其实就两个字：服务。他们的网站宣传册写得很清楚：揽天下苗木之最，聚四海经营之首，为行业服务至上。他说，齐鲁苗木网是一个新的网站。在众多花木网站林立的今天，要想尽快地占有一席之地，得到广大苗木经营者的认可，就需要付出，就需要宣传。宣传最有效的办法，就是搞上几次惊天动地的大活动。而组织大型苗木信息交流会，就是一个很好的切入点，这样可以迅速提高网站的知名度。而这次会议，这个目的基本上是实现了。

另外，一个网站也好，一个苗木企业也好，任何时候都要有一定的社会责任感，不要总想回报、收益，还要想着如何付出、奉献。这是刘海彬反复强调的一个观点。刘海彬说，近几年他参加了不少苗木信息交流会、花木发展研讨会，从中受益匪浅。会议组织者的社会责任感感染了他。为此，他现在建立了一个苗木网站，就要为大家搭建一个交流平台、服务平台。因为，近两三年苗木行情看涨，苗木业发展迅速，新入围的中小企业不少。如何让他们少走弯路，甚至不走弯路。交流会就是一个很好的平台。他们可以和专家零距离接触，和知名企业零距离接触，面对面的沟通，解决心中的疑虑。通过这种形式，就可以实现我们为行业健康发展应尽的一份责任。

还有，通过举办信息交流会，刘海彬说对自己也是一次很好的学习机会。因为，此次会议他付出了很多，听时也就会更加认真。他说，他现在还有一个邦博园林有限公司，在临沂和昌邑各有一个200多亩的苗木基地，发展的时间也不长。在新的形势下，苗木业下一阶段有可能要出现一个低谷，种什么，怎么种，怎么抵御风险，心里均明白了许多。不然，在决策上失误，损失的就不止是七八万元的问题。

还有，通过举办此次活动，一下子来了不少知名专家和省内外大的龙头企业。刘海彬说，没有这次会议，网站就不可能迅速聚集这么大的人气。

下一步，刘海彬准备注册成立一个文化传媒有限公司，按市场经济的手法，运作齐鲁苗木网。

只要以网站为纽带，专注做事，全心全意为花木行业服务，我看齐鲁苗木网的未来是美好的。

2012年7月4日

参会交一份宣传单即可

世界上的事怕就怕认真。认真了，什么事都可以做得很好。我们花木行业各种各样的展会也是如此。

8月中旬，苗木经济会展活动家梁永昌先生在长春组织了一次苗木信息交流会，来了800多号人，好不热闹。

随后，他来京，见到了我。在向我介绍会议有关的情况时，他说，他这次在组织会议时有个新的变化。我听后，一连说三个“高，高，实在是高！”

什么事，那么激动，把《地道战》中汤司令的话都给抖搂出来了？

简单点说，就是参加会议的代表，只要随身携带一份材料，登记时交给会务组就OK了。会务人员连夜复印，装订成册，第二天就会齐刷刷地交给您一本书，一套完整的可以随时备查的资料。

过去，我一参加研讨会，或者参加什么展销会，最头疼的是，不管多么高档的宾馆或者会场，到处可以看到大大小小的、五彩缤纷的小广告，像羊拉屎似地，散落一地，一片狼藉。我在国外参加过多次花木会展活动，这种现象从未有过。

梁永昌先生近照

“参会人员带的宣传单大小不一，怎么处理啊？”我不解地问道。

梁永昌笑笑说：“这好办。每份宣传单都要扫描一遍，然后统一使用A4纸，不就妥了嘛！”

“参会者还单缴费吗？”

“缴费谁还给你啊？但如果是两页以上的，每页要交50块钱。”

“这样你会增加成本的？”

“服务嘛！做事，不能总是想

到钱。”

是啊！我们做事情，不能什么都跟钱挂钩。你要为客户服务，就要在各方面动脑筋。

梁先生动了脑筋，就为我们持续多年的会展经济带了一个好头。我想，起码会有这样几个好处。

第一，正如梁先生所说，参会者只要带一份宣传单，就可以拿到一套整齐的完整的资料，便于保存，便于您日后随时翻阅。要是零散的，说不定随后就进了垃圾箱，过后再找，都难。

第二，可以改变随意散发材料的不良习惯。因为，从本质上说，这跟大街上随意张贴小广告，弄得满世界都是“牛皮癣”没什么区别，很不文明。

第三，没了五花八门的宣传单，我们的会展内外会显得很整洁，档次和文明程度都会跃上一个新台阶，多好啊！

第四，节约了纸张，等于为环保做了贡献。过去一份材料只能使用一面，现在两家可以合成一张纸，正反两面都能用。800人，每人发一份材料，节约多少纸张可想而知。

2011年8月23日，晨

紧盯彩叶树种，可劲发展

去东北，主人招待客人，热情好客的主人会说：来东北，别客气，猪肉炖粉条，您就可劲儿造。

套用这句话，我要说：在东北，瞄准耐寒彩叶树种，您就可劲儿发展。

彩叶树种，是指树木在生长期内，叶片与自然绿色有明显区别的品种。它们的叶色除去绿色外，或红，或橙，或黄，或蓝，或紫，都具备一定的变色期和观赏期。这些美妙的植物，为大自然增添了一道道绚烂的色彩。

五六年前，我在杭州组织一个园林绿化研讨会，见到当时的浙江大学教授包志毅先生。我对包先生说：“现在园林绿化增添了不少彩叶品种，各家苗圃都在争先恐后引种彩叶树种，真好。”

他笑着说："对的。我们的园林绿化，不仅在品种上要不断丰富，在色彩上也需要不断丰富。"

我说："看来，彩叶树种越多越好。"

他说："也不见得。彩叶树种太多了也不行。大自然，还是以绿为主好，尤其是炎热的夏天，绿色多，会让人有一种凉爽、舒适的感觉。"

我问："彩叶树种在园林绿化中占多大比例合适？"

他立即答道："30%比较合适。少了不行，多了也瞧着心乱。问题是，我们现在拥有的彩叶树种离30%这个比例还相差很多。"

包教授的观点我是完全赞同的。

这几年，长城以南地区彩叶树种发展很快，红叶石楠、金叶榆、红枫、美人梅、紫叶李、红花檵木、金叶女贞、金枝国槐、金叶国槐、紫叶李、红叶小檗、彩叶椿、红叶杨、金冠柏、蓝冠柏等，常见的，不少于一二十种。在园林绿化上应用之后，大大丰富了城乡的自然景观。即便如此，我看这个比例也没有跳出包先生划的30%的杠杠。

近日去东北，这种感受更是极为深刻，用"大吃一惊"形容也不过分。

在东北，哈尔滨、长春、沈阳三大省会我转了一圈。注意到：这些城市公路两侧的绿化，还有街头绿地，除了看见少量的金灿灿的金叶榆以外，几乎都是清一色的绿。当然，我所目及的，不一定就能代表这3个省会绿化真正的水平。但就植物色彩而言，彩叶树木品种极其匮乏，也是显而易见的。

彩叶树种的匮乏，跟东北地区寒冷的冬季密切相关。关内（即长城以南地区），现有的彩叶树种几乎很少有适应东北地区寒冷气候的。

因此，前几年河北林科院培育的金叶榆一出现，我就差一点喊万岁了。因为金叶榆可以填补东北地区几乎没有彩叶树种的空白。金叶榆的色彩虽然是黄色的，但其本质还是榆树。榆树在东北地区是适应的，随处可见。由此一来，金叶榆成了绿化的热饽饽，即便如此，在辽阔的东北大地上，它还是显得太孤单了。

这就意味着，彩叶树种在东北地区的市场空间是巨大的。

在长春，我见到一个从吉林市来的苗圃经营者，他问我在东北如何发展苗木？我脱口便说："你就瞄准适应东北地区生长的彩叶树种发展。"

他说："对呀。我现在就有50亩地的紫叶稠李。"

紫叶稠李，是稠李的一个变种，是中国科学院北京植物园从国外引进的。但稠李却是东北的乡土树种，非常耐寒。

我说："这么好的彩叶树种在东北的绿化中还极为少见。种50亩，太少了。"

"您说种多少亩合适？"

"让我说，你有多大劲儿就使多大劲儿，种上1000亩也不多。"

"那么多？我想都没想过。"

"市场空间那么大，1000亩算什么。到时候，你只要宣传到位，不愁卖不出去。"

但一个苗圃，如果有1000亩的紫叶稠李，应该是很壮观的。这个场面，在随后我到辽宁铁岭开原的云清苗圃时看到了，而且比1000亩还要壮观得多。

云清苗圃是一个3000亩地的苗圃。规模如此之大，而种植的，几乎就3个品种：密枝红叶李、金叶复叶槭和紫叶水蜡。从品种的名称也可看出，3种树木，3种颜色。红彤彤的，黄澄澄的，还有像熏衣草似的紫色，都是适应东北寒冷气候的好品种。由于种植规模大，可想而知，色彩该是相当壮观的。

这些彩叶树种，由于在绿化市场上几乎处在空白阶段，自然都是风光无限，属于热销品种。但凡热销品种，稀缺商品，市场价格自然不菲。因此，云清苗圃的总经理郭云清自豪地说："我这3个彩叶树种，售价高不说，而且供不应求。"

郭云清之所以这么自豪，敢下这样的结论，什么原因？还不是沾了东北地区园林绿化市场彩叶树种奇缺的光。

其实，在大自然中，彩叶品种是不曾缺少的，只是我们缺少发现，缺少把其做大，形成大规模的生产。这一点，即使在东北也不会有什么改变。

因此，我们的苗木生产，与巨大的绿化需求市场相比，差距实在太大。一个彩叶树种，即使几十家苗圃种植，大量发展，可劲发展，在相当一个时期内都是不为过的。红叶石楠，发展大约有七八年了，算得上是红遍大江南北了，但现在市场依然没有饱和。

再说，在东北适应的彩叶树种，倘若引到关内来，自然更是没有问题了。您说这个市场该有多么大！我们的生活需要绚烂的色彩，我们的祖国大地每个角落，同样需要绚烂的色彩。

路漫漫其修远兮，吾将上下而求索。

2011年9月12日，午

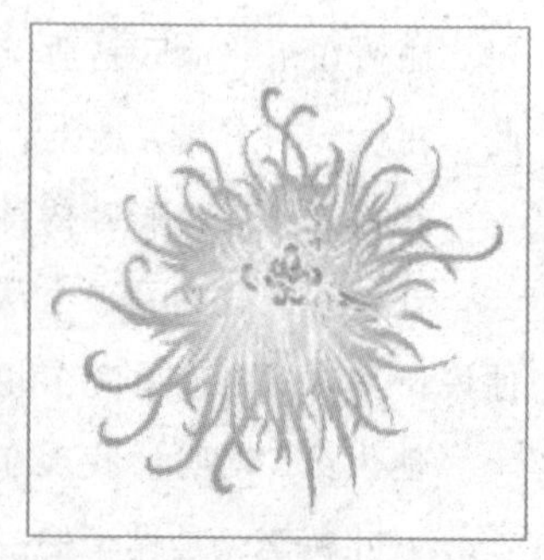

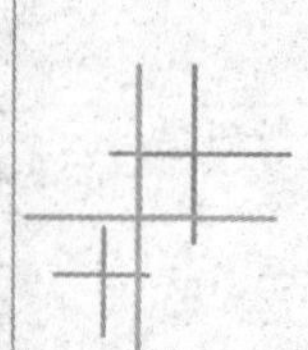

苗木业的牛市还能有多久

我在金秋送爽的9月份，跑了六七个省市，所到之处，凡是搞苗圃苗木经营的，日子都好过，心情都非常爽。因为苗子好销，价格也不错，如同股市，大盘走强。大家高兴，我自然也高兴。

但就在这莺歌燕舞、形势一派大好的情况下，也有一些人问我：“方老师，苗木业的牛市还能持续多久?”

这是一个大问题。是啊！苗木业的牛市还能持续多久，这的确是很多人想知道的事情。我是搞花木宣传的，我当然希望这种大好的局面就这么持续下去。但这只是一种良好的愿望，并不符合客观实际。

因此，每当有人问我，我总是很坦诚地表明我的看法：“苗木业的牛市会要过去的，什么时候过去，什么时候走低，甚至什么时候出现熊市，是明年还是后年，具体时间我说不好。但这一天，总会程度不同地出现的。

也许有人会问，为什么？你的根据是什么?

我的根据有两条。

一条是国际大环境所致，有再次出现经济危机的可能。9月29日晚上，中央电视台新闻里说，近日，美国总统奥巴马再次提到欧洲债务危机，说欧洲债务危机会影响世界经济。

是的，欧洲债务危机仍有愈演愈烈的趋势，已经引起了全球股票市场的剧烈波动。

日前，各国主管财政的要员汇集在华盛顿，研究解决危机的办法。可以说，全球经济处在不稳定之中。

有权威人士认为，这实际上是2008年经济大衰退后的延续。因为，新的经济秩序在上一次经济危机中还没有真正地建立起来。各国政府大幅度地实行宽松的货币政策，相当于是饮鸩止渴。现在的经济波动，是2008年危机的延续。

世界是个环形大跑道。在这个大跑道中，我们中国这些年已经跑在了前面，浓缩了欧美国家上百年的发展史。尽管如此，在世界经济一体化的背景下，此种情景，肯定会影响到我们中国的经济。

国家的经济受到影响，我们的苗木业不受影响就难。因为，我们花木产品的消费，尤其是苗木的消费，主要是靠社会需求拉动的，靠绿化美化环境需求拉动的。政府财力吃紧，这方面的投入就要放缓。绿化美化的资金投入少了，苗木需求就不会那么旺盛。

二是苗木处在牛市，处在高峰，本身也会出现变化。在邯郸七彩园林采访时，总经理王建明告诉我，2008年的年底，他收购一棵10厘米粗的国槐，是70元，而今在邯郸地区已上涨到350元。在保定地区还要高，同等规格的国槐，要400元。其他苗木价格大抵如此。这样的价格，别的地方也是如此。我们的报纸，今春在头版头条刊登了一条消息，印证了这个看法。说是今春的苗木价格牛气冲天，全线飘红，文中列举不少例子。

你说，现在的苗木价格比2008年翻了多少？按王建明的说法，至少5倍，让很多人眼馋得直流口水。

在诱人的利益驱动下，圈内的人都大动起来，蜂拥而上。苗农在扩张种植面积，有实力的企业更是拼命地扩张种植面积。不仅如此，圈外的人也往里拼命地钻，而且一干就是数百亩，甚至上千亩。

即使国家的经济正常发展，苗木生产照这个速度发展，价格不跌才是怪事。因为，按正常情况，假如苗木有10棵树就够用，现在一下子发展了15棵，增加了50%，市场怎么可能消化得了？多了便宜，少了贵，这就是价值规律。两种因素的叠加，没有变化是不可能的。

但这一切，纯属正常情况，都是市场经济发展中的正常波动。有起就有落，必须的。

只要我们国家，按照胡锦涛总书记所说的，不懈怠，不折腾，聚精会神搞建设，一心一意谋发展，我们的花木业依然会是个朝阳产业，绿化美化环境的路子依然无比宽广。

对此，我充满信心。但在牛市的时候，我们要有足够的危机意识，想到熊市，注意规避风险，却是很有必要的。

2011年9月30日，晨，于济南

由桂花想到的

昨天，在临沂见到一个老朋友，他问我："在临沂可以不可以发展桂花？"

我问："你想发展？"

他说："有这方面的想法。"

他是一位一不做二不休，要干就要干大事业的人。

然而我的回答是："发展桂花要慎重。"

桂花，是中国著名的传统花木之一。"桂"与"贵"谐音，单从名称上就惹人喜爱。桂花最大的特点是风姿飘逸，碧枝绿叶，四季常青。春天百花盛开的时候，她不去凑那个热闹，夏日烈日炎炎的时候，她也不去凑那个热闹，而到了秋日，她把积蓄的力量释放了出来。

虽说，桂花没有与她相近绽放的紫薇那么耀眼，也没有木槿那么繁盛，有的，只是米粒般大小的花朵，但在这丰收的金秋，她所散发的香味却浓郁醉人，是其他花卉所无法比拟的。

我第一次见到桂花，大约是20年前的国庆节期间，在北京的中山公园。我穿过长廊，到了唐花坞的附近，一股喷香喷香的味道迎面而来。

我猛吸了一口，真是沁人心脾。“嗬，好香啊！”

我不由得问园里的清洁女工：“这是什么味道？那么香啊!”

她微笑，用手一指：“这是桂花的香味。”

我这才看见，院里摆放几盆1米来高的植物。密集的叶子，亮亮的，枝叶间隙，悬着一嘟噜一嘟噜金黄色的小花，敢情这就是桂花。袁枚有诗云：“苔花如米小，也学牡丹开。”桂花，实际上比苔花也大不了多少，但她的香味却如此浓烈醉人。

后来看见桂花，是在杭州西子湖畔。就是这秋风送爽的10月。朋友特意在一棵桂花树下摆了一桌小菜。桂树随风只是轻轻地摇曳，空气中便弥漫着浓浓的桂花香气。大家一起吃着，喝着，聊着，其惬意劲是可想而知的。我抬抬胳膊，随手便拽住一簇桂花，饭后品西湖龙井，手里还留有余香。

历代文人，留下许多咏桂花的诗。我最喜欢的有两首，都是五言诗。一首是杨万里的《咏桂》：“不是人间种，移从月中来。广寒香一点，吹得满山开。”另一首是王维的：“人闲桂花落，夜静春山空。月出惊山鸟，时鸣春涧中。”真是迷人。对了，还有李清照的四句：“暗淡轻黄体性柔，情疏迹远只香留。何须浅碧深红色，自是花中第一流。”

“自是花中第一流”，恰如其分。女才子李清照是这么认为的，我也颇有同感。

临沂，种植桂花已有很长的历史。大约七八年前，我曾在这里组织过一次桂花研讨会。来了好几位桂花专家。我印象，那次得出的结论是，临沂桂花，并不是临沂固有的种质资源，其种源还是长江流域过来的。

因此，在临沂大量发展桂花养植，我是不大赞成的。桂花喜温暖、湿润的气候，耐高温，不甚耐寒，并且喜欢微酸性土壤。这就是她的脾气秉性，是无法改变的客观现实。自然，她的耐寒性是受到限制的。这些年来，往北京、天津推广桂花的人很多，既有临沂的，也有江南的，但到现在，我也没有见过桂花成行栽在这些城市街头的。

所以，在临沂发展桂花，无论如何也是干不过江南的。还是那句话：一方水土养一方人。一个企业，发展什么品种，不仅是桂花，其他花木也是如此，还是在你这一方热土上动脑筋为好。只有如此，才能做大做强。

呵呵。我今天借“老方侃经营”这个栏目，更多的是抒发了一下我对桂花的感受。但结尾，还是回到了花木经营上。一孔之见。让您见笑了。

2011年10月20日，晨，于临沂

先做大还是先做强

我们的花木企业是先做大还是先做强？我的观点是非常鲜明的：先做强，再做大。

我亮出这样的观点，想在这方面议论一番，是因为看了《中国花卉报》2011年11月24日5版有一篇文章：《花卉做十年，三点好经验》，作者是本报记者李丹玲。她访问的是山东省登海种业农业高科技研究院副院长瞿冬梅女士。瞿冬梅女士说，她从事盆花种植，总结了三点好经验，其中第三点是：一个企业应该先做强，再做大。

瞿冬梅女士我是认识的。这是一个待人热情大方的年轻女性。她说话，还有她的笑声，都像是刮来的一股秋风似地那么爽快。

登海种业，是以培育玉米种子闻名全国的民营科技企业，坐落在胶东半岛的莱州市。莱州，就是原先的掖县。10年前，登海种业开始向花卉种植延伸。从那个时候起，瞿冬梅女士就负责花卉科研和生产这一块。大约七八年前，我到莱州，莱州花卉协会秘书长刘晓进带我到瞿冬梅那里看过。当时，她那里主要生产蝴蝶兰、仙客来，还有其他一些高档热带兰盆花。我们还没走进温室大棚，瞿冬梅就笑吟吟地迎了出来。刚一踏进温室门，她就弯下腰，递给我一双无纺布软鞋套让我穿上。然后，让我们原地站立一下，待吹风机吹掉身上的灰尘之后再进大棚。她说之所以要这样，是为了避免细菌对盆花的污染。在她的精心带领下，正如李丹玲所说："如今登海种业生产的蝴蝶兰、凤梨、红掌、仙客来等产品，已经成为北方地区响当当的生产大户。"

瞿冬梅女士先做强再做大的观点，是在经营实践中总结出来的经验，放眼当今世界，我认为应该具有普遍性。

也就是说，这种普遍性，既适合我国的盆花企业，也适合我国的苗木企业。我之所以这样说，起码，有这样几个理由做支撑。

首先，企业做大，就全国而言，已不是什么新鲜事。

据农业部调查数据显示，1994年至2010年，我国花木种植面积平均增长为24%。我国成为世界花木种植面积和销售额增长最快的国家。2010年，全国花木种植面积达91.76万公顷，相比2009年增长10.0%。

这些数字，比较客观、真实地反映了我国花木生产的现状。这一点，我们大家应该看得非常清楚。从苗木生产来看，苗木之乡现在已经遍及全国，十几万亩，几十万亩的不在少数。几百亩、上千亩的苗木企业，各地区一抓，都有那么一大把。一些地方，乃至于上万亩的苗木企业，也不是什么新鲜事。再看花卉这一块，不算小门小户的，单说花卉企业，上万平方米的温室大棚随处可见。这些年，盆花价格持续徘徊甚至走低的原因，主要是生产量发展过猛所致。量的持续增长，使得我们的苗木也好，花卉也罢，奇缺的情况早已不复存在。

忆往昔，从北方乘火车到广东背回来一点观叶植物，回来就被一抢而光，卖个让人咂舌的好价钱是何等的风光？这等美事现在还有吗？显然是不会有了，只能是存在了某些人的记忆里。

荷兰是世界花卉王国。有人说，荷兰有的花卉品种，我们这里现在全有。这是实话，这是客观现实。

量不缺了，从某种意义上说，品种也不缺了。那么，我们缺什么呢？很显然，我们缺的是人家的质量，缺的是人家的品质。

这就引来第二个问题。做大与做强之间并不是并列关系，划不上等号。大家知道，同样一盆蝴蝶兰，不同的公司，其产品质量是不尽相同的。在一个花卉市场上出现，摆在一起，一PK，就看出了差距。差距，反映到价格上，一个售60元，另一个也就售30元，甚至是20元。一盆差一倍，要是一个大棚，数千盆，差多少？恐怕这个账大家都算得出来。

在月季方面，我这里有个很典型的例子。有人做过调查，同样一株两年生的月季苗子，我们出口到欧洲，只售价1欧元。而欧洲人生产的同样的苗子，则售价6欧元。两者之间相差5倍。吃惊吗?反正我听说时很是吃惊。差距为何这么大呢？依然很简单，还是我们差在苗子的质量上。看来量的增长，并没有带来质量的同步增长。

这就引来第三个问题，我们生产的花木为什么质量差？

我想，这有几方面的因素。一是我们的花木产业起步晚，发展的时间短。我们实行改革开放，一心一意谋发展，聚精会神搞建设，满打满算，不过30余年，而西方发展花木经济，已有上百年的历史。时间上，差异很大。我们发展的时间短，经验则要少得多。姜是老的辣。很多经验表明，做精一个产品，没有一定的时间积累是不成的。

二是急于求成，一口总想吃个胖子。我记得10年前，当国内仙客来刚刚起步的时候，我们的企业一发展，就是3万盆起步，转过年就是5万盆，再转过年就是10万盆。这种惊人的发展速度，让日本的专家很不理解。日本在生产仙客来方面国际领先。但他们的企业即使做了十几年，也是维持在年产3万盆左右。他们有个观点：养好仙客来，浇水也要学3年。而我们，从未学过园艺学的员工，今天穿上工作服，明天就会举着水龙头浇花。

在此情况的感召下，这个地区今年发展苗木2万亩，明年就要发展10万亩，后年就要发展20万亩。似乎谁做大，谁就是好汉。我们的报刊，也强调的是做大做强。做大，实际上掩盖了做强。

我想，这些都是刚迈步时所要走的一步。因为没有速度，没有数量，我们就满足不了绿化美化和老百姓养花日益增长的需要。就像先要填饱肚子一样重要。

但只在速度上求发展，加之人的浮躁心理的作用，我们生产出来的花木产品，显然是科技含量不高，低水平的。低水平的，品质怎么可能会高呢？过去，没有挑肥拣瘦一说，现在不同了。我们已经进入一个注重品质的时代。老百姓向往的是更美好的生活，向往的是更美好的生态环境。因此，党中央国务院近些年一再强调要转变发展方式。

发展是硬道理，依然是我们这个时代的主旋律。但当今的发展，是先做强，继而再做大。这是时代的必然。我们只要不懈的努力，从1欧元也变成6欧元，甚至超过6欧元，是完全有可能的。因为，我们是一个既勤劳而又有智慧的民族。做到这一步，就要从粗放型经营向精细化经营转变。我们也必须向精细化经营转变，退路是没有的。只能前进，不能徘徊不动。

凡事，要讲究科学，要讲究精细。这些，就是做强的支柱。

我支持瞿冬梅女士的观点，正是基于以上原因。

2011年11月28日，上午

梅花飘落香如故

“惊悉陈俊愉先生于2012年6月8日上午10时28分在北京逝世，享年95岁”。

这是6月8日下午，我收到的从北京林业大学发来的一则短信。噩耗传来，我的眼泪是止不住地往外涌出。陈先生是中国工程院资深院士、北京林业大学教授，世界梅属植物登录权威。一代宗师，成就非凡，如同巍峨的高山让我敬仰。有一首歌叫《好大一棵树》。陈俊愉先生就是我们园林花木行业一棵参天的大树。他的胸怀在蓝天，深情藏沃土。这棵大树轰然倒下，使得我们失去了一方可以遮阴避雨的护佑之地。

先生一生工作第一。前几天得知先生病重，我打电话给先生的夫人杨乃琴老师。杨老师说：“他大肠出血是止住了，但病情已恶化，一度昏迷。他醒来的时候，还对我说，把稿子拿来让我看看。”先生临终前还想着他的工作，这种生命不息，工作不止的精神，让人铭感五内。

先生桃李满天下。我不是先生的弟子，但因为工作关系，一直没断了跟先生的联系。特别是最近几年，亲耳聆听先生的许多教诲。他对工作的激情，他对晚辈的关怀，他对事业的热爱，印象极深。

记得我有一次因工作求教先生，正值大暑，是一年到头最为闷热、潮湿的时候，捏一把空气，都好像能攥出水来。就是在这样一个时间段的早晨7点，我来到陈俊愉先生的寓所。也许有人会说，你这么早这么热的天去打扰一位耄耋老者有点不近人情。我也是这么想，但这个时间是先生定的。因为头天晚上，我给先生打了电话，说是第二天上午想拜访他。我还对先生说："我可能要早一点来，八九点钟，您看好不好？"他说："八九点钟？呵呵，那时候我早起来了！你随便！你七点来也行。"

当时的陈先生，穿着白背心，早已起床在书房忙碌起来。我在客厅坐了约有两分钟，先生走了进来，说："方成同志，对不起，事情太多了，刚刚完成一本有关菊花的书稿。"他的嗓音之洪亮，与26年前我听他作报告时没有任何的不同。

但身体明显比前几年消瘦了一些。我说："陈先生，您这么大岁数，还是保养身体第一。"其实，那时候陈先生早已有病在身。这个秘密，是前几天与杨老师通话中才得知的。她说："老爷子一直不让说"。

先生的客厅，不仅是接待客人的地方，全家人围在一起看电视的地方，也是他工作的地方。靠门口，就有先生的一张书桌。桌子周围堆满了书本和纸张，不仅如此，椅子周围的地板上散落的也是纸张和书本，这显然都是先生为写作准备查找的资料。

先生写的，自然都是跟园林花木有关的内容。他这一辈子，从1940年毕业于金陵大学园艺系起，后到丹麦留学，六七十年间，一直跟观赏园艺打交道。加之先生持之以恒的勤奋，在园林花木方面建树颇丰，有《巴山蜀水记梅花》《中国梅花品种图志》《中国花经》等论著约200余篇（部），屡获奖励，在国内外产生相当大的影响。但他并不满足，他还要尽可能多地记录下来，留给后人，留给让他一直深深眷念的祖国。先生同时还在赶写一本中英文对照的书稿：《菊花起源》。在此之前，他的《梅花品种图志》中英文修订本已经出版了。

先生说："都是一辈子积累下来的，不写出来心里不踏实。"

一位业绩非凡的长者，却没有丝毫的居功自傲，没有躺在功劳簿上享清福，而是把挚爱一生的事业看得比什么都重要。先生一生经历了很多的挫折，但把人间的困苦一直看得渺小，始终乐观向上，笑声朗朗，笑对人生。那笑声，就像山涧的泉水似的那么清澈，给人以甘甜，沁人心脾。从先生那里，我感悟到，快乐，只有快乐，才是支撑健康长寿最为重要的元素。那么，快乐从哪里来？先生给了我们一个很好的启示：快乐，从工作中来，其他的，都是微不足道的。所以，在先生面前，我们只有恭恭敬敬向老人家学习：工作第一，责任第一，把工作当成人生最大的乐趣！

先生对晚辈的帮助是尽人皆知的。前些年，先生有一位叫马燕的博士生，这也是先生第一个搞月季研究的博士生。她后来移居美国，在蔷薇属研究上有一定的造诣，这在很大程度上是先生的功劳。记得先生跟我说过："马燕发表论文，让美国农业大学一个教授看中了，很感兴趣，邀请她去美国。她当时博士还没读完，我拦住了。让她读完博士，我又写了推荐信，这样她才去了美国，才有可能接着读博士后。"类似像马燕的情况，业内不知该有多少人得到过先生的无私帮助。

据我所知，国内凡是搞梅花的，以及搞花木的，不管是科研、教学单位，还是大老板、小花农，只要找到先生帮忙，先生总是爽快应允。2009年，我去山东莱州，见到一个搞梅花盆景的花农。他就得意地给我看了陈先生的亲笔题词。

我有一次去陈先生家，奉上一本我新出版的书，请先生指教。数日后，我就接到他的一封来信。

先生说："你的大作我已看过几篇，写得很好，也很别致生动。尚拟继续阅读。专此致谢!"他的鼓励，使我力量倍增。

今春，我给先生打电话，我说："有个年轻人想见您，让您给他的刊物题个字。"

先生说："今晚你就让他来吧!"那话，透着干脆，透着热情!

对人才的成长，先生有自己切身的体会。他说："一个人上小学、上中学，特别是上中学，一定要打好基础，数理化基础、文学基础、还有道德基础，都需要。人生观大抵上是中学形成的，到了大学有一定的修补。基础很重要。40岁后，要选择主攻目标，不能什么都搞。我年轻的时候，我能够想象到的植物都涉及过，最后选择了十几种植物，再最后，又舍去了不少，但梅花和菊花不能舍"。他在梅花和菊花上成果卓著，就是先杂后专的结果。难怪先生的客厅，都称之为"梅菊斋"。

先生对事业的热爱，更是无人不知。20年来，他在大会小会上，反复讲，"我们中国地大物博，是世界园林之母。外国人很早就从我们国家引种了2000种以上植物"。

听他讲的次数多了，我逐渐明白，先生这番话是语重心长的，其间起码蕴含两层意思：一是我们国家地大物博，有丰富的植物资源，许多国家现代栽培的园林植物，都可以从中国找到源头；二是充分保护和利用我国丰富的植物资源，为园林绿化服务，为保护我们的生态环境服务。所以，当中国花卉协会月季分会会长张佐双先生在欧洲得知先生逝世的消息后，一定要我在写文章的时候代表协会，向先生表达深情的哀悼!

先生，您一路走好!

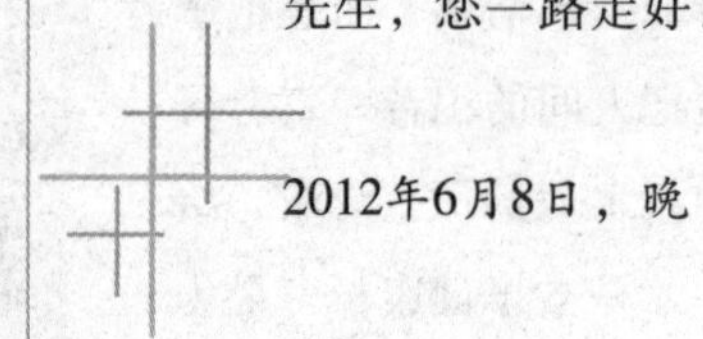

2012年6月8日，晚

活着就是为了改变世界

昨天，在与花木业的一个朋友通电话时，他告诉我说，乔布斯去世了。

乔布斯是谁？当时我一听愣了。

他说：你真老土。乔布斯是美国苹果公司的创始人。

我这才明白过来。乔布斯不知道，苹果还是知晓的。女儿的手机，就是苹果牌儿的。苹果手机，是年轻人的最爱。其价格，也是最高。当初，女儿还是托人从美国买来的。

晚上9点，看中央电视台4频道新闻。这个钟点的新闻，字字如金。但播音员却用了不少于15分钟的时间，播出与乔布斯有关的新闻。

看电视，才知道这是一个中年美国人。他清清瘦瘦，精神矍铄，身着一身黑色服装，透出一股子干练劲儿。

苹果公司10月6日对外宣布，该公司联合创始人斯蒂夫·乔布斯5日辞世，享年56岁。

今天早上，出门买报纸，发现乔布斯逝世的新闻几乎占去了各报主要版面。

一个美国人去世了，为什么引起这么大的反响？看看全球各大媒体的报道就知道了。

《华尔街日报》盛赞乔布斯，是他推动硅谷转变为科技行业的创新中心，与微软董事长比尔·盖茨等人一道，奠定了当代科技行业的根基。

2007年，苹果公司发布首款智能手机iPhone。这是一款具有革命意义的产品。它改变了智能手机以及移动互联网行业。随后，苹果推出的App Store，第五代智能手机iPhone吸引了众多第三方开发者，彻底激活了iPhone的潜能。

2010年，乔布斯看到了智能手机和笔记本电脑之间的市场空间，推出了平板电脑iPad，再次改变了行业。

2011年10月4日，就在乔布斯离去的头一天，苹果公司推出了第五代智能手机iPhone 4S。外界认为，这款手机的语音操作功能可能会成为未来的行业标准。

因此，《时代周刊》则评价乔布斯是“科技史上最伟大的革新者”。

美国总统奥巴马发表悼词称：“乔布斯是美国最伟大的创新领袖之一，他拥有非凡的勇气去创造与众不同的事物，并以大无畏的精神改变着这个世界，同时，他的卓越天赋也让他成为了能够改变世界的人。”

俄罗斯总统梅德韦杰夫在博客上说：“像乔布斯这样的人改变了我们的世界。”

澳大利亚总理解拉德称赞乔布斯，是改变世界的“天才”和“全球创新者”。

苹果公司董事会发表声明说，乔布斯的才华、激情和精力是无穷无尽的创新来源，这些创新丰富和改善了人们的生活。

《人民日报》7日在一篇文章中称：“美国痛惜失去了一位创新天才。”

乔布斯的经历富有传奇色彩。他在大学只读了一个学期，然后便选择了退学。用他自己的话说，这是转而“沉溺于自己想学的课程”。

他创办苹果公司后，与领导团队发生分歧，坚持自己的理念不放，曾被公司扫地出门。

他在返回苹果团队后，力排众议，毅然砍掉没有竞争力的产品，使苹果产品从350多个一下子减少到10多个。正是这种独树一帜的创新风格，带领苹果公司起死回生，2011年还一度超越埃克森美孚公司，成为全球市值最高的企业。

乔布斯的一生是短暂的，却给人类留下无限的精彩。他的这只苹果的影响力不亚于牛顿当年的那只苹果。他让人知道，一个企业家原来也可以让全世界如此顶礼膜拜。

他之所以做到了这一点，完全是创新的结果。

创新，是以新思维、新发明和新描述为特征的一种概念化的过程。原意有三层含义：第一，更新；第二，创造新的东西；第三，改变。

更新、创造和改变，是人类特有的认识能力和实践能力，是对于发现的再创造，是推动民族进步和社会发展的不竭动力。你的花木企业，要想走在时代前列，就离不开创新。这就是我们常说的“高招儿”。

创新并不难，只是在原有的基础上，往前再迈出一步，甚至两步，而两步已足矣。

所以，不管什么原因，命运把你推向了花木这一行，你就在这个行当里开动脑筋，丢掉不合时宜的东西，力争每一年都有所突破，有所创新。况且，这又是一个很不错的行当。

“活着就是为了改变世界”这话是今天新浪网站评价乔布斯的。

这话有点大，可以缩小一点。但我写此文的意思，就是让你我学习乔布斯的这种精神。一起共勉。

2011年10月7日，下午

威尔逊这个人

昨天，我与著名植物学家陈俊愉院士通电话。我问陈先生近来在忙些什么？他爽朗地笑着说：“还是忙着校对威尔逊那本书。”

陈先生说的威尔逊，是个英国人，大名鼎鼎的园艺学家、植物学家。他生于1876年，死于1930年的一场车祸。

威尔逊著的那本书，就是有名的《中国——园林之母》。

大约两个月之前，也就是8月份，我曾拜访过陈先生，他说他正着手校对翻译成中文的威尔逊的《中国——园林之母》，并介绍了这个人。之后，我又看了陈先生写的威尔逊的文章，让我对老威肃然起敬。这是一个了不起的老外。

亨利·威尔逊（Ernest Henry Wilson），从1899年23岁那年开始，至1911年间，曾5次来到中国，3次进入我国西部横断山区考察。欧美各国，经老威直接或间接繁殖、推广，应用于园林中的我国树木花草新种，累计达1000种以上。为此，威尔逊被西方称为“打开中国西部花园的人”，他对植物的研究和推广作出了巨大贡献。

1913年，他出版了《一个植物学家在华西》（A Naturalist in Western China）的著作。此书1929年重版，易名为《中国——园林之母》（China Mother of Gardens）。在美国出版后，我国即以“世界园林之母”和“全球花卉王国”的响亮称号闻名于世。

当年，老威为了搜集到更多的植物，拍摄到更多独特的花木照片，他翻山越岭，风餐露宿，吃的苦，受的罪，是难以想象的。

他在书中写道：“一位旅行者不论到北方的北京或上海，甚至逆江而上行程以千里计，很难想象中国竟拥有如此丰富的花卉资源。当然，这里所指并非在已垦土地上常见的乔木、灌木和草本栽培花卉，而是农垦十分困难甚或不可能的山区。这不是个充满城市人口和无数稻田的中国，而是个有森林和林地、峡谷与高山，还在较高山峰上覆盖着终年积雪的中国。”

我曾在陈先生的文章里，看到老威在四川松潘县拍摄的一张照片。他圆脸蛋，留着八字胡子，头戴鸭舌帽，外穿一身敞开的棉大衣，炯炯有神地站在石头摞起的墙壁前。上面

威尔逊（前排中）与他的探险队

的平台上，露出棚子的一角，非常简陋。显然，那是他留宿的地方。

我在一个名为徐吉廷先生写的《世界园林之母与威尔逊》一文里，还得知，在1910年9月5日，老威在返回成都的途中，在汶川县下索桥的岷江河谷边赶上了塌方，右腿被山上滚下的石块砸断，从此留下终生残疾。但他一点也不后悔。

对老威的献身精神，陈俊愉先生总结道："归纳起来，这位世界级植物学家的巨大贡献有三：一是他亲身走到最前线，远赴中国山野，发现了极为丰富而前人从未报道过的树木花草新种。二是他直接或间接从中国引种、繁殖、推广、应用了1000种以上的全新植物，让它们在西方公私园林中安家落户，为世界人民服务。三是他提倡、推广作为树木花草新品种选育中的关键性杂交亲本，收效显著。"

陈俊愉先生还动情地写道："威尔逊79年前所写巨著之自序，我曾读过3遍，译过2遍。它感动了我，深深地打动了我。最近，为了主持组织全译威氏这位正直而友好的、热爱自然和植物的、对中国不存歧视之心的世界级植物学家的巨著，我又把他的"自序"重译了一次，我的感受是多方面的：第一，威氏是一位伟大的科学家，威尔逊这类人物，在当时和现在都是值得称道的。第二，通过他长期的采集、观察和深入的研究与感受，威氏对世界的最大贡献，是他自己在序言中所称：'让1000种以上全新植物在欧美园林中应用、扎根。'这是实实在在的奉献，更是不折不挠精神和必胜信念的当然结果。第三，我们现在需要威氏这样的人及其工作精神，是威尔逊发现并命名了我们这个'园林之母'和'花卉王国'。我们要以不懈的艰苦努力，从被发现的、以被动提供丰富花卉新的种质资源为主的园林之母和花卉王国，成为实现批量生产新奇园艺植物的生产大国，并向世界源源提供新花卉。"

呵呵！我想要说的，老先生都说了。我抄录出来，一是向老威致敬，二是希望年轻一辈多出老威这样的人。

2011年10月9日，晨

郎咸白，把新的经营理念引进来

前些天在萧山小住，杭州赛石园林的郭柏峰先生对萧山花卉协会秘书长沈伟东说："现在，方老师是我们花木业的郎咸平。"柏峰给我戴的这个帽子太高了，我怎么敢当。郎咸平博士是香港中文大学讲座教授，世界级的公司治理专家和金融专家。2010年，他被30多万网民自发推举，当选为"中国互联网九大风云人物"之一。不过，说到郎咸平先生，不由得让我想起咱们花木行业的郎咸白博士。

一个郎咸平，一个郎咸白，两者之间只是一字之差，可谓联系非常紧密。因为，两人是兄弟俩。都是黝黑的皮肤，圆圆的脸庞，尖鼻梁，一双炯炯有神的眼睛。只是郎咸白是兄，郎咸平为弟。

郎咸白博士毕业于台湾大学园艺系，后获得加拿大阿尔伯特大学硕士学位，美国威斯康辛大学的园艺博士学位。现任美国美升公司总裁，长期担任浙江国美园艺公司董事长。大约十五六年前，郎咸白博士在中国花木产业迅猛发展的初期，就融入当中，为中国花木产业的健康发展，是立了大功的。

我这些年，虽然与郎咸白先生接触不多，但与郎先生同住过一室，也有过一次近距离的亲密接触。那是六七年前，我在江苏昆山三维园艺有限公司胡艺春先生那里。

那天，吃过晚饭，大约是晚上9点钟了，我已回房间休息。胡艺春突然敲开我的房门，对我说："方老师，郎咸白博士来了，刚到。这么晚了，宾馆没了房间，你们俩就凑合在一个屋里住一晚吧。"

我当然乐意了，立马说了一句："请"。那一晚，我与郎博士聊了许久，子夜已过。

郎博士当时是胡艺春公司的顾问。他说话不紧不慢，做事有条不紊，笑容不是很多，但待人真挚，没有一点洋专家的架子。

他比我要大得多，但当我床上的靠垫掉在了地上，还没等我拾起，他已经帮我拣了起来。早上，我们几乎同一时间起床，他非得让我先去卫生间刷牙洗脸。我说"您是大哥，您先请"。他说："别客气，还是你先请。"

花木容器栽培是一条必由之路，是通过那次与郎博士接触，我才知道的。大约10年前，是他把容器栽培引到了中国，引到了浙江。

最近，我在网上看到一篇文章，就是跟郎博士当年引进容器栽培有关的。虽然没有找到作者 ，但我还是想摘录一段，因为是客观事实：作者说：“到2002年为止，我们基本还是从资料上了解国外的容器栽培产业，没有真正到现场去看过。所以2002年4月，我和虹越的江总（江胜德）、美国的郎咸白博士到美国考察花卉苗木产业。在考察了泛美、伯爵种子的新品种展示会之后，我们重点在佛罗里达、华盛顿州的西雅图和俄勒冈州，考察了美国的容器栽培苗圃。实际上从产业来说，园林苗圃三分之二，花卉占三分之一。当时就在想，我们能不能在园林苗圃方面做些工作？ 到了美国看了之后，就看得很是清楚了。因为这方面印象非常深刻，拍了很多照片，触动很大。应该说，真正容器苗圃的建立，我们应该是从那个时候开始加快了进程。我们在俄勒冈州，除了看Moloviya苗圃灌木容器苗以外，还看了有乔木生产的、盆套盆系统的苗圃，就是Potin Pot。后来又去佛罗里达，郎博士带着我们一起去的，还看了美国的富饶沃苗圃，这也是一个容器栽培苗圃。所以从2002年看了以后，虹越花卉公司，还有国美、森禾，才真正开始了容器栽培的实践。而且后来国内又有很多人去看了Molivia。之后，容器栽培陆续跟进。”

这段回忆，足以说明，郎博士在容器栽培方面给我们做出的贡献。

随着容器栽培的推广，大家逐步看到，容器栽培的苗子，长势均匀，容易移栽，不受季节影响，不用缓苗。 但郎先生强调说，在容器袋里刚定植的大一些的乔木，被风吹后，容易倒伏，所以要有支撑植物的杆子，这个非常重要。

在引进国外植物方面，郎博士一直强调要因地制宜，决不能盲目地引进。比如，他在一次报告中讲：“我们如何从美国引进植物？首先，我们一定要知道中国和美国的纬度。哪一种美国的植物在中国比较适应，一定要做详细的比较。以美国东南部来讲，它的纬度基本上与上海、杭州、江苏这一代差不多。所以华东地区的企业去引进植物或者是种子就比较好。”

2008年，花木产业受到生产资料费用明显上涨的压力，企业的利润不断缩水，甚至没有什么利润可言。在此情况下，郎博士提出，企业可以向管理要效益。

他说，以美国草花企业为例，20年前，1盆10厘米盆径的草花矮牵牛，零售价是0.98美元，到了1998年，只有0.45美元，下降了一半。现在，每一盆的售价更低，而成本更高，但仍有一定的利润空间。什么原因？秘诀在哪里？其实很简单，秘诀就在于提高管理水平上。

他说，综合国外知名花木管理企业的经验，抓管理，是可以有效提高工作效率的。例如，早上7点钟上班，所有的工人就要在6:50到达工作地点，而组长或者班长则要更早一些，6点钟就要到达。因为他要准备好今天工作需要使用的工具、肥料或者药物等，以便7点钟大家能准时工作。管理者要做到细心，甚至要考虑员工走路搬运物品的时间和路线，尽量减少无用的劳动。这些都是可以有效地提高工作效率的。

郎博士说完这些，我注意到，他还说了这样一句话。他说：“我们中国人的工效率也就是美国人工作的十分之一。”

朗博士说的这些，按照我们以往的工作习惯，是够尖酸的，这不是人像机器了吗？哪儿那么严丝合缝？我们很多人不太理解。如今，外资企业多了，现在很多人已经接受了这些所谓的苛刻管理。工作就是工作。当然，工作效率大大提高之后，做老板的也该相应的提高员工的工资。什么事情都是相辅相成的。

不管怎么说，郎咸白博士确实为我们花木行业带来了不少新鲜的做法和先进的理念。我们的发展，也确实需要这些新鲜的东西注入，不断改变我们的生产观念和经营理念。

你想，我们花木产业的哪一点发展，不都是观念上改变的结果！

我们的产业还在大踏步地发展，我们需要有一批又一批像郎咸白博士这样的人才。

2011年12月1日，晨

降低成本，咱们有办法

早上醒来，还没缓过神儿，就见外面电闪雷鸣，大雨滂沱，似银河倾泻，如沧海倾盆。这样大的雨，持续了近1个小时。楼外光溜溜的马路，顿时成了一条河流。

下午看晚报，头版头条新闻的标题就是：“京城今晨迎来入秋最强降雨”。

此时，我不由得想起前几天看到的一个企业降低成本的窍门儿。

那是前几天看中央电视台新闻。有一条与利用雨水浇花的新闻。这条新闻，来自北京顺义的一个花卉企业。

镜头呈现的是一个很大的全天候温室大棚，里面，养的是一盆盆蝴蝶兰和大花蕙兰。

镜头推到温室大棚外墙。外墙的上面，伸下来十来条排放雨水的管道。在每个管道的下面，都有一个近1米高的大塑料罐。下雨时，雨水就会顺着管道流进塑料罐里，储存起来，以备浇花使用。

我注意到，在塑料罐下面，有个开关。使用时，拧开开关，用一根塑料管连接起来即可。

主持人问经营者：“你现在是用收集的雨水浇花吗？”

经营者答道："是啊。非常方便。"

"以前用什么水浇花？"

"以前用的都是自来水。"

"用雨水浇花可以节省不少开支吧？"

"那是。用自来水浇花，每盆大约需要10元钱，使用雨水，一盆起码节省2元钱。我一个棚养8万盆花。算下来，节省的费用就可观了。"

您看，就这么一个小小的做法，只是借助一下老天爷的力量，企业就节省了一笔不小的开支。

众所周知，现在企业经营的成本越来越大。劳动力的价码，生产资料的价码，迅速上升，搞得经营者头疼，伸不直腰杆，已不是什么新鲜事。

但是，您只要肯动脑筋，在每个生产环节、销售环节上用心思，办法还是不少。人的智慧是无穷的。我敢说，仅在降低成本这个环节上，做好了，就可以减轻不少压力，少花不少银子。

其实，企业在运行中，始终把以最小的成本，谋取最大的效益，作为追求的目标，也是理所当然的。聪明的经营者，不仅会开源，还要会截流。

这里，我只是抛出一个小绣球而已。

2011年8月26日，晚

持证经营花木很有必要

2011年8月5日，我参加了在吉林省公主岭市举办的首届园林园艺师和苗木经纪人认证资格培训班。参加培训的学员有60多名，来自黑龙江、吉林、辽宁、河北、山东、河南、广东等省和内蒙古自治区，几乎都是多年从事苗木经营的。

这不是一个普通的培训班。

培训班有个开班仪式，主办者梁永昌先生让我讲话。

我说："我从事花木宣传26年了，亲眼看到花木产业由小到大，由弱变强。从事花木生产和销售的经纪人，可以说是浩浩荡荡，已经成为特色农业的重要组成部分。这是一个兴旺的产业，一个前程远大的产业。今天参加培训的各位兄弟姐妹，通过培训考试合格者，就可以拿到国家人力资源和社会保障部颁发的‘园林园艺师’和‘苗木经纪人’资格证书。这标志着，我们这个行业在规范化经营方面又迈进了一大步。”

证件，是一个公民的身份象征，也是折射一个社会经济的影子。

过去持证的，一般只有司机驾驶证、身份证、结婚证或者离婚证。计划经济时，物质匮乏，什么购货证、煤证、结婚家具证等等，可以说是五花八门。现在，随着市场经济的深入发展，持证上岗，已经延伸到各个经济领域。

我女儿从事人力资源工作，就要先考人力资源助理师证，然后再考人力资源管理师证。我妻子的弟弟从事游泳救护工作，如今要考取救护证才行。现在，从事新闻采编工作，你即使在高校学的是新闻专业，到一个单位工作后也要参加职业资格培训，持证上岗。

职业证书，一般分初级、中极和高级，不仅反映了你一定的水平，更主要的是其具有合法性。在这方面，长春新立城总经理潘力军深有体会。

在开班仪式上，潘力军代表学员发言，他讲述一番话，很久让我难以忘记。

他说："我是我们镇苗木合作社的主任，也是我们村的村委会主任。这两年大规模的拆迁，加快城市化的进程，也涉及了我们那里。在拆迁的过程中，有两户有残疾的村民不想拆迁，理由是，他们属于残疾人。但又没有办理残疾人资格证书。有证书的残疾人，一个人可以比正常人多领2万多元。他们后悔最初没有办证。如今他们感叹，差距咋这么大啊？但现在的客观现实是，差距就这么大！"

我想，随着我国经济的持续发展，国家对各行各业的管理会越来越严，越来越规范，准入的门槛也会越来越高。我们花木行业也是如此。这是个大趋势。我们要认清这个大趋势，重视持证经营花木这档子事。千万别"拿豆包不当干粮"。

花木经营，属于农产品经营的范畴。持有农产品苗木经纪人资格证书的，可以享受相应的优惠政策。

还有，持证上岗，不断向更高的等级迈进，也是企业培养人才一个很好的途径。

2011年9月5日，下午，于吉林公主岭市

植树袋是个好东西

植树袋，是一种容器袋，也称美植袋、无纺布种植袋、环保植树袋。使用植树袋，好处多多，其中有一点，就是省钱，这是前几天我在长春得到的最新结论。

容器袋在咱们花木行业引进有七八年了，一直推不开，总是极少数。去十家苗圃，不一定能碰上一家使用，还是老一套，地栽，传统种植。

我一直以为，这主要是成本的问题。花银子多，投入大，企业在成本不断上升的情况下，压力够大，哪有什么资金再用植树袋。因此，这两年我到苗圃，就没再提使用植树袋种植苗木的事。咱别哪壶不开提哪壶，先缓缓再说，省得给人家添堵。

但前几天在长春，自从去了新力城绿鑫苗木合作社，看了他们用植树袋种的苗木，我原来的印象彻底改变了。按该合作社主任潘立军先生的介绍，使用植树袋，不仅不贵，而且成本还低。这使我眼前一亮。

潘立军的苗圃，就在他们新力城村小南屯的后面。看到一大片地，种植的都是三角枫小乔木，齐刷刷的，生机勃勃，都1米多高，一瞅就不缺营养。因为，植树袋是用特殊的聚丙烯材料做成的。这种材料做成的薄袋，能让根系穿透，向外伸展，但当须根在贯穿袋壁时，受到无纺布的阻拦，以致袋外的根不会长粗，于是碳水化合物等养分就累积于袋内的细根中，形成瘤状物。也就是说，袋内的根部积累了更多的营养物质。这样，一旦移植后，能迅速恢复生长，移植成活率及品质也大幅度提高。

潘立军说，他们合作社，注册的有58户，现在参与的有120户，总共苗木基地有1500多亩。他自己的苗木是300多亩。2009年，他开始尝试使用植树袋，一经成功，就在自己的苗圃中全部推开，实现了一场革命。根据现有苗木规格，他使用的植树袋，直径都在25~45厘米。榜样的力量是无穷的，现在，合作社的其他成员也开始尝试使用植树袋。

在地里，潘立军给我介绍了改变种植方式的几大好处。

一是植树袋的苗木，可以反季节栽植，不受季节限制。炎热的夏季移栽，不用缓苗，苗子不蔫，效果立竿见影。

二是起苗快。植树袋苗，从地栽到容器的转换时，已经断了主根。之后由于植树袋材料的特殊功能，使得袋内的苗木须根发达，主根不能伸长。因此起苗时，只要沿着植树袋边沿把土移开，然后用脚一蹬就可以了。而地栽苗，相比之下要费力费工，土坨不大，主根不断，苗子就起不出来。

三是不存在土坨大小问题。起地栽苗，尽管根据客户的要求，给工人规定了土坨的尺寸。但起出来的苗木，土坨往往不那么规范，有大有小。客户不满意，起苗的工人往往也有怨言。起植树袋苗，就没这些麻烦，植树袋多大，土坨就多大。

四是植树袋苗木，在运输的过程中没有散坨的问题。地栽苗，缠绕了草绳也容易散坨。散坨的苗子，是影响成活率的。

五是成本低。这也是最为关键的问题。潘立军反复算过账：直径40厘米土坨的地栽苗，人工起苗费还有打包装草绳的费用，加在一起，成本是8元钱，有时还需要10元钱。有袋的则大不相同。由于起苗省时省力，成本是3元钱；一个袋子的成本是2元钱（从厂家购进的数量要大），总共下来才5元钱。成本节省了近50%。即使与8元钱相比，也还便宜3元钱。

这么多的好处，何乐而不为，你还犹豫什么？轰轰烈烈来场革命吧！

不过，说到植树袋的优缺点，还和生产厂家、原材料等有关。都叫美植袋、容器袋，产品的实质却不可能都一样。药还有假药呢。潘立军他们买的植树袋，都是正规厂家生产的，质量过得硬。如果您也想选用植树袋，一定要选准才行。

2011年9月13日，晨

树木的支架

树木本来是不需要支架的。但新移栽的树木，根须没有扎稳，就需要有个三角支架扶植，以免被风吹歪甚至刮倒。支架，在苗圃种植或者绿化中属于一件很小的事情，可是因为如今是一个讲究精细的时代，因此，有必要说上一说，提醒您的注意。

话先从前几天新出版的《中国花卉报》说起。那一期的报纸，有一张新闻图片，表现的就是树木支架。照片突显的是一棵高约3米多的发财树，支撑树干的是一个颜色米黄的三角支架。那三脚架的顶端，齐刷刷的，与树木亲吻着，看上去很是精美。图片的标题说得好："树木支架也爱美"。这个支架自然是很美了，因为这是在上海新近举办的一个园林行业展览会上，商家展出的一款新型支架，让人眼前一亮。看过这幅照片，我打电话给摄影者李颖，问她这种支架是什么材料的？李颖说，材料的整体部分是木质的，两头是塑料的。

支架下面好像穿上了鞋子，而上面好似戴了一副手套，挺气派的。但话说回来，此支架的价码肯定也低不了，暂时普及还不大可能。可是有这样一款漂亮的树木支架，还是很不错的。

但更多的苗圃，更多的绿地，从成本低廉考虑，眼下，以至于很长一段时间，使用最多的支架，恐怕应该是竹竿，或者是木棍。这些材料值不了几个钱。我走过很多地方，看了不少的苗圃和绿地的支架，恕我直言，现在用竹竿、木棍制作的树木支架，很不讲究，随意性太强。三根竹竿或者木棍，长的长，短的短，参差不齐，像没有规律被风刮乱的蜘蛛网，看上去很不雅观。

今年3月底，我在大兴地铁站等人时，亲眼看到四个绿化工给周围绿地新栽的树木安装支架，是一种什么工作状态。他们两个人一组，一个人用铅丝绑扎，一个人手持木锯截。铅丝拧成的花，是长的长，短的短。截木棍的人，随意性更强，愿意截时就截，看长短差不多，就不再动手，扭头就转移到了另一株树木去了。在他看来，木棍之间不就是差那么一两尺嘛，有什么呀？能让树木不倒就行了。这种认识，与胡适先生当年写的《差不多先生》有什么不同？在差不多先生看来，凡事做得差不多即可，不必可丁可卯，严丝合缝。在此思想支配下，树木倒是固定住了，来个六七级风也不至于有倒伏的现象，但长短不一的支架真是大煞风景，与周围秀美的景色极不相称。

但人们做事也不都是这么不严谨。我父亲就是一个讲究精细的人。我小时，家里有个小菜园，谁来了谁夸。菜园里种植各种时令蔬菜。被齐刷刷的篱笆簇拥着。篱笆是玉米秸扎的。玉米秸显然高低错落，但篱笆扎好后，父亲选好高度，会让我抻一头，让同住一个院的叔伯弟弟抻一头，他手持一把剪刀，像一个高级理发师似的，一根根修剪整齐。我们手里的线略微放松一下，父亲便提醒我们绷直。他那聚精会神的动作，不亚于米开朗基罗在雕塑一件艺术品。我记得有一年他修剪篱笆时，正是融融的春日，在明媚的阳光下，有好几只蝴蝶都款款地飞过来凑趣。好像来欣赏父亲的杰作。

类似像我父亲那样的人，我见过不少，做事都很是精细认真，其结果自然也是比较完美的。我到过日本，这一点感受也是颇为深刻。不论在东京附近的大阪、名古屋，还是远隔数百千米的北海道，我见过不少支撑树木的三脚架，它们也多是木棒制作的，但锯得都极为整齐，看上去很是舒服。

现在，我们什么都讲究快速，似乎精益求精被人遗忘了。只求快速，不讲品质。现在，支架搞得参差不齐，问题在工人，但责任在老板。因为老板只是吩咐工人把支架支好，并没有要求工人做到整齐一致。倘若老板觉得没什么，工人自然会按照惯例做事，萝卜快了不洗泥。

但与此同时，我们必须清楚地看到，现在我们已经进入一个讲究品质的时期。因此，中央才反复强调转变发展经济方式，从粗放型向精细型发展。商品需要品质，环境也需要品质。这其中，就包括树木支架，也需要注重整齐划一，也需要米开朗基罗精神。

其实，做到支架长短一致，很容易，只要在截干时，用目测统一一下尺寸皆可。良好的环境，就是需要类似树木支架这些细小的环节支撑。很多地方，这里讲究一点，那里考究一点，品质就有喽！

2012年7月31日

月季地表，铺上了腐殖土

前几天，中国花卉协会月季分会开会，会长张佐双先生介绍说，他不久前去了一趟常州，常州紫荆公园月季园的月季长得非常壮实，植株又浓又绿，花朵又大又艳，其主要原因是，他们在月季地的潜表铺上了一层腐殖土。据了解，在月季植株的地表覆盖一层腐殖土，这在全国众多的月季园中尚属首次。

腐殖土铺在植株的地表上，我是不陌生的，有过那么一次接触，印象颇为深刻。大概是2006年，我随中国月季代表团到日本大阪参加世界月季大会。会后，我们一行人去奈良。在奈良的灵山寺，我们参观了山下的一个月季园。月季园不大，六七亩的样子，每一棵植株都长势特别旺盛。地里，看不见一点黄土。黄土不露天，自然没有一棵杂草可言了。地表，铺了一层厚厚的像牛粪似的东西，黑漆漆的。当时，弄不清楚这是什么东西。真是老外，还用手拾起一把，揉了揉，闻了闻，感觉软软的，没有什么味道，断定不是什么牲畜粪。但是什么东西仍不得而知。就在这个时候，我们的团长姜洪涛先生走了过来。姜先生来过日本多次，见多识广。我问他这是什么东西？他告诉我说，这是腐殖土。

腐殖土铺在植株地表，有利于植物的生长是显而易见的。从常州月季的使用情况看，从日本灵山寺的月季使用来看，都可以清晰地说明这一点。据了解，西方很多月季园，还有不少的绿地，地表覆盖的也都是腐殖土，可见这是一种行之有效的办法。但腐殖土对于植物生长究竟有多少好处，我的那点认识依然是浮浅的。会后，我找到姜洪涛先生，专门向他请教这方面的知识。

姜先生是北京泛洋园艺有限公司董事长。这几年，他的公司主要进行植物废弃物处理，然后添加一定的有益物质，生产出优质的腐殖土。做这项工作，目前全国尚不多见，他的公司只是极少数中的一家。说来也巧，他的公司与我的住处相隔很近，走路也就十几分钟。我们是在一个午后见的面。

姜先生说，常州月季园的月季长势这么好，因素是多方面的。一个因素是是大前年建设时，就深翻了50厘米，掺加了一些有机肥；还有一个因素是，去年和前年连续两年地表都铺了腐殖土，这些腐殖土，就是从他这里购买的。

现在，我们的土壤多数老化得比较厉害，直接的危害是土壤沙化和土壤板结。换句话说，是土壤结构被破坏了，透气性差，呼吸不畅。好的土壤，应该是团粒结构的。但遗憾的是，现在城市的土壤，几乎都被板结了。这种土壤，已经不大适合栽植植物。所以，土地在使用时，就有必要人为地添加一些腐殖土，不断地改良土壤。目的只有一个，给植物营造一个宽松的生长环境。

对于腐殖土的好处，姜先生认为起码有这样四条：一是使土壤里添加了大量的有机质，这是城市土壤里最为缺乏的；二是在处理的过程中，腐殖土中增加了有益的微生物，这些是植物生长所必须的；三是腐殖土有很好的透气作用，使植物的根部呼吸更加顺畅；四是可以有效地遏制杂草生长，使地表处于洁净的状态。

姜洪涛坦言，现在加工腐殖土的企业还太少，加之生产成本比较高，因此使用1平方米腐殖土（约七八厘米厚），大约需要30元，费用是高了点。但把绿化垃圾进行处理，实现再利用，改善了土壤结构，使植物茁壮成长，形成良性循环，花点费用还是非常值得的。这是一件大好事。

北京，现在已经确立了打造具有中国特色世界城市的目标，其它东部不少城市也提出了类似的目标。这些目标，就是我们的前进方向，是很鼓舞人心的。这就需要我们脚踏实地，在城市建设的每一个环节上，都要按照世界城市的标准扎扎实实地去做，在细小的环节上下工夫。植物地表覆盖腐殖土，这在城市建设中算是很小的事了，世界上许多国家做到了，我们也应奋起直追。在绿化美化环境上，既要重视增加绿地面积，更要重视绿地养护投入。

常州在月季地表铺盖腐殖土，取得了明显的效果，算是带了一个好头。我期待有更多的月季园，还有绿地、花园、公园尽快跟上。在这一点上，我们缺的不是资金，缺的是认识。

2012年7月25日，下午

哈尔滨的五色草如何做大

我前些天去哈尔滨，还在动车上，就惦念上了哈尔滨的五色草。因为，依我的那点见识，认为哈尔滨是我国种植五色草最早的地方。其种源，是20世纪二三十年代俄罗斯人带过来的。改革开放之后，也听说哈尔滨搞五色草的人不少。但这次到那儿一看，让我大失所望。在松花江北岸，一家一户的，经营五色草的不少。但有1000来平方米的，算是大户，多数是几百个平方米。虽说是走马观花，但情况也大至如此。这与我想象的规模差距甚远。

五色草（*Coleus blumei*），即彩叶草，属于唇形科多年生草本植物。株高15～20厘米，最高可达90厘米，分枝少。叶对生，卵圆形，叶面多彩，因品种不同，有黄、红、紫、橙、绿、白等各色。花期夏秋季。

在哈尔滨，常见的五色草品种有大叶红、小叶红、绿草、白草、黑草等。五色草植株矮小、分枝力强、枝繁叶密、耐修剪、叶色多变、色泽鲜艳，是制作大型立体造型花坛不可或缺的植物材料。

哈尔滨昼夜温差大，气候宜人，非常适合五色草的繁殖与生产。而且，我看不少苗农，都盖了温室大棚，繁殖五色草，不受季节的影响，什么时候都可以进行。但就是规模太小。而远离黑龙江的山东胶东地区，有一家专门生产五色草的企业，最初的种源就是来自哈尔滨，这一家，五六年前种植五色草已有十多亩地，好几个温室大棚，每年的销售额都在一二百万元。现在，据说规模更大。

平心而论，哈尔滨发展五色草有着得天独厚的资源优势，气候优势。现在，各地庆典活动接连不断，都需要五色草造景烘托气氛，做大做强并非什么难事。

在这里，我斗胆提出三点发展五色草的建议。

一是企业的经营者，要千方百计把五色草做成规模。搞上二三十亩地，十几个温室大棚，尽情地发展，跳出小生产的圈子。

二是大力宣传。有了规模，不是目的。目的是销售，是换成票子，形成良性循环。怎么实现？唯一的办法，也是最有效的办法，就是在专业报刊上，大张旗鼓地刊登广告。我们现在规模小，就是因为客户少，找不到客户。主观上，谁都想做大。如果你在宣传上投入重金了，不愁没有客源。我们行业，不少人，总觉得登广告吃亏，起不了多大作用。其实，这个观点是错误的。大家知道河南南阳的石桥镇，是中国最大的月季生产基地。石桥靠什么做大？连石桥人自己都说：月季做成一个大产业，原因之一，靠的就是在专业媒体上的大力宣传。最初，是南阳两个大户带动做广告。大户尝到了甜头，小户就随之跟进。今年年初，南阳最大的月季企业，南阳月季基地总经理王波女士，在北京注册了一家新的月季公司，连续两个多月在《中国花卉报》一版刊登广告。创业开头难。尽管如此，王波女士还是拿出重金刊登广告。因为，她知道企业尽快打开局面广告的重要作用。山东那家把五色草做大的企业，靠的也是每年在《中国花卉报》上的大力宣传。一个人，甚至一个企业所有的员工，认识的人，认识的客户，总是有限的，而广告就可以起到无限的作用。只要你的东西好，广告很奇妙，就是一块磁铁，它可以把山南海北的客户都吸引过来。

三是成立五色草协会，抱团发展。据了解，到现在哈尔滨没有一家五色草协会组织。我看，大户要寻求政府的大力支持，挑头成立五色草协会，一个主产区成立可以，全市成立一个协会也可。因为，各地花木之乡迅速发展的经验表明，有组织与没组织大不一样。有组织，就可以与有关部门协商，解决企业发展资金不足的问题。有组织，就可以互通信息，交流经验，甚至统一销售价格，平衡价格，改变各自为战、势单力薄、竞相压价的被动局面。有了组织，我们还可以在参加大的展会时，统一打出牌子，给人造成一个强大的宣传攻势。

呵呵！一孔之见，仅供参考。

2011年9月15日，午

1600元与16000元

昨天，我写的文章是：《哈尔滨的五色草如何做大》。对此，我提了3点建议。其中之一，是要重视广告宣传。稿子发出去之后，我感到意犹未尽，话没说透，还缺点什么。因此，今天就想沿着昨天的话茬，再说说广告宣传的事。

今天用的题目，1600元与16000元，自然指的是广告宣传费。其实，这话也是借来的。原话，是我们报社的社长周金田先生曾经提到的。他说："花木企业，在新闻媒体上做广告宣传很有必要。但花1600元跟花16000元可大不一样。"

他说的1600元，是针对我们报社的广告价格而言的。1600元，在我们报纸上可以做两次名片广告。16000元，就意味可以做20次名片广告。

细想想，一个好的产品，做两次与做20次的效果是绝对不同的。世界上的事，都有一个由表及里、由浅入深、从量变到质变的过程。

一蹴而就，今天怀孕，明天就抱个大胖小子的美事是不存在的。中国人说话，做事，往往都讲究三。

过去，我们生产队出工敲钟，讲究敲3下。现在，村委会通知什么事，要用大喇叭广播3次。结婚拜天地，夫妻双双要拜3次。这就是说，一次不行，两下或者两次都不行。就是大自然中的花开、花落、光秃秃的树木变得满目青翠，也要有个过程。

我们刊登广告，也是如此。其实，就是一个度的问题。

那么，这个度怎么把握？少了效果差，多了则效果佳，但要多花银子。

对于这个问题，报社广告部主任王振海先生给过我一个答案。

他说，"首先要肯定是，广告宣传一定是持续刊登一段时间效果为好。"

"小企业没有那么多本钱，也是这样吗？"

他说："苗农、花农也好，小企业也好，只要是刊登广告，都是一样的，没什么区别，大家都在一个擂台上。如果只登一两期，还不如不登。您想，谁看报纸，谁不先看的是新闻，先看的是新鲜事，然后才去浏览广告。不可能就那么巧，读者一看报纸就先看您的广告。据有关研究报纸广告的权威机构调查，一种产品的广告宣传，连续刊登17次效果最佳。"

"要17次？"

"对的，要17次。这指的是都市类的报纸。都市类的报纸都是好几十个版面。少了，广告就淹没在里面了。我们花卉报的版面相对来说比较少，只有十几个版面，容易看见，用不了那么多次。"一般来说，至少10次为妙，印象才比较深刻。"

他说的只是一个大概。但意思非常清晰，就是广告宣传次数太少是不行的。次数太少，等于天上飘下来的雪花，还没落地，就已经被融化了。

难怪茅台、五粮液那么有名，还年年花很多钱做广告宣传。难怪毛氏丹麦草推广快30年了，毛泉炳先生还年年在花卉报上做广告宣传。难怪南阳月季基地成为全国最大的月季基地，还年复一年的在专业新闻媒体做宣传。类似的例子，举不胜举。

现在，一些企业只注重扩大规模，在基地、花木上投资，而忽视在宣传上的投资，这显然是一种片面的认识。因为，你的基地再大，你的东西再好，产品是要销售出去赚钱的。怎么销？怎么赚钱？怎么占领市场制高点？仅凭你熟悉的那点客户是绝对不行的。

前面说的几个企业，老板都非常精明，如果持续广告宣传没有什么作用，谁会白白往水里扔银子？肯定是甜头多多。

好酒，真得勤吆喝！

2011年9月16日，晨

多那么一点点

明朝于谦云“活水源流随处满，东风花柳逐时新”。确实，大千世界，很多事情都是可以让我们感悟的。我写下的这个题目，是来自于我家的灵感。

我家，新近换了一套书柜。书柜，比过去长出许多。这样一来，书柜与门口之间，竖着摆放的一个衣柜空间就少了一些。

原来，横着摆放的一个鞋柜，怎么摆放都没有问题，如今，想插进书柜与衣柜之间，就不可能了。我妻子说：“唉，就差那么一点点，也就一寸。不然，门口的空间还能大一些。”

就因为差那么一点点，你想要的结果就没法实现。由此，我想到我们的经营。

我们的经营，要是多那么一点点，结果会是什么样子呢？显然，其结果是美妙的。

还是先举个生活的例子。

我们小区的西口，开了一家华堂大商场。一天早上，我到这家商场转转。大门口，彩旗招展。上面写道：“超级早市”。

早市的商品，指的是蔬菜及肉类。

早市还没开门，门口已经聚集了很多购物的居民。开门后，几个商场管理人员站成一溜，笑容可掬，欢迎如潮水般的人流。我问一个管理人员：“早市有什么优势？”

答案自然是：“便宜。”

“便宜多少？”

“15%左右。就多那么一点点。”管理人员还伸出小拇指比划。

就是多那么一点点，使得商场生意非常红火，而且，带动了其他商品的销售。

还是我们小区。新近，绿化带更换一些树木。

苗子拉来时，这些树木的土坨不仅缠绕着一圈草绳，而且在草绳的里面，还严严实实包裹有一层塑料布。

“你们种植的树成活率怎么样？”我问。

“没问题。不说100%也差不多。”一个工人说。

“为什么那么有把握？”

“就因为我们起土坨时，比别人多裹了一层塑料布。”他信心满满地说。

说得好！这一层塑料布，也是那么一点点，在运输的过程中，即使是远途跋涉，土坨也不会干。这就像早春播种覆上一层地膜，地里的水分不会蒸发，出苗率高一样。多那么一层塑料布，树木成活就多了一份保证。

再说个更生动的例子。

我上周前，在辽宁铁岭采访开原云清苗圃。这是一个有着3000亩地的大苗圃，老板是大名鼎鼎的郭云清。返京时，送我们到火车站的是该苗圃的销售经理。

他一边开车，一边跟我们聊天。

他说，他原来也开了一个苗圃，几十亩地，养了两年，苗子卖给了郭云清，挣了30多万元。按说，也挺不错了。但郭云清接手之后，养了半年多，一下子就挣了100多万元。要不说郭云清有眼光呢！

郭云清确实有眼光。我在采访时，问过他这个问题。他说：“我之所以能把苗子卖出去，而且能卖出一个好价钱，除了苗子品种市场需要以外，其实我就比别人多了一点点，重视宣传。”

肯宣传，舍得花银子，做到广而告之，多了这么一点点，企业这潭水就活了，苗子就能卖上好价钱。如今，市场竞争激烈，经营者只有一手硬，一手软，是不行的，必须两手硬。一手抓苗圃建设，一手抓产品宣传，两个轮子一起转。

经营者，如果在这方面比别人多那么一点点，在那方面也比别人多那么一点点，还愁做不大，做不强？

2011年9月17日，午

冲破障碍，成为一方领跑者

前天，我在石家庄火车站正要上火车回京，接到一个电话，这个电话让我沉思了许久。

“方老师，非常感谢你对我的指点。你要做好思想准备，那个新品种我准备明年转让出去。你要做好思想准备。”

他一连说了两次“要做好思想准备”，看来是非常认真的。

这不禁让我感到惊讶、惋惜 。我摇摇头，苦笑了一下。

这是一个让我非常尊敬的苗农，一个对农业技术近乎痴迷的老大哥。

他有10来亩地。3年前，他在播种的小苗中发现一个变异品种，通过高接的法子，现在已经繁殖出了90棵苗木。春秋为红色，夏季天热时为黄色，季相变化特别明显。

眼下，那个新品种正是由玫瑰红向大红转变的时候。我站在他家的房顶上，往下看过，在绿色的树木中，凡是有那个新品种的地方，都像铺上了彩霞一般的绚烂，真是漂亮极了！

我想，这个品种推向市场，不亚于一棵“摇钱树”。因为，它的应用范围，北可到哈尔滨，适应范围非常之广泛。为此，我离开他家之后，写了一篇文章，题目是《“摇钱树”怎么摇》。

在他家的时候，他让我出主意，问我怎么推向市场。我说了3点，其中两点简要如下：

一是拼命宣传。因为现在繁殖数量还太少；二是繁殖到一定数量要拼命推广，占领市场制高点。

他当时是赞成我的观点的。但时间刚过了这么几天，我还没有回京，他的主意就变了。

他是聪明人，他也知道这个品种是个好东西，日后有广阔的市场，能挣大钱。但就是这拼命宣传上，恐怕是难以跨越，使他改变了主意。

因为，拼命推广，就意味要拿出一笔大的资金刊登广告，参加展会。起码，要拿出几万元。几万元，他是没有的，数千元也拿不出来。他就要去借。正是因为去借，他在经济上可能是冒不了这个风险的；心理上，可能是承受不了这个压力的。当然，转让出去，也能取得不小的回报。但与自己推广销售相比，差距之大是显而易见的。

我们的很多苗农，之所以几年，十几年，在这“海阔凭鱼跃，天高任鸟飞”的大好年代还是苗农，还是没有跳出这个圈子，我想不是机会没有，而是机会来了，心理抵御风险的能力不够，没冲几步就下来了。反之，凡是数年之后，能从苗农转变为企业家，成为拥有数百亩以上花木的企业家的，都是因为有惊人的魄力，冲破了阻碍发展的各种压力。

苗农与企业家之间的差距，差得不是资金，差得就是敢于冲破黎明前黑暗的勇气。

而推动花木产业持续快发展的，正是需要一批又一批脱颖而出的花木企业家。

但是，从人生的角度来看，能够做到“三亩地，一头牛，老婆孩子热炕头”，满足衣食无忧，也没有什么不对。

路子怎么走，“摇钱树”怎么摇，大主意还得自己拿。当然，从我主观上说，我还是希望有更多的苗农，能够冲破思想上的障碍，成为一方的领跑者。

2011年10月17日，晨

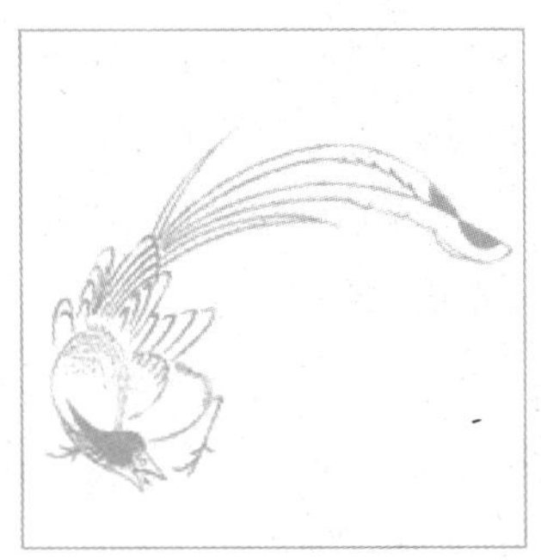

企业自身造血能力要强

近来，我接连听到两个花木企业总经理辞职，离开了原来的位置，心里不无喟叹，很不是滋味。

他们都是我熟悉的朋友，人品非常好，勤勤恳恳，做事不急不躁。他们为何辞职？辞职总是要有一点说辞的，理由也总是好找的。但实际原因不得而知，人家也没有明说。我想，不管原因如何，企业要是干得风生水起，有声有色，势头旺盛，也不大可能辞职。依我愚见，这多一半与资金周转不开，企业经营不畅有密切的关系。

由此，我想到了输血。一个人，生病了，需要别人输血，救一时之急是可以的。倘若自身造血不足，总是依靠别人，靠外因起作用，生命就难以维持。俗话说：救急救不了穷，也是同理。

我们的花木企业也是这样。尤其是企业被聘的经营者，还有靠老子投资扶持起来的企业，更是如此。创业起步的时候，还有遇到特殊情况时，让企业法人或者让老子给你拨点银子，解一时无米之炊是可以的，也是应该的。但如果一而再，再而三的这样，是行不通的。他们也有资金紧张的时候，也有受资金限制的问题。他们之所以让你经营，创办这个企业，目的是让你赚钱，而并非总是投资，花银子。

因此，企业自身造血功能一定要强，底气才足，腰板才硬，经营才能形成良性循环。那么自身造血功能如何才能强盛？我这里，送你“3台发动机”。你有了这“3台发动机”，自身造血能力不强都难。

一是要有拳头产品。所谓拳头产品。就是你的产品是有优势的产品。换句话说，就是在品种、规模、品质上都处于一种优势地位。这可能有点要求过高。

其实，在品种、规模或者品质上占有一两样，目前也是可以的。如果一样不占，就谈不上是什么“发动机”。

二是要有顶事的人才。企业一起步，就要有相关的人才。人才，并不一定是什么研究生、博士生，有实践经验的养殖者就是人才。

当年北京搞十大建筑，谁敢说李瑞环不是人才，谁敢说张百发不是人才？他们都没有文凭，但他们都是建筑领域的人才。所以，只要能拿得起来，有解决实际问题的能力，育出好东西，就是人才。

英雄不问出身。当然，手上没有真本事的人，扒拉脑袋就算一个，也谈不上是什么“发动机”。

三是要把宣传摆在突出的位置。这个问题，我在《1600元与16000元》一文中专门谈过。这也是一台发动机，而且你在具备前面“两台发动机”的情况下，这后一台就显得尤为重要。

现在，我们的经营者，相当一部分人在做企业投资时，重点考虑的是租多少地要花多少钱，选择多大规格的苗子要花多少钱，而宣传要花多少钱却考虑得很少，甚至忽略不计。这是不行的，根本行不通的。

只有宣传到位，广而告之，你的客户群体才能广。好的产品是为了卖上好的价钱，在市场上有竞争力，最终，使企业自身发展有充足的血源。

前面的“两台发动机”，都是为后面“这台发动机”做铺垫的。后面“这台发动机”动力不强，能行吗？

2011年9月19日，晨

失败与成功只是一墙之隔

这两天，我在杭州西溪湿地组织会议，忙中偷闲，校对我的新书《花木经营妙招216》。在校对《失败了，再干》这篇文章后，我不由得再一次被河南王华明的精神打动了。这是一种永不言败的精神，这是一种从不向挫折说不的精神。

王华明是河南省遂平县玉山名品花木园艺场的场长。近些年，他的花木经营业绩不凡，在花木业大名鼎鼎，年销售额每年都至少在数百万元之上。倒退十年前，他是一个屡遭失败的人。

2000年以前，他是做苹果生意的。把陕西的苹果运到广州，卖掉后，再把广东的水果运回来，销到河南、陕西一带。

一次，一车十几万元的货，运过去，赔惨了，他只带回来8000块钱。运输水果的生意算是彻底砸了。

在此之前，他还跟人合伙买了一辆南京东风大货车，跑运输。

司机老出事，也赔了。

双重的失败，让他欠了一屁股债，拿什么还呢？没得还。

“还以为你一直很顺当呢！看不出来，你还有这样走被字的经历。”他要是不说这些不堪回首的往事，我无论如何也不敢相信这一切会发生在他的身上。

一个成功者，怎么可能碰上那么多的倒霉事呢?怕是天方夜谭吧？而客观现实确是如此，并不是有意要编织一个凄惨的故事给外人听的。

“你真够棒的，一再失败，还是不服输？”我说。

“对。还是不服输。我不搞苗木。放弃了，我就彻底完了。”

“最初想搞苗木，家里人持什么态度呢?”

“一齐反对声！一齐坚决反对声！”他有些激动：“我们家，我老丈人家，都让我好好去上班，千万别再做生意了。他们说，你不是做生意的材料。再说，搞苗木这个行当你也不懂，也不了解，又没有种植技术，可别再瞎折腾了。家里一个钱也帮不上你。反正，我是失败者，搞什么也搞不成。他们说的都是事实，我也不说什么。有一阵子，我手里一块钱也没有，到处蹭吃蹭喝。但我天生有一种不服输的劲头，按我们农村的话说，有股子倔劲。”

“人就应该这样。话是好说，最后买苗子的钱从哪里来？”

“是啊，从哪里来呢？借吧。有两个月，我到处借钱，跑了半天，一个钱也没借到。”

“人家有钱也不借给你，是不是？他们都知道你欠一屁股债。”

“您说得太对了。有钱也不借。但我信一条，天无绝人之路。失败了，再干，继续走下去，总会见到光明的。人不会总是失败。最后，还是跟我合伙跑运输的朋友帮了忙。他看我意志坚定，借了我5万元。这个时间是2000年9月。拿到5万块钱，我立即办了3件事。第一件事，是结婚；第二件事，是租地；第三件事，是到北京进雪松种子。”

他的人生，由此就像这金色的十月，充满了绚烂的色彩。

王华明的经历表明，如果在卖苹果之后，屈服于失败，屈服于一切反对再创业的声音，那他是彻底的没戏唱了。我们还会目睹到他今日的风采吗？显然不会。

他的成功，再次印证了一个道理：世界，没有永恒的黑夜；人生，也没有永恒的失败。当你在经营的路上，不那么幸运，遇到的不是满山灿烂的鲜花，而是布满荆棘的时候，一定要咬紧牙根：坚持，坚持，再坚持。

实在坚持不了的时候，可以歇歇脚。但一旦迈开腿，就要莫回头，继续往前走，相信曙光就在前面。障碍与失败，是通往成功最稳定的踏脚石。

我们中国人，自古就相信“宝剑锋从磨砺出，梅花香自苦寒来”的道理。凡事都须艰苦锻炼，不断磨砺，才能取得成功。

在我们的嘴里，在我们的心里，永远不要说“我是失败者”，永远不要说“我不成”。

因为，失败不是任何人的专利。失败往往与成功只是一墙之隔。把这堵墙推倒了，你就成功了。

2011年10月27日，晨，于杭州西溪湿地

苗木报价只是一个方面

2012年3月5日，惊蛰，万物复苏，大地回春的时候到了。我昨天来到济南章丘，惊蛰刚过了两天。在一座依山而建的苗圃里，就见小虫子已经从土里钻了出来，慵懒地晒着暖暖的太阳。我们的苗木行业，闲暇了一冬之后，随着绿化美化环境季节的到来，又开始进入了一个忙碌的阶段。近来，我就接到两个电话，都是跟苗子销售报价有关，让我很是感慨。

这里，我想有必要跟朋友们沟通一下，引起大家的注意。特别是踏入这个圈子时间不长的朋友们，更应沉着冷静对待。

一个电话是江苏沭阳苗商打来的。数日前，他说山东烟台一家公司要承揽一个绿化工程，先需要一批1.5米高的樱花苗子，让我介绍一个山东有樱花的企业。我脱口就告诉了他一家离烟台比较近的企业。在山东搞工程，就近采购苗子，成活率高，且运输成本也低，这是个明智的选择。过了几日，他给我打来电话，却显得有点沮丧。他说他给对方打过电话了，1.5米高的樱花苗子报价是12元，而那家企业自己找的樱花苗子是5.5元。言外之意，他找的苗子贵多了，没戏了。

在接完这个电话的两天之后，我接到山东另一个苗圃经理的电话。他问我，从山西购买一批40厘米干径的大国槐，4000元1棵包括运费，贵不贵？我说，今年市场是什么价，我还不大清楚，问过近日一个销售大国槐的朋友，他说不贵，挺便宜的。我马上把这番话转告了那位经理，从通话里明显感觉到，他是很兴奋的。

但不论是回答前者，还是回答后者，我都跟他们讲了同一个意思：你千万不要迷信报价。

一听到别人报的价格高就垂头丧气，或者听到别人报价便宜就两眼放光，都是不可取的。其实，你要买什么苗子，多大规格的，报价只是一个方面，背后还隐藏着不少埋伏，打问号的地方还不少。比如，规格是否就是15米高，或者是40厘米粗。因为你毕竟与对方不熟悉，没打过交道，对方的诚信度如何心里没底。

即使打过交道，一个人的诚信度，也要通过多次过招才会搞得清楚。还有，规格够了，是地栽苗还是容器苗？也是不一样的。再有，国槐有没有分枝点？倘若有，是多高？还有更为重要的一点，苗木的质量如何？。这些都是影响苗子价格的重要因素。即使这些方面都没有问题，价格往往也不是一成不变的，双方还是有商量余地的。

透过表层，还有这么多不确定的因素，怎么办？我看还是毛主席说过的一句话好：你要想知道梨子的滋味，就亲口尝一尝。同样，你只有把影响苗子价格的因素尽可能地都问清楚了，靠谱了，亲自到实地看一看，才会水落石出，知道一个准确的真实情况。

不然，就像一句如今时髦的话所说的："不要迷信哥，哥只是一个传说。"这话比喻得不一定那么准确，但的确有那么一点道理。

2012年3月8日，晨，于济南

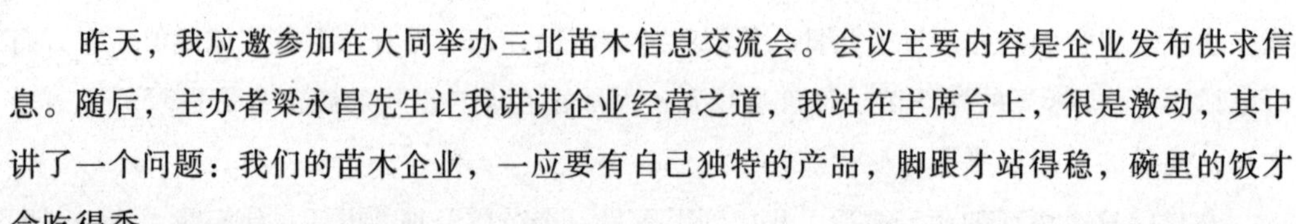

苗圃一定要有自己的特色产品

昨天，我应邀参加在大同举办三北苗木信息交流会。会议主要内容是企业发布供求信息。随后，主办者梁永昌先生让我讲讲企业经营之道，我站在主席台上，很是激动，其中讲了一个问题：我们的苗木企业，一应要有自己独特的产品，脚跟才站得稳，碗里的饭才会吃得香。

我的话，引起了广泛的赞同。

我之所以要讲这个问题，是因为早上看到一本参会企业宣传材料汇编。会议还没有开始，忙了一夜的会务工作人员便在入场口，把这本汇编发给了大家。此次会议，由于是在城市园林绿化迅速崛起的大同市举办，参会的人员很多，有近400人之多，都觉得是个商机。偌大的会议室，坐得满满当当。参会人员，来自四面八方，不仅有华北、西北和东北地区的苗木企业，还有山东、江苏等华东地区的企业参加。

翻看一下材料汇编，我不禁皱了皱眉头。

因为实事求是地说，参会者，有特色的苗木企业不多，绝大多数都是像开小杂货铺似地，什么品种都有。几十亩地，最多一二百亩地，乔木、灌木的不少于三四十种，甚至有五六十种。这些参展企业，`虽说是地区性的，但基本反映了我国苗木企业的现状。

这种现状表明，我国的苗木生产，尽管已经有了一些产品特色鲜明的苗木之乡和苗木企业，但从整体上说，还没有走出“小而全，小而杂”的小生产的圈子。专业化生产，我们报纸喊了十几年了，我在各地演讲时也讲了很多次，很多年，但这条路仍任重道远。“正入万山圈子里，一山放过一山拦。”用孙中山的话说：“革命尚未成功，同志仍需努力”。

“小而全，小而杂”的生产方式，这条路子我们不可能躲过，要尊重这个客观现实。因为我们起步，几乎就是从一家一户起步的。起步，按说本小、经济基础薄弱，应该能搞的品种不多，三五个足以。

我们喜欢多，究其原因，我想，这与我们“多子多孙多福气”的传统观念有一定的关系，总觉得这个卖不出去还有那个顶着，孩子多了不愁，东方不亮西方亮。

这种经营方式，在改革开放、花木生产发展初期是可行的。品种多了，好互相调剂，有利于销售，有利于发展。

但现在时代不同了，一切都在变了。随着经济的大发展，我们已经进入了一个讲究品质、讲究文化艺术品味的时代，或者说，已经开始进入了一个精细的时代。因此，近些年来，我们党和国家领导人总是强调，发展方式一定要从粗放型向精细化方向转移。

因为，我们的苗圃，在规模小，品种杂的情况下，不可能摆脱粗放型经营。每个品种，在水、土、肥、光、温、风上，还有病虫害防治上，要求都不尽相同。而你却人为地把它们统统集中在一个很小的地方。棵棵都长得好，那真是见了鬼了。什么标准化，优质化，精细化，规模化都是零。

没有这些，在苗木市场竞争如此激烈的情况下，苗子质量不高，你怎么可能容易出手？又怎么可能卖上好价钱？还有，一个品种规模小，你怎么适应如今园林绿化大工程的需要？

我看，品种太杂了，没什么特色，即使大家绑在一块，成立合作社闯市场都难。

反之，品种有特色的花木之乡就大不相同。比如，我了解的山东李营，他们的特色品种是法桐。全镇3万多亩地，数百家苗圃，几乎种植的都是法桐。同样是卖法桐，售价总是比别的地方高出15%左右。

为什么？现在绿化一条路，种植法桐，要上几千棵，在他们那里很容易采购得到，而且质量好，有一定的景观效果。价格上贵一点，自然也是毛毛雨，很容易接受的。

还有，当苗木市场处于牛市的时候，小而杂的苗圃，日子还会好过一点儿，但一旦苗木处于低谷的时候，就难了。受冲击比较大的，肯定是这些苗圃。市场起起落落，又是客观存在的，谁也不好改变。

兄弟姐妹们，赶快跳出“小而全，小而杂”的圈子吧！

2011年11月18日，晨，于山西大同

好的新品种可劲儿发展

前天，我在大同参加三北苗木信息交流会，此次会议，动静很大，吸引了400来人参加，东北和西北的苗木企业来的人最多。我演讲时，除了讲到苗圃应有自己的特色品种之外，还道出了一个观点：有好的苗木新品种，你就可劲儿发展，没错。

我想，我说这句话，东北兄弟们姐妹们会感到亲切，因为这是借用了咱东北人常说的一句话：猪肉炖粉条，可劲儿地造。

猪肉炖粉条之所以要可劲儿地造，是因为好吃；我之所以说要可劲儿发展，是源于好的新品种所致。

什么叫好？应用范围广，观赏价值高的新品种，就可以称之为好。

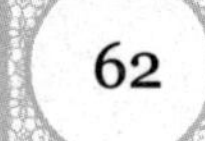

在会上，我说，刚才在下面有3位老板向我介绍了他们的宣传材料。在介绍的品种中，其中都有一个新品种，这些新品种，都是在当地发现的，有草本的，也有木本的。这些新东西，上了企业的宣传材料，说明这个新品种已经在苗圃繁殖了一定的数量。可我一问有多少量，他们有的说，有那么百八十棵的，也有的说，几百棵之多是有的。

有几百棵小苗，就敢印在宣传册上，真是毛毛雨，小儿科了。这与我们园林绿化市场所要求的数量相差甚远。我认为，用相差十万八千里这个词也不为过。

我说，今年9月份，我在长春，为参加园林园艺师职业资格认证的学员授课，课后，有一个吉林市的老板问我，说他种植了50亩地的紫叶稠李，还有150亩地，种点什么好？

我立即回答他，你就把那150亩地也种上紫叶稠李。

他有点不解，看了看我。

我说，紫叶稠李你是知道的，这是一个在北京地区推广时间不长的彩叶品种，引种到咱们东北更是时间不长。而紫叶稠李，又很适合东北冬天寒冷的气候。这是因为，长白山坡下就有稠李。紫叶稠李属于稠李的范畴，自然在东北生长没有什么问题。既然没有问题，你的苗圃为什么不敢大量发展？有什么好犹豫的？别说你搞上几百亩没有问题，就是有一二十家苗圃跟进也没有多大问题。

因为，我那次到东北，哈尔滨、长春、沈阳都转过了，这三大省会城市的绿化树种还相当单调。彩叶树种，几乎是空白，只在很少的地方看到了金叶榆。你说，随着经济的发展，一旦绿化美化上有大动作，我们的苗木生产拿什么满足需求？靠几百亩地的苗木满足那么大的市场，可能吗？那只是九牛一毛而已。

我的话，我讲的道理，那位仁兄相当服气。

我讲出的这些道理，实际上，都是已经被实践证明过的。

以江南地区的红叶石楠为例。红叶石楠是浙江森禾最先推广的，推广的时间大概是七八年前。最初，由于森禾宣传红叶石楠的力度大，很快业内人士就觉得这是个好东西。

春季和秋季，红叶石楠的叶梢鲜红鲜红的，做球，做绿篱，做乔木均可。很快，浙江有一二十家公司跟进，大量繁殖红叶石楠；尔后，又在江苏、安徽、湖南、山东一带铺开。

红叶石楠由此红遍大江南北。到现在，红叶石楠还很是吃香。据说，现在，红叶石楠所产生的经济价值，不少于10亿元人民币。

就在红叶石楠推出不久，河北省林科院选育出的金叶榆也推向了市场。

由于金叶榆属于榆树的一个变种，非常适应东北和西北地区寒冷干燥的气候，因此填补了长城以北没有彩叶树种的空白，继而大受欢迎，繁殖数量极大。

前些日子，我到河北省林科院去了一趟，金叶榆的拥有者，黄印冉和张均营两位先生告诉我：现在，金叶榆所产生的经济价值起码有五六亿元人民币。

我们拥有一个好的新品种，即便推广后有几千万元，或者再少一点，有上千万元的经济价值也好啊！

这就需要我们大力地繁殖。我认为，一个好的适应广泛的新品种，搞上它上万亩也不为过。

当然，大量的生产，伴随的是大量的宣传，两者之间必须有个衔接，必须有一个非常紧密的衔接。忽视宣传，小瞧了宣传的作用，会大大削弱一个好东西的推广。小打小闹地宣传不成，不紧不慢地宣传也不成。

2011年11月19日，下午

红帽子

“红帽子，白袍子，说话伸脖子，走路晃身子”，这是我儿时和小伙伴们常说的歌谣，说的是“鹅”。而下面要说的红帽子，是一种丰花月季，学名为*Rosa chinensis* Jacq。

月季是一个大家族，类型很多，分切花月季、藤本月季、大花月季、丰花月季、微型月季、树状月季、地被月季等等。红帽子，在丰花月季中之所以得名，是因为它的花形酷似一顶半圆形的帽子。红帽子最招人爱的一个原因，是它抗严寒，花期长。

12月上旬，北京经历一场大雪之后，又下了一场小雪，天寒地冻自不必言。但红帽子不当回事，照开不误，让寒冷的冬日增添一抹亮丽的色彩。

那是一日傍晚，中国花卉协会月季分会会长张佐双先生打来电话，他对我说：“我刚经过钓鱼台北门，路两侧绿化隔离带中间的丰花月季开得还挺旺呢！你去拍两张照片，登在花卉报上，宣传宣传。”会长的话音非常高亢，看样子很是欣喜和自豪。

我也是月季协会成员之一，接到“命令”，次日上午就赶到了钓鱼台北门。果然，路两侧绿化隔离带里的一簇簇月季，依然绿叶亭亭，正在盛开着一朵朵鲜红的花朵。有些月季花，开得时间过长，多少有点焦边儿，近观颜色已不是那么鲜艳，但远远望去，鲜红的颜色并没有褪去，生命力还是那么旺盛。而在这大雪节气的月份里，枝头仍有新绽放的花朵，是最令人称道的。其鲜亮程度，自不必说了。

那红帽子，群体效果更是好极了。从东往西望去，一丛丛的植株，1米多高，挂满了花朵。它不畏风霜，在风里摇曳着，挺夺人眼球的。那些花儿在阳光的照射下，争奇斗艳，分外的妩媚，与一旁早已裸露的银杏枝条形成了鲜明的对比。这真是应了宋代苏轼那首有名的诗:“花落花开无间断，春来春去不相关。牡丹最贵惟春晚，芍药虽繁只夏初。唯有此花开不厌，一年长占四时春。”

月季的别名，诸如月月红、月月花等，在红帽子月季这里得到了很好的体现，真的做到了月月红。因为这个时候的大花月季、藤本月季等早已叶枯花败了。

我见此，立刻拍了许多照片，放在了电脑上。想写篇文章。但望着照片，我又犹豫了，生怕搞错了，不是红帽子，而是别的什么品种，因为咱毕竟不是专门搞月季的，怕闹出点什么笑话来。于是，我带着电脑，跑到了北京郊区的高丽营，来到了京城闻名的涌泉月季园，让经理孟二水女士辨认。孟女士看到照片，开口就说："没错，这是红帽子。"

2011年12月7日，作者在北京钓鱼台北门外拍摄的"红帽子"月季。在此之前，北京已降过两场雪。

我问孟女士，红帽子种苗这里多不多？她说不是很多，也就1万多棵。最多的还是大花月季。问起原因，她说红帽子是老品种，花不是很大，而且据说容易得白粉病，这几年买的人少，谁都喜欢花大、瓣多、色艳的大花月季。

她说，这其实是一个误区。这几年根据她们的养护经验，红帽子表现很好，没什么病虫害，只要用点心思，白粉病还是比较容易控制的。还有，红帽子虽然花不是很大，但花儿开得勤，花期长，耐高温、抗旱、抗寒的能力都很强。

孟女士说的这些，对我心思，让人爱听。

我记得，20世纪80年代至90年代，月季在北京绿化上应用的当家品种几乎就是杏花村和红帽子。而当年北京评选市花，月季和菊花双双当选，而且月季票数最高。当时，月季的代表，主要是杏花村。杏花村，也属于丰花月季。北京满大街种的都是杏花村。杏花村的花是单瓣的，但花朵繁多，绿化效果也是不错的。紧接着，北京又引进了红帽子。红帽子，有点重瓣，准确地说是半重瓣，可以说是杏花村后的第二代丰花月季。

但后来，随着月季品种和类型的增多，杏花村和红帽子有点不招人待见了。其实，这是误区。"折来喜作新年看，忘却今晨是季冬。"仅从抗寒、花期长这一点说，我们的绿化还真是离不了这些老品种，不应缺少应用，更别说这些老品种还有利于植物多样性，并且耐高温、耐干旱呢！就像大白菜一样，虽然吃了几百年，但到了冬天，它还是当家菜，离不了这一口儿。红帽子也是如此。

2011年12月7日

说玉簪

前两天到北京植物园开会，因为离办公楼近，于是进的是东南门。进了大门，没有走几步，展现在眼前的是一大片高大的乔木。在满是浓荫的高大乔木下，到处可以看到的不是草坪，而是玉簪。玉簪，有着肥大的叶子，因为品种不同，有的挺拔，有的平整。其叶片的色泽也不尽相同，有浓绿，有浅绿；有黄色，也有绿色带白边的。植株高高低低，大小不一。玉簪是夏季开花的耐阴草本植物，因此在眼下刚刚入伏的七月中旬，正在绽放着美丽的花朵。花朵有白色的，也有紫色的。树上的知了好似为这些不惧酷暑的花儿喝彩，欢快地鸣叫着。炎热的夏日，因为有了这些元素，给园子增添了不少的趣味。

路旁，有一个两米多高的科普牌，介绍的就是玉簪。看过玉簪的介绍，我很是感慨。

先将玉簪科普牌上的文字抄录如下：

"玉簪，原产中国。我国有文字记载的栽培历史可以追溯到汉代，至今已有2000多年。欧洲各国栽培玉簪的历史仅有200多年，直到1784年至1789年间，中国的玉簪才开始被西方园艺家所知。并在20世纪中叶由美国园艺家推崇复兴并迅速普及，成为栽培的耐阴花园植物。经过长期的栽培和杂交育种，至上世纪末，玉簪已经成为世界上第一销量的草本花卉植物。到2010年，已有国际登陆的玉簪品种超过5000余个，成为世界著名的叶、花、形俱佳的景观园林植物。"

我们梳理一下这段文字，起码表明了这样一些概念：一是玉簪原产中国；二是玉簪引入到西方最多二三百年；三是玉簪在草本花卉中世界销量第一；四是玉簪现已有栽培品种5000 余个。

看到这些文字，我们一方面会感到自豪。因为，世界上拥有销售量这么大的草本植物，祖先是在咱们中国，咱多牛啊！但冷静下来一琢磨，这股子热气很快又降了下来。因为，这5000个玉簪品种有几个是咱们中国培育的呢？科普牌上没有讲明，但我隐隐地感觉好像跟咱们关系都不是很大。为了印证我的这一预感，我打电话给植物园负责玉簪研究的刘东焕女士，她说是的，现在这么多在国际登陆的栽培品种几乎都是国外的。刘女士是这方面的专家，她说的应该是客观事实。既然是事实，就不能不引起我们的高度重视了。

玉簪，在丰富多彩的地被植物中，是我甚为喜欢的一种草本耐阴植物。

玉簪，花名来历不俗。相传，王母娘娘对女儿们管教非常严格。小女儿性格刚烈，自小喜欢自由，向往人世间无拘无束的生活。一次，她趁赴瑶池为母后祝寿之机，想下凡到人间，走上那么一遭，开开眼界。因为，再好的地方，待久了总是会有烦的时候的。不想，王母娘娘早就看透了她的心思，使她不得脱身。无奈，她便心生一计，将头上的白玉簪子拔下来，对它说："你代我到人间去吧。"一年后，在玉簪落下的地方长出了像玉簪一样雪白、纯洁的花朵，并散发出清淡幽雅的香味。此花，故得以玉簪名之。

在江南，人们因为喜欢它脱俗的花形，称它为"江南第一花"。宋代诗人黄庭坚有诗云："宴罢瑶池阿母家，嫩惊飞上紫云车。玉簪落地无人拾，化作江南第一花。"

我国栽培玉簪历史悠久。爱好玉簪，且情义之深的，大有人在。唐代诗人罗隐十次考进士未成，但他不趋附权贵作晋身之阶，以自喻在逆境中如玉簪一样清操自守，洁白如玉。

在明朝，玉簪已经进入了寻常百姓之家。明朝李时珍《本草纲目·草六·玉簪》："玉簪处处人家栽为花草……六七月抽茎，茎上有细叶，中出花朵十数枚，长二三寸，本小末大。未开时，正如白玉搔头簪形。"

玉簪不仅适合在林下房后种植，还可以在庭园岩石或建筑物下栽植。茅盾在《霜叶红似二月花》里写道："现在，只有蜷伏在太湖石脚的玉簪，挺着洁白的翎管。"

我第一次看到玉簪，是大约20年前，在灯市口老舍先生家的小院里。那天，也是盛夏一日，我去拜访老舍先生的夫人胡絜青先生。进了跨院，到了里院，忽然闻到一股沁人的芳香。我一惊，正在寻找这香味来自何方何物，出门迎接的胡老先生笑着对我说："小方，你别找了，我告诉你吧，是玉簪的花香味儿。就在南房的墙犄角儿下。"

她随手还指给我看。我一扭头：哇，几堆肥肥的叶子上，抽出一根根纤细的花葶。花葶上缀满了似簪子形状的白花。由此，我才知道这是玉簪，或者称之为白玉簪，便由此喜欢上了它。但此后看到的玉簪，几乎都是白玉簪。由此我也得出一个结论，玉簪就是这么单调，一个小家族而已。

大约10多年前，我的这个浮浅认识改变了。让我改变认识的，是北京紫鹿园艺有限公司的来新建大姐。来大姐从美国引进了一大批玉簪，大约有八九十个品种，种植在密云的深山里。我看过色彩各异、高低不同的玉簪之后，才知道玉簪也是个无比兴旺的大家族。

转眼，十几年过去了，如今玉簪早已在园林绿化上得到了广泛应用，受到众人追捧。但我接触到的一些栽培草本花卉的企业，好像只停留在引种、繁殖、生产、销售的阶段，还没有听说谁在搞新品种上下点工夫。可喜的是，三四年前北京植物园开始有人专门负责玉簪新品种的培育工作。刘东焕女士就在做这方面的工作，并且有了一些进展。据刘女士说，一个基因稳定的玉簪新品种的诞生，起码需要七八年的时间才可以实现。尽管周期很长，但她会持续做下去的。我想，做这项工作，一方面需要有足够的耐心和细心，同时，领导也要给予大力的支持才行。

我希望，今后能有更多的人，更多的企业，更多的科研单位，加入到玉簪育种的行列中来。因为，经过20多年的发展积累，我们不少的单位都有了相当的经济实力，特别是花木企业。投点资金，安排一两个人，长此干下去，肯定会做出不俗的成果来。企业发展有后劲，靠的往往是推陈出新。

外国人把玉簪引过去，能翻出那么多的新花样，我们为什么不能？我们不笨，我们有的是智慧，我们并不缺资金。我们现在缺的是重视，重视，再重视。

2012年7月18日

大家都来种楝树

楝树是乡土树种，是一种好树种。

长城以南以至长江沿岸的朋友们，你们知道楝树吗？你们种过楝树吗？我搞花木宣传20多年，近十几年又几乎跑的是苗木，去了很多地方，到过很多苗圃，但坦率地说，我一直对楝树没有什么印象，更没有瞧见哪个苗圃有种楝树的。因此，当前几天我看见楝树之后，真是惊喜之极，犹如孩子过年那么兴奋。

那一天，我是和海南三亚的几个朋友去郑州。办完事，郑州的宋万党先生陪我们去看中华儿女的母亲河黄河。在花园口那儿，我们下了车，朝大堤走去，走到堤边，我忽然发现堤下的河边有一株很大的树，树干有20多厘米粗，树高有五六米的样子，郁郁葱葱的，满树都是一嘟噜一嘟噜的花，恬静而优雅地挺立着。此时，正是夕阳西下，淡淡的树影倒映在黄河水里，轻轻地摇曳着。哦，这棵树，真不愧是黄河岸边一道美丽的风景！

我最初以为这是一株洋槐，因为枝干和花儿的形状很像洋槐，颇为秀丽，并且有淡淡的香味散出。但凑上前去，才看清那不是洋槐，因为洋槐的花是白色的，而这株树的花很特别，是紫色的。我正纳闷儿，郑州的宋先生走了过来，替我扫了一次盲。他说，这种树叫楝树，是当地的一种乡土树种。宋先生是南阳人。他说在南阳的乡下，不少人家的房前屋后都有一两株楝树，就像东北和华北的榆树那么普通。

这些年，河南我也走过不少地方，诸如鄢陵、潢川、南阳、洛阳、新乡、驻马店等地，都是种植花木比较集中的地方，但就是没有发现过楝树。可能我见识短，毕竟每次去苗圃都是走马观花式的，不大可能看见那么多的树种。于是，我给河南郑州四季春园林公司董事长张林先生打了一个电话，向他咨询有关楝树的情况。

张林是搞苗圃的，也是从事园林绿化施工的老手，什么苗木没有接触过。但张林的回答让我吃惊。他说：楝树其实是一种乡土树种，这些年还真没人重视它。我的苗圃里有几棵，想铲除它，总也铲不除，挺皮实的。

为了了解楝树的更多情况，我上网搜，看看别处是否有大量种植楝树的。在网上搜后，别说，还真有种楝树的，这就是盛产雪松的南京汤泉。打电话问汤泉一个叫陈涛的苗木经营者。她说，她这里倒是有一点楝树的种子。问她汤泉种楝树的多不多？她说不多。

宋万党先生正在看开花的楝树

这两次调查表明，我们的苗圃生产在楝树方面基本还处在一种空白状态。

查有关楝树的资料，资料上介绍，楝树树形优美，叶形秀丽，适应广泛，在印度被誉为“神树”，在欧美国家被誉为“健康及其赐予者之树”。楝树结黄绿色或淡黄色的核果，形似橄榄或枣，整个生长期都具有较高的观赏性。春夏之交当楝树花开的时候，翠绿的丛中点缀着一簇簇的紫花，令人心旷神怡！

楝树喜光，不耐阴，喜温暖、湿润气候，耐旱、耐寒力强。对土壤要求不严，在酸性、中性、钙质土及盐碱土中均可生长。楝树能吞噬和杀死各种细菌、病毒；楝树还耐烟尘，是工厂、城市、矿区绿化树种，宜作庭荫树及行道树。

可惜，这么好的树种，却没有人大量育苗，这怎么可能在园林绿化上广泛应用呢？就好比大米可以做成的香喷喷的米饭。倘若没人插秧种稻，那可口的饭又从何而来呢？

我们国家的园林绿化，已经进行了20多年，大家已经形成了一种共识，这种共识就是：园林绿化必须走树种多样化的发展道路，这样既可增加植物群落的稳定性，丰富景观色彩，又符合生物多样性的要求。而实现这一愿望，起到主力军作用的，自然少不了乡土树种。

我们国家，地大物博，植物种类极为丰富。因此，可供各地使用的乡土树种资源很多。楝树就是其中之一。所以，我们的苗木生产，眼界一定要放开，不要总盯着银杏、国槐、法桐、栾树、白蜡等那么一些已经开发成熟的树种。各村要有各村的高招。海阔凭鱼跃，天高任鸟飞。

我们的好东西很多。楝树只是其中一种而已。

大家都来种植楝树吧！

2012年5月23日

老板要远离任人唯亲

“打仗亲兄弟，上阵父子兵”，这是我们中国人耳熟能详的一句话。做小买卖时，你这样可以，什么七大姑八大姨都可以使用，因为创业肯定要从自己熟悉的小圈子入手。但一旦你跳出小买卖的圈子，还是这样用人，就不行了。因为这个时候，光靠家里“七八条枪”已经不适应企业发展的需要，必然要引进吸收外来的人加入。有外来的人加入，倘若还是任人唯亲，企业这个小社会，就很容易出现不和谐的音符，以至于影响企业的发展。

前几天，我从一个公司出来，公司的一个司机送我，他就讲到了这方面的情况，很是不悦。

“兄弟，你们老板很能干。他脑子反应快，也很能吃苦，忙起来两三夜都不睡觉。”我们一路走，一路聊天。

他笑道：“是，我也很佩服我们老板这一点，要不他怎么能在几年的时间里，从一个作坊做成一个企业。他的市场敏感性一般人比不了。”

他的意思，是说他们老板大有“春江水暖鸭先知”的功能。但我想，他对市场的敏感，很大程度上是他勤奋的结果。

“可我们老板也有一个毛病，我看不惯。”他的脸上闪现出了几丝不快。

“你接着说啊！兄弟。”

他苦笑了一下，摇摇头。

“你倒是说啊！我又不可能告诉你们老板。”

“好。您告诉我们老板也没什么关系，我就是希望他能改变用人思路，我也是为老板好。”他说：“我们老板老是爱用亲戚在公司里做事。我们公司，几十号人，有七八个人，不是他家里的人，就是他老婆家里那一边的人。

“用家里的人有什么不好？”

“用家里的人，要是能顶事也好。顶不起事，您说，会不会影响别人的情绪？我说个例子，就拿我们办公室来说，有一个司机，是老板的小侄子，一天到晚跟公子哥似地，到处闲逛，很少为公司的事出车。办公室的车子实在调配不开，司机让他出车，主任还要赔着笑脸，用商量的口气跟他说话。您说，这是什么事啊？有什么好商量的，该出车出车，哪儿那么多废话？跟他商量，还不是因为他是老板的小侄子，赶上别人，行吗？别看这位公子哥活儿干的不多，工资比别人一分不少拿。您说，这样时间长了，别人能没有怨言？谁都会有后娘养的感觉，谁还拿公司当成自己的家？”

我点了点头。

他说的很客观，分析的也很有道理。长此下去，再好的设想，再好的发展观，都会受到影响，都会大打折扣。在中国人的观念中，家里的人，亲近的人总是容易获得信赖的。

创业之初，骨干分子往往都是老板家里的人，或者说是与老板沾亲带故的人。总之，用人的标准是任人唯亲。你是老板的弟弟，他是老板的小舅子，那一位是老板娘的外甥女。大家不论彼此，反正都是家里人。

亲近的人得到提携，得到使用，受人恩惠，自然要“滴水之恩，涌泉相报”。虽然其他人得到提携，也可能给予回报，但总不如亲近之人可靠。且有其他各种盘根错节的关系予以保障，万一出了问题，也是“跑得了和尚，跑不了庙”。

任人唯亲，宛如一枝娇美的鲜花，给人以温暖、愉悦。亲近的人，也不是没有能人，但亲近的人不可能都是能人。这个问题实际上从一开始就存在，只是摊子小，矛盾不突出而已。但摊子大了，兵多了，矛盾便自然而然浮出了水面。

因为，能人不可能都是亲近的人。还有，即便原来是能人，现在成为了一个企业，也不意味现在还是能人。再有，亲近的人在外人面前，还很容易滋生优越感。

我想，刚才司机兄弟说的老板的小侄子就是佐证。他之所以敢这样吊儿郎当，当公子哥，从深层次讲，就是优越感的一种体现。办公室主任也认同了这样一种优越性，生怕得罪这位“特殊的员工”，日后自己“吃不了兜着走”。

如此一来，自然会让他人感到不舒服，公平受到了践踏。

人的使用标准应该建立在一个客观、标准、可行的体系上。任人唯贤，举贤可以不避亲。江苏山水园林的老板姚锁坤先生，现在使用的总经理就是他的弟弟姚锁平。公司的效益逐年上升，实践证明，姚锁平先生是有能力胜任总经理这一职位的。

但任人唯亲的标准必须摒弃。不然，好的设想真的很难成为现实。

我们做老板的，好好听听司机兄弟说的那段肺腑之言吧！还是远离任人唯亲为好。

2011年11月16日，晨

柯达宣布破产的启示

我昨天下午上网游览新闻，发现新浪网、凤凰网、搜狐网等各大网站都在头条位置刊登了同一个消息：柯达宣布破产。它的破产，等于巨星陨落，这真是一个让人叹息的消息，我半天才缓过神儿来。

因为，地球人谁不知道，柯达公司生产的柯达牌胶卷，那叫一个牛！

柯达公司的创始人是伊士曼先生。他1883年发明了胶卷，5年后第一部柯达照相机上市，从而开启了大众摄影新时代的开始。由此，柯达胶卷的成功神话，延续了百余年之久。1981年，柯达公司的销售额一举冲破100亿美元，成为业界无可匹敌的翘楚。也难怪，前些年，中国人照相，拍张照片，选用的胶卷，头一个牌子就是柯达，其次是日本的富士。我记得1995年我头一次到西欧去，临出发前，报社发给我10盒胶卷，胶卷的牌子就是柯达的。社长说，给你那么多的胶卷，使用那么好的牌子，就是希望你能拍出更多更好的花卉照片。

有资料显示，在胶卷称雄的时代，柯达可不得了，它占据了全球三分之二以上的市场份额，在一定程度上甚至成了摄影的代名词。

然而，当柯达还沉浸在胶卷业的巨大成功中时，历史的车轮已经滚滚向前。这个轮子，就是数码相机。数码相机开始走进千家万户，照相不再依赖胶卷，而是在相机内部放了一个叫CCD 的感光元件。这个元件可以直接把光转换成数字信号后交由后面的处理器去处理。这样就可以把拍摄到的景物，寄存到照相机中的存储器里，从而通过电脑获取所拍摄的图像。这个新生事物的出现和兴起，无疑给传统的摄影产品制造商形成了巨大的冲击。作为胶卷行业的领头羊，柯达首当其冲。

据介绍，进入21世纪后的新世纪，由于胶卷销售的日益萎缩，柯达的销售利润3年之内缩水71%。随着竞争对手数字摄影技术的不断进步，柯达在全球市场的份额不断下跌。从2005年开始，柯达几乎年年亏损。时至今日，柯达公司的全球员工人数已经从鼎盛时期的14.5降至大约1.7万，市值已从15年前的310亿美元锐减至不足1.5亿美元。真是“成也萧何，败也萧何”。

柯达为什么这么惨？这家公司败在哪儿了？很简单，就是没有及时掉转船头，与时俱进，大举向数码相机进军，而是保守地希望传统胶片和数码照相齐头并进。这样一来，柯达不等着玩完才怪呢！

按说，柯达与我们花木行业风马牛不相干，并没有什么关联。但世界上的事都是相通的。任何一个行当，只要不与时俱进，不开拓创新，还抱着老黄历不放，就注定会被历史淘汰。当摄影技术从“胶卷时代”大踏步进入“数字时代”之时，柯达表现得犹豫、踌躇、迟钝，而对手已经开始勇敢地狂奔。等到苹果等高端智能手机登上舞台的时候，柯达更是脆弱得不堪一击。

我们的花木经营，经过30余年的发展，也与当初大不相同，大势悄悄地发生了显著的变化。这个大势，就是不能再走粗放型经营之路。种下一棵树，选择好一个什么品种，干径有多么粗都可以的时代，已经一去不复返了。同样，养一盆花，绽放了，开花了，没有病虫害，就可以了，也是太低端了。

现在的大势是，你培养的一棵树，养出的一盆花，必须是精美的，有科技含量的，让人赏心悦目、爱不释手才行。

为什么？我想，起码有两个客观现实已经发生了根本性的变化。一个是随着国家的日益强大，我们的生活一天比一天好，人们需要的是有品位的有艺术水准的花木；二是企业成本大幅度增加，廉价运营，低成本生产已成为历史。在此情况之下，我们没有别的路子可走，必须走精品的路子。只有如此，我们的产品才有竞争力，才能卖上一个好的价钱，才能抵御得住市场风风雨雨的侵袭。看不到这个大势，没有一个大的改变，您即使不会重蹈柯达公司的后尘，日子过得也不会很舒服。

人养成一种习惯，形成一种思维，弃之是不容易的。但时代在变，我们的经营理念也必须随之而变。不变，总没什么新鲜的，早晚被历史淘汰。

2012年1月19日，晚

“摇钱树”怎么摇

我昨天下午来到冀中平原一个偏僻的村子。出了村子，在好大一片苗木的深处，看见一种“摇钱树”，惊喜极了。

摇钱树对于中国人来说，并不陌生，民间有许多种说法。我听到一种说法是：从前有个白发老人，给一个农夫1粒种子，叫他每天挑七七四十九担水浇灌，每担水里面要滴七七四十九粒汗珠。种子快开花时，还要滴七七四十九滴血。

农夫照着老人的话做了，结果种出的树是摇钱树，一摇便掉下铜钱。

与此类故事相似，还有一个故事。说是有个懒汉，听说世上有摇钱树，于是就到处找摇钱树。

一个农夫告诉他：“摇钱树，两枝杈，两枝杈上十个芽；摇一摇，开金花，创造幸福全靠它。”原来，农夫说的摇钱树就是人的双手，这是中国农民对摇钱树十分形象和淳朴的认识，即钱财来自辛勤劳动。

我见到的这种“摇钱树”，是一个彩色苗木新品种，并非真的摇钱树。但它堪比“摇钱树”。之所以如此，是因为它不仅适应华北地区、西北地区，还适应东北地区，即使北到哈尔滨，越冬也没有什么问题。我不久前，到了东三省，深感哈尔滨、长春、沈阳这些省会城市的花木，比起长城以南地区要单调得多，彩叶树种更是凤毛麟角。这个彩叶新品种的问世，恰好可以填补这方面的空白，增添一抹绚烂的色彩。

但“摇钱树”要想真正变成现实，推动苗木产业的发展，实现为绿化美化环境服务的目的，我对发现“摇钱树”的主人，一个对农业科技痴迷的苗农，谈了3点建议。

一是尽快向国家知识产权局申请注册品种商标。有了品种商标，你就拥有了合法的权力，受法律的保护。日后，有人侵权，你就可以拿起法律的武器，理直气壮地维权。注册商标还有一个好处，就是防止自己搞出来的东西，被别人抢先注册。谁注册，是谁的，这是规矩，没有什么道理好讲。

二是拼命繁殖。“摇钱树”是2009年春在一片播种小苗中发现的，到现在不过3年时间。东西真是好，像红枫一样火红，似彩霞一般灿烂。但现在数量还太少，只嫁接了90棵树。因此，要举全家之力，全苗圃之力，集中精力，想尽一切办法，加快繁殖步伐。抢时间，争速度，是当务之急。说白了，多一棵苗子，就等于多了一份钱财。

三是拼命推广。待“摇钱树”繁殖到一定数量，要充分利用专业报刊，充分利用苗木展会，大张旗鼓地宣传。

要想在最短的时间内，让人家知道你这里有好东西，有俏东西，非得走这一招棋不可，绕是绕不过去的。因为，无数事实证明，好酒也怕巷子深。

我曾经在一篇文章里说过茅台和五粮液。众所周知，这两种酒是国酒，代表着中国白酒的最高水准，谁人不知，哪个不晓。即使这样，每年他们还都要拿出巨资做宣传。

再说，一个好的产品一旦推向市场，在你的产品未受法律保护之前，有经济头脑的，人家说不定会抢走你的饭碗。在拼命繁殖的基础上，拼命的宣传，抢走你的“摇钱树”。若真如此，岂不搓火？因此，若想第一桶金自己挣足，就要下大力气宣传。

河北省林科院黄印染、张均营两位高工，在推广金叶榆那两三年，除了在专业报刊上大量刊登广告，他们还举办过现场观摩会。遇有苗木展会集中举办的时候，他们兵分两路，不错过一个机会，像走马灯似地，今天出现在这个地方，明天兴许就出现在了那个地方，真是做到了拼命宣传。自然，他们的宣传效果是非常理想的。

总之，我们要得到真正的“摇钱树”，实现经济效益和社会效益双丰收，在哪一方面努力，都离不开农夫说的话：

“摇钱树，两枝杈，两枝杈上十个芽；摇一摇，开金花，创造幸福全靠它。”

2011年10月13日，晨，于保定地区

信誉不能当歌儿唱

8月27日，是个周末，本来应该是个轻松愉悦的日子，但这一天摊上一件事，让我好一阵郁闷，搓火，不开心。难道承诺、信用只是一首歌儿？就那么轻松？就那么随意？

40天之前，也就是7月17日，我在家具城订了了一套书柜，合同上写的是8月27日上门送货。这个日子并不是我选的，而是销售商定的。

眼看送货的日子临近，我赶紧和妻子把已经破损的书柜腾空，迎接“旧貌换新颜”的日子到来。这样一来，好了，我家的地板上自然是一片狼藉。到处都是散落的书报，还有我喜爱的坛坛罐罐。

说是送货前一天会通知，可到了26日下午，厂家也没有音信。

我有些沉不住气了，打电话给销售商：“小伙子，明天就是27号了，你们什么时候把书柜送来?”

“方先生，明天送不了货，还要一个星期。”

“还要一个星期?”我顿时感觉热血往上涌，脑袋一下子大了：“你们怎么说话不算数？时间可是你们定的。”

“货不在北京，要从广东运来，还有……”

“你不用跟我解释。你知道吗，你们这样一改，把我的生活都打乱了。不能按时送货，你们早点通知啊。一声也不吭，说延期就延期了。”

“呵呵。真的没办法……”

真的是一点办法没有，你即使跟他吵翻了天，货也送不来。

中午，来了一个花木行业的朋友。我把这件事跟他叨唠了一遍。

我说：“现在的人怎么这个样子。订货的时候，他在价格上跟你斤斤计较，寸土不让。轮到该给你送货了，他却那么随便，说改日子就改日子，连个招呼都不打，像唱歌似地那么轻松。如果是这样，签的合同还有什么用?”

他笑笑，然后郑重其事地跟我说：“是啊，现在的人怎么就不讲一点信誉，说得好听，拿嘴填哄人，就是不动真格的。”

他给我讲了他最近经历的一件事。

去年年初的时候，他在饭桌上认识了一家苗木公司的经理。经理对他说，老兄，有要苗子的帮我留点意，做成了，我按十个点给你。”

十个点，就是10%，够大方的。

我这个朋友也够神通广大的，去年开春的时候，他就帮助那个老板做成了一笔苗木生意。接下来的一年时间中，彼此见过3次面，每一次，那个老板都拍拍他的肩膀说：“兄弟，忘不了你的好，最近周转不开，过一段时间啊!”

过一段时间是什么时候，到现在，时间过去了一年，他也没有见到一分钱的影子。

难道承诺、信用只是一首歌儿？糊弄人就那么轻松？那么随意？

我赶上的这事，朋友碰上的那个人，说给您听，您也许会嘻嘻一笑，不当一回事，觉得没什么大惊小怪的，类似的情况，并不新鲜，满嘴跑舌头的人多了。

多是多。但我还是要说，这不是我们这个社会的主旋律。“讲信誉，重承诺”才是我们这个社会的主流。

前几天看中央电视台经济频道节目，介绍温州一个搞服装的老板，就很让我钦佩。

他为了实现对美国客户的承诺，保证在40天之内交付一批服装，整日忙碌不停，一连几天都没有睡觉。

在最后的几天内，他因为着急上火，一觉醒来，黝黑的头发成了雪白。

“你为什么那么着急？”记者问他。

他说：“我答应的事，就要按时兑现，不急能成吗？”

他这样做事，他这样敬业，他这样付出，客户能不感动吗?能不信任吗？下一批活儿，下一个订单，不用他讲，客户自然而然地还会给他。

我认识一个搞苗圃的大老板，他的苗圃是靠滚雪球发展起来的，不断地进货，不断地出货，形成了良性的循环。

做生意，进货出货，难免有资金周转不开的时候。但他说，资金就是再紧张，到了年底，大年三十前，即使借钱，也要把欠人家的钱还上。

信用是无形的动力，也是无形的财富，在他们这里得到了很好的体现。成功人士，很大程度上，就体现在了诚信上。

一言既出，驷马难追，是做成大生意的人的共同特征。

反之，那些非常不拿信用当一回事的人，那些只会嘴上抹蜜、不干真事的人，会被人看瘪了。这样的企业，要想做大，用李白的“蜀道难，难于上青天”做比喻，都不过分。

因为，信用重于泰山，承诺是要兑现的，不能当歌儿唱。

2011年8月28日，晨

热了不要撵

成都温江伟峰园林生态有限公司在温江是领跑者，属于龙头企业。有如此成就，要感谢总经理白正秋领导有方。2011年7月中旬，我在北京见到白正秋先生，与他聊天，确实感到他有与众不同之处。

我说：“今年温江是不是很多苗木品种都很走俏？”

他说：“是的。不少价格都涨疯了。特别是30厘米左右粗的苗木，价格翻了几番。例如香樟和蓝花楹。2002年到2003年，一株不到1万元，现在涨到6万到8万元，还是苗圃价。”

香樟我是熟悉的，属于常绿树种，江浙地区的苗圃很多。走在这些地方的马路上，路两旁的行道树几乎都是香樟。蓝花楹，倒是很陌生。

蓝花楹和香樟一样，属于南方树种。去南方不计其数，应该见过，但脑子一片空白。

在网上搜，才知道蓝花楹是落叶乔木。树冠高大，可以长到12~15米，最高的可达20米。羽状复叶，有小叶10~24对，着生紧密。小叶长椭圆形，长约1厘米，全缘，先端锐尖。花是蓝紫色的，喇叭形。

蓝花楹每年夏、秋两季各开一次花，盛花期满树紫蓝色花朵，十分雅丽清秀。

“现在温江种蓝花楹苗子的人多吗?”我饶有兴致地问。

他说：“多。大苗子缺，小苗子大量发展。蓝花楹是一种速生树种，养护好了，一年可以长到4厘米粗。”

我紧盯了一句：“蓝花楹小苗子你搞了多少?”

“我？我没有搞。”

“这么吃香的苗木为什么没搞?”

“方主任，为什么没搞？我说一句我们温江老一辈生意人的话，你就明白了。温江老一辈生意人说：什么东西一热了，你不要撵；什么东西一便宜了，你也不要弃。”

撵，是追的意思。狗撵鸭子呱呱叫，也是追的作用。白正秋在这里说的是老话，但道理不过时。我老家也有类似的话：跟在别人屁股后面跑，连热屁都闻不上。这话有点不雅，但道理相通。

热了不要撵。走自己的路，大量种植温江很少有的新品种，是白正秋追求的目标。大路货，他是不发展的。如果客户需要大路货时，他可以从别人手里收，没必要自己去种。

2011年8月29日，晚

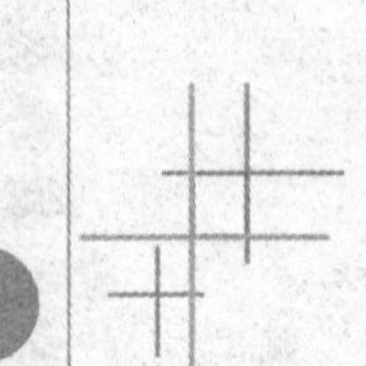

该破费的时候要破费

2010年年初，我在海南三亚经历了一件事儿。事儿不大，也很俗，但我觉得还是与经营密切相关，不吐不快。

那次去三亚，到一个单位，总共2天，该谈的都谈了，该看的地方也都看过了。临走前，还想到另一个花卉公司转转。因为认识那家公司的老板已有数年。

他说过几次，到海南一定要到他那里做客，说得很是真诚。现在机会来了，自然要给他拨一个电话。

"真巧，我开车，就在你们酒店附近呢，我去看你。"他接到我打的电话，这样说。

过了一会，我拎着行李下楼，去等他。与我一起下楼的还有几个搞花木的同行朋友，也都是从北京来的。

我们坐在一楼大厅的小酒吧那儿，等候车子送我们到另外一个地方。

不大一会儿，他手里拎着车钥匙，满面春风地来到了酒店。

我给他一一做过介绍，他掏出自己的名片，热情洋溢地给每个人递上一张。然后，就有说有笑地跟大家海聊起海南来。

过了半小时，我有点口渴，很想跟酒吧的服务员说给大家每人买上一杯茶，或者要上一杯咖啡。就这么干聊，差点意思。

我想说话，但话到了嘴边又咽了回去。因为，我觉得我这个朋友应该做东。毕竟是在他的地盘上，他应该尽点地主之谊，请一下我们这些北方远道而来的朋友。

破费，也不会很多，顶多100多元钱。此时，如果我掏钱，或者别的朋友掏钱，他的脸上会没有面子的。

我瞟了他一眼，但就是看不出他有一点这方面的意思。窗户纸又不能捅破。他嘴角都挂起了唾液，依然这么干巴巴地说着。

时间过了半个小时，一小时，到了一小时二十分钟，接我们的车来了。这么长的时间，他始终没有任何行动。他是抹抹干巴巴的嘴唇与我们说再见的，也没提让我到他公司的事。

他走后，一个北京来的朋友对我说："你这个朋友太抠门儿了，连杯水都舍不得请大家，真不知他的生意是怎么做的？"

我想，这样不懂人之常情的老兄，恐怕大家不是要和他说再见，而是要和他彻底地"拜拜"了。他发的每一张名片，即使来头再大，恐怕也是废纸一张。倘若大家日后在海南有生意要做，黑灯瞎火地打着灯笼满世界找人，也不会去找他。因为，他在别人的心里已经没了位置。

没请人喝杯水，事儿不大吧，但起的负面作用很大。与人打交道，不能小瞧了这些地方。

做生意，该破费的时候您一定要破费。大凡做成大生意的，没有在这些地方小里小气的，都很大气。手头没带银子，或者资金一时吃紧，有招，您可以婉言回避啊！

有人说，抢着买单的人能做成大生意。这话，我看不无道理。

出现在生意场上，就要像个爷们儿，就要像个纯爷们儿。

2011年8月30日，晚

送别时要让人感到温暖

还是一件不大的小事，也是一个很小的细节，但在人际交往中是不能不注意的。这就是与客人分手时要让人感受到温暖和热情。

我有个文学朋友，姓冯，名庆生。我们交往了几十年没间断，不容易。这方面，他做得很是出色。我们几乎每周都要聚上一次，不是到我家就是去他家。我每次从他家出来，都会感到很惬意。

他家住在11楼。一层两户，中间就是电梯。

每次分手时，我走出门，等电梯，他都会跟出来，总是笑吟吟地敞开半扇门，随意说上那么几句，等我进了电梯门，他才关上门。

夏天的时候，他敞门目送我上电梯时，我有时会说："你关上门吧，会进蚊子的。"

他总是笑笑说："没事。"直到我进了电梯门。

我当然也是以礼相待，他离开我家的时候，我也总是送出门，直到他进了电梯为止。彼此的交往，彼此的分手，就是这么过来的，让人感到很正常，很舒服。

我们是礼仪之邦，本来就应该是这个样子的。

但几日前，我去北京一家花卉园艺公司，就不是这个待遇了。公司办公的地方是一个二层的楼房。采访肯定要找老板，他的办公室在二层。

我到了二楼。采访结束后，我出门，老板竟然没有迈出门一步，就把门一关了事。

这道门就那么一合，瞬间把两个人分成了两个世界。

我一个人走在空荡荡的走廊里。从出门到下楼梯，不过二三十米远。但那一时，那一刻，我却感到很孤单，很失落，很冷漠。

诚然，我的到来，并不能给他直接带来什么经济效益。莫非见了"煮饽饽（饺子）才肯迈出大门？他这样做，也许是无意的。但我想，做人做事，都不能这样。你这样对待别人，度量小的，人家也会这样对待你。如果大家都是这个样子，这个世界就不那么可爱了。我们即使拥有再多的物质财富，又有什么用呢？

人与人之间，需要的是多一些关爱，多一些温暖。温暖多了，即使挫折再多，物质再匮乏，也会被击碎的。

我们中国人，处事讲究“宠辱不惊，看庭前花开花落”。但以礼待人，热情待人，注重这些细枝嫩梢，还是会让人感到很温暖的。

2011年8月31日，晨

应机立断

8月，正值暑假旅游旺季。一个搞苗木的朋友从外埠来北京郊区开会。散了会，到城里看我。我们找了一家幽静点的餐馆就餐。餐馆一旁，有家火车票代售点。

寒暄过后，我说：“你准备什么时候回去？”

他说：“当然是越早越好了。”

我说：“旁边有一家售票点，我点菜，你去看看。”

他去了，一会就回来了，笑道：“有明天晚上7点多的票。没卧铺了，有座。”

“这个季节，正是火车运力高峰，有座就不错了。”我问：“买票了吗？”

“不急，咱们先吃。”

过了半小时的样子，我有点沉不住气，提醒他：“你还是去看看票吧。”

过了一会，他手里捏着车票回来，说：“晚上7点多的票没了，只有半夜的票了。售票的看我犹豫，还说就这一张了，问我要不要？我不能再错过时机了，赶紧让她出了票。”

他感叹道：“刚才要是听你的立刻去买就好了。半夜，正是犯困的时候，没辙，也得走啊！”

做事迟了一步，就要付出半夜出行的小小代价。

再说一件我自己经历的事。7年前，我们《中国花卉报》报社还在地安门，附近有家书店。一次去书店，发现了一本川端康成的《雪国》。川端康成是世界著名的作家。亚洲有两个获得诺贝尔文学奖的作家，一个是印度的泰戈尔，另一个就是川端康成。他优美的语言文字我是非常喜欢的。我有过2个版本的《雪国》，但都是简装的，而这一本则是精装的，很是精美大气。翻了翻，想买，还是放下了，感觉有点贵。

“过些天再说吧，急什么。”我心里安慰自己说。

一个月后，我出差回来，还是惦念那本书。再次去书店，那本书已经没了。

我很失落。我给书店的服务员留了电话，叮嘱说：“什么时候再来《雪国》告诉我。”但一晃两年过去了，书还是没来。后来，我又到过王府井书店和西单图书大厦这样大的书店，还是没有淘换到。

到现在，一想起这件事，我还在怨恨自己。

再说一件跟花木经营有直接关系的事。

大约五六年前，我到山东去采访，那时3厘米粗的白蜡正处在市场低迷状态。

“哎呀，方主任。现在的白蜡臭了街了。3公分（厘米）的白蜡，种了3年了，两块钱都不好卖，赔大发了。”一个小企业的老板向我诉说苦水。

我说：“这几年白蜡苗子育多了，价格跌得是很厉害。在这个时候，你别急，不仅不要抛，还要收。”

“为什么？我现在想甩还甩不掉呢。”

“低到一定程度，白蜡的市场就会反弹起来。”

他没有听我的，被眼前像柴火棍的价格遮住了眼界。

两年之后，白蜡的价格果然出现了反弹。我到山东，又见到了那位老兄。

他说：“方主任，俺失去了一次机会，当初要是听你的话就发财了。”

事已如此，我只能哑然一笑，说：“下一次再遇到这种情况，你一定要绷住劲儿，价低的时候，就收苗子。”

他不住地笑着点头称是。

上述3个例子，说的不都是花木经营，但大千世界，很多道理都是相通的。做事慢慢腾腾，优柔寡断，一定会误事，失掉机会，影响企业的发展。

汉·陈琳《答东阿王笺》云：“秉青萍干将之器，拂钟无声，应机立断。”

可见，古人早就有这样的告诫。因此，我们做事该应机立断的，一定要应机立断。上午能做的事，不拖到下午；今天能做的事，不拖到明天；今年能做成的事，不拖到明年。

2011年9月2日，晨

抢先儿

抢先儿，是北京话。普通话是不带儿音的。说抢先儿，透着有一股子韵味。

做花木生意，就要善于抢先儿。刹后儿，甚至比别人慢一拍，都不成。做成花木大生意者，都是善于抢先儿的人。

不久前，我到长春公主岭市参加园林园艺师认证资格培训。这是我国北方首次举办的由人力资源和社会保障部门认可的资格培训。这就意味着，考试合格者领取的小本本上，是印有中华人民共和国国徽的。

在开班仪式上，主办者介绍说："我们这次办班是首次办班，直接从助理园林园艺师考取园林园艺师。按说，应该从助理园林园艺师做起，经过一段时间的，再参加园林园艺师的培训。考虑到大家都是培育园林绿化的能手，这方面有丰富的经验，我们这次就等于是破格培训。"

对此，在开班仪式上，我说："听领导刚才这么一讲，看来大家都是抢先儿的人。正因为是首次培训，首次拿证，大家才有可能直接获取园林园艺师的资格证书。以后，随着认证资格培训的规范化，咱们的主办者，即使想让大家跳过助理园艺师、直接考取园林园艺师，恐怕也是无能为力了。"

会后，有的学员马上对我说："您说的真对。什么事都是开始容易。"

我笑笑说："对的。只要你做到抢先儿就可以了。"

前几天，买了一本新《读者》，里面有一篇香港著名报人倪匡讲述自己经历的文章。

倪先生说：1957年，他在上海。那时，正是环境宽松的时候。7月份，反右就开始了。当时上海莫名其妙地聚集了各地的年轻人，大家在一起商量怎么办。忽然有一个人站起来说，他有办法把大家带到香港去。相信他的，就在北火车站集合。倪先生是其中一个。很快，他们就到了香港。那个人，只收取了倪先生150港元，还帮助倪先生拿到了香港的身份证。

这就是说，150元，就使倪先生获得了香港的合法公民身份。这是当年，时过境迁。

你想想，如今要想获得香港合法居民身份，单单繁杂的门槛规定不说，就说费用，别说150元，就是15万元，你也是办不成的。现在，即使想到香港大学读书，都得是能考上北大、清华的高材生。

这，就是抢先儿的好处。

在咱们内地，倒退六七年前买房，众所周知，都赚大发了。彼此一说到当时买房的情景，都乐得合不拢嘴。因为，那时候，北京天通苑的房价只有2650元1平方米，而今，1平方米要2万多元，几乎上涨了10倍。与现在的房价相比，当年买的房子，等于白给。

这，自然还是抢先儿的好处。

《论语·子路》云："言必行，行必果"。前半句，讲的是做事要讲究信用，而后半句则讲的是：我们做任何事情，都要迅速地判断情况，作出准确的定位后，就要雷厉风行，迅速地实施，决不能拖泥带水，优柔寡断。

一旦三犹豫，两晃悠，就会时过境迁，坐失良机。这一点，前面的几个例子足以说明问题。

抢先儿，才能成为领跑者。抢先儿，才能吃到最鲜美的果子。抢先儿，才能占领市场制高点。抢先儿，才能与时俱进，成为商海的弄潮儿。

2011年9月17日，晨

从袁隆平做一颗好种子想起的

2011年9月20日晚上，我看中央电视台节目主持人李小萌访问袁隆平先生，很有感慨。

在此之前，报载2011年9月19日下午，湖南省农科院举办新闻发布会，宣布杂交水稻之父、袁隆平院士指导的超级稻第三期目标亩产900千克，高产攻关获得成功，其隆回县百亩试验田的每亩产量达到926.6千克，再创杂交水稻新纪录。这真是一个令人振奋的喜讯。因为，中国有接近14亿人口，吃饭是一件天大的事情。

40年前，袁先生只是湖南一个偏远地区农校的普通教师。而后来，正是这位普通教师，改变了当时世界的一个共识。这就是：水稻是不能杂交的。

81岁的袁隆平先生，再一次向人民交出了一份满意的答卷。

在李小萌的采访中，我注意到这样两个情节。

在画面中，李小萌讲：袁先生说，书本很重要，电脑很重要，但是书本和电脑里种不出水稻。他说他挑徒弟的最重要的一条，就是要看他是不是喜欢下田。而我也记得袁先生自己的家跟他的试验田距离非常近，想到什么抬脚就走。

镜头切入到袁先生的画面。袁先生说：我培养的研究生、博士生，第一个条件是你要下田。怕下田，怕吃苦的，我就不接收你。我说电脑很重要，书本知识也很重要，都是基础。但是电脑里面，书本里面是种不出水稻出来的。你要把名利丢开一点，不怕困难，努力钻研，我想他一定还是会出成果的。你一次不行，两次、三次、五次、一百次，他会出成果的。

袁先生说得极对。由此，我想到我们的园林花木行业。

我们这个行业，说来跟袁先生种水稻差不多，一天到晚都要跟田地、跟泥巴打交道。

不管你是本科生，还是研究生、博士生，想要有大出息，总是扎在实验室里，坐在电脑前，风吹不着，雨淋不着，不到花圃，不到苗圃，不到野外，是不行的。

我记得陈俊愉院士跟我说过，他说他在20世纪30年代到欧洲留学的时候，第一年，先要到苗圃工作一年。每天挑粪、锄地、扛木头的脏活累活都要干。至于修剪、打药的活儿更不必说了。

因此，当我们读大学的时候，进了园林专业，或者是进了观赏园艺专业，不管是主动报的，还是被分配的，既然走上了这一行，命运就把我们推到了这个浪头上，我们就要做好充分的吃苦准备，立志在这个行业日后要有个大出息。

前几天，我给吉林农业大学园艺学院的学生作了两场报告。在报告中，我讲到年轻人如何走上成功路时，搬出了晚清文人王静安在《人间词话》中说的一段话，现在抄录如下，献给大家。

王静安先生说：古今之成大事业，大学问者，必经过三种之境界：

昨夜西风凋碧树，独上高楼，望尽天涯路。此第一境也。

衣带渐宽终不悔，为伊消得人憔悴。此第二境也。

众里寻他千百度，蓦然回首，那人正在，灯火阑珊处。此第三境也。

大家记住，每个人，要想在咱们这个行业“独上高楼，望尽天涯路”，实现“灯火阑珊处”这种美妙的境地，就必须有一股子“衣带渐宽终不悔，为伊消得人憔悴”的精神才成。

一粒好的种子，是要接地气的，它才有应有的价值。

今日三亚雨下个不停，没有出门。不然，我也要到玫瑰谷的田间地头去了。

2011年9月21日，上午，于三亚

张佐双三天两次往返三亚引起的联想

前几天，我去海南三亚，经历一档子事，着实让人感动。让人感动的，是一位我熟悉的先生，他为了工作，从北京乘飞机往返海南三亚，三天打两个来回，不辞辛苦。

他，就是我们中国花卉协会月季分会会长张佐双先生。

那是9月19日，我们应三亚市政府和三亚圣兰德花卉文化产业有限公司邀请，去三亚，与世界月季联合会主席梅兰先生一起，商量明年在三亚国际玫瑰谷举办月季盛会的事宜。

飞机从北京起飞是15点40分，到三亚这个热带城市，已是20点多钟，满城灯火了。

本来，会议安排在我们到后的第三天举行。也就是说，中间相隔一天。因为，梅兰先生要在我们到达的第二天才能从瑞士赶到三亚。

也不知怎么那么不巧，就在我们到达三亚时，张会长接到一条短信，说是让他后天上午，在北京参加中国生物多样性保护及绿色发展基金会的会议。

该基金会会长是胡耀邦的儿子胡德平先生，副会长就是张佐双先生。这两个会，赶上了同一个日子，正好撞车。

他说："看来我还得回去一趟。"

我劝他："刚来三亚，又要折回去，太紧张了，能不能不回去，身体会吃不消的。"

他笑笑说："没关系，我明天下午还真得返回北京。我是副会长，我不参加会不合适，这是我的责任。"

他把实际情况赶紧向三亚的主人作了一番解释，明确表示第二天要返回北京，希望会议推迟一天。在他的请求下，主人只好尊重他的意见。

第二天下午，他乘飞机返回北京。但不巧的是，飞机要起飞时，三亚下起滂沱大雨，雷声滚滚，飞机推迟起飞。他回到北京，已是后半夜。要是在我们老家农村，鸡都打鸣了。

就这样，他回家没睡几个小时，上午就按时在北京参加了会。下午，他乘飞机又返回了三亚。

左起为孟庆海、迟东明、张佐双、世界月季联合会主席梅兰、方成，在海南三亚合影

他是近70岁的人了，这么折腾，恐怕年轻人都受不了。况且，又都是协会和基金会的事，属于公益的范畴，并没有什么报酬。做多做少，去这里还是不去那里，找出能拿到桌面上的理由是很容易的。

但张会长却没有这么做。他是敬业第一，责任感第一，把困难和辛苦，都留给了自己。

其实，多少年了，他就是这么过来的。

现在，他不仅是我们月季协会的会长、中国生物多样性保护及绿色发展基金会的副会长，还是中国植物学会迁地保育专业委员会主任、中国植物学会植物园分会理事长、国际植物园协会亚洲地区分会理事、中国公园协会植物园委员会主任。类似的头衔还有不少。他在职期间，两次获得全国绿化奖章，并荣获全国绿化劳动模范称号，享受国务院政府特殊津贴，被评为为中国园林花木产业做出重大贡献的杰出人物之一。

呵呵！他的头衔一大堆，荣誉一大片，不得了。

你可能会说，这么多的头衔，这么多的荣誉，都落在他的头上，都是他的命好！真是让人羡慕死了！

但你想过没有，如果他没有多年的敬业精神，多年的责任感，多少次克服像海南三亚这样的特殊情况，他会有今天的成

2012年5月底，张佐双和世界月季联合会前主席海格女士在北京植物园合影

就吗？

天上没有掉馅饼的美事。谁都一样，不努力，不敬业，缺乏社会责任感，缺乏大爱，都是干不成大事的。

我们花木业做成大生意的，当大老板的，能够持久的，也是一样，都是那些敬业，具有责任感，有大爱的人。

所以，我们要学习张佐双会长的精神！

2011年9月27日，晨，于西安

天气好时怎么修房子

写下这个题目是受一篇文章的启发。

这篇文章是新近登在《中国花卉报》上的，作者是我们单位年轻的记者范敏。文章中写道：9月20日，2011年度中国花卉报理事年会在山东昌邑举行，来自全国各地的上百位代表欢聚一堂，就产业发展进行交流。在交流中，多位代表提出，在眼下市场好、人气旺的情况下，要注意行业周期特点，经营应有忧患意识。这其中，我特别欣赏江苏三叶公司董事长金玉兔先生说的一句话：天气好的时候要修房子。这是一种非常形象的比喻。

是的，好天儿的时候是要修房子的。这方面，我们乡下人最有体会。

我小的时候，家里穷，其实家家都穷。干一天活儿，一个整劳力才挣1毛多钱，到年底分红，刨去粮食钱，从队里领上几十块钱算是好的。在此情况下，盖新房子只是一种梦想。村里人住的几乎都是泥土房。泥土房，经历过一年半载的不修会漏。因此，家家户户在麦收雨季到来之前，都要在房顶上抹一层掺过麦秸的泥巴（我们那里管这种泥巴叫“穰柏泥”），这样就可以安全一年，不必担心下雨屋里成水帘洞。如今，经济条件好了，家家户户都盖起了砖瓦房。即便如此，修房子的事也是不可避免的。例如大风来了，刮坏几片瓦，你要修吧。时间长了，瓦下滑，你要修吧。平顶的，过两三年要做一次防水吧。还有，外墙薄，手头富裕了，还要贴一层瓷砖。墙厚，方可冬暖夏凉，而且看上去也漂亮。这一切，当然要选好天儿才行。

我们花木行业现在就是好天气。这一点，开会的代表说了，我昨天写的文章也讲过了，现在是苗木业的牛市。

那么，趁着好天儿怎么修房子，就显得很重要了。在此，我谈一点愚见，供大家参考。

首先，我觉得，在苗木市场销路好、价格高的情况下，经营者要想方设法地销苗子，使产品转化成商品。

想方设法，目的是要有更多的客户。客户从哪里来？就要从广而告之中来。只有在宣传上加大投入，人家才会找上门来，知道你有他所需要的东西。找上门来的生意，不管怎么说，都要好做得多。

反之，舍不得花银子，靠关系介绍，靠你拥有的老客户，终归有限，有时还会很被动。

我近来听说这样一档子事。有人找到苗圃经营者，说某某地方想要苗子，于是这位老兄就坐上火车大老远地跑去推销，结果对方反应冷淡，一棵苗子也没有销出。又搭路费又搭时间。

多销苗子，除了苗子本身因素之外，还有一个因素，与容器有关。

前几天我在邯郸采访七彩园林王建明，他说他的苗子从春发到秋，每天都没有停过。什么原因，就是他的苗木都是在容器袋里种植，客户买回去后不用缓苗，更不存在是否成活问题。现在的客观现实是，不少苗圃还是地栽，这就为销售设置了门槛。很多人认为，苗木在容器袋里定植，成本高或长势不壮。其实，这都是误区。为此，我有文章专门解释这个问题。

一句话，只要我们手里的银子多了，到时候才能稳坐钓鱼台，有效地抵御风险。

其二，是加大科学技术投入力度。现在，种植苗木与种植花卉一样，是讲究品质的时代。苗木没有好的品质，没有很好的景观效果，市场竞争力就不强。但好的苗木，是人种出来的。现在很多苗木品质不高，根本原因是人的因素。所以，我们要在培养技术工人和技术人员上下工夫。同时，制定出相应的激励机制。有好的员工，技术上呱呱叫，还愁养不出有品质的苗木？

其三，是把心房打造得牢牢的。经济起起落落，是非常正常的一种现象。就如同大自然，花有绽放的时候，也有枯萎的时候；树有长出碧绿新叶的时候，也有枯黄凋谢的时候；天有白天，也有黑天；太阳下，有阳的一面，也有阴的一面。我们人类也是如此，有喜有悲，有成功有失败，痛与快乐并存。总之，都是相辅相成的，对谁都一样。因此，一旦苗木低潮来时，我们就要平静面对，有一个良好的心理素质。“云雨自往来，青山原不动”。相信寒冬来了，春天就不会远了这个道理。

好天修房子，您也许有您的招儿，那么，就当我这是抛砖引玉吧。

2011年10月1日，下午

勿以善小而不为

日前从石家庄乘飞机去西安，与我相邻的是新加坡一位华裔。我们聊天，他说了一个小故事。这个小故事我似乎听过，但没了什么印象。这次听过之后，感觉很有意义。

他是这样说的。

在大海的沙滩上，一阵大浪之后，海滩上丢下许多海星。一个小孩子路过，看到在阳光照射下的海星，离开了海水，已经生命垂危。他很是心疼，弯下腰，拾起一只海星，用力扔向了大海。然后，他又扔了第二只海星，第三只海星，直到他筋疲力尽为止。

一个大人路过，笑话他，对他说：孩子，你看，海滩上还有很多很多的海星，你扔得过来吗？

小孩子笑了笑，说：我扔一个海星，不是就可以救活一个海星嘛！

小孩子说得多好，尽自己所能，扔向大海一个海星，一个海星就不会被太阳晒死，就有了生命的保障。

由此，我想起古人说过的“勿以善小而不为”的力量。

据说，这是刘备临终前对儿子刘禅说的。意思是让刘禅不要轻视小事。小中有大，大由小来。小水滴只要坚持不懈滴出，就可力透穿石。滔滔江河，正是由一朵浪花一滴水珠组成，从而形成海纳百川，浩淼无边。

因此，我们在经营花木的过程中，可不能轻视小事，忽略小事，豆包也是干粮。在经营中凡是做得比较优秀的，大凡都注重细小之处，有不俗的表现。

山东昌邑花木场朱绍远，这些年生意做得很大，一直顺风顺水，因素是多方面的，但与他时刻想到客户的利益，在一些小地方维护客户的利益，不无密切关系。

前年春天，我在他的场子亲眼目睹这样一幕。几个员工正在为客户发一批七叶树。他陪我路过，苗木已经装车完毕。

他问员工：装了多少棵？员工答：按发货数量装的。他又问：清点数量没有？员工答：清点过了，不少1棵。他笑着对员工说：再多装1棵。

那七叶树有五六厘米粗，价值好几百块钱1棵。我问他为什么要这样做？他说你按数量发货，客户也不会挑理。但你多发这么1棵，客户就会感到很舒服，给你留下很好的印象，千万别小瞧这1棵。

这两年，在四川温江突然冒出来的著名苗木经纪人张强，去年一年的销售额达到了1000多万元，他在服务上也是非常重视细小之处的。他给我讲过这样一件小事。

2010年春，位于四川和贵州交界之处的一个县，来人到他这里买了一大批苗木。前来押车的客户对他的苗木质量、发货时间和招待，都非常满意。

临走之前，客户微笑着，一再向他表示感谢。对此，张强说：有一件事我还没有给你办，你就感谢啊。

客户不解地问：还有啥子事嘛？

张强说：我还要派两个员工跟你去，指导你们怎么栽苗木。客户听了，恍然大悟，很是感激，一再拱手说谢谢。因为，他们这些苗木是要用在绿化工程上的。但绿化施工他们是刚刚开始，还真是经验不足。有人指导，成活率自然就有保证。

张强说：这件事对你们可能算是一件大事，但对我们来说是小事一桩。

小事，就是细节。注重细节，就可以成就尽善尽美，就可以使生意做得如鱼得水。

例如，一个苗圃，都是市场看好的优质苗木，偏偏有两三堆垃圾，你收拾干净，不就很好了嘛！固定苗木的支架，截成高矮一致，别高低错落，不是很容易做到嘛！见了小客户，别面无表情，与大客户和熟悉的人同等看待，一律递上灿烂的笑容，不是很容易嘛！

类似的小例子很多很多，一抓就是一大把。

世人多好大，但也要领悟佛教语“一滴水中看世界”的道理。

“勿以善小而不为”，后面还有一句，“勿以恶小而为之”。让我们都铭记在心吧。

2011年10月2日，晨

君子成事，十年不晚

自2011年9月初，我在中国花卉网上开了专栏，关注的人越来越多。这自然是一件很好的事情，其中不少都是年轻的朋友，这很令我喜悦。因为，年轻人朝气蓬勃，敢想敢干，锐意进取，好像是早晨八九点钟的太阳，也是发展园林花木产业的主力军。

但恕我直言，从我接触到的年轻人来看，有的人一走上社会，就心浮气躁，拼命地追求物质，恨不得一夜之间出人头地，成为花木业的大老板。

世界是物质的。想成功，渴望成功，想当大老板，没有错误，属正常现象。我年轻的时候，没有今天这样的社会环境，只是当农民时，就想做一个好农民；当工人时，就要做一个好工人；后来到机关，就想成为一个好干部。今天不同了，社会给每个人都创造了开好车、当大老板、追求物质财富的经济环境。但在追求物质财富的时候，我想还是要送给年轻的朋友8个字：

君子成事，十年不晚。

君子成事，十年不晚。这几个字不是我的专利，而是从“君子报仇，十年不晚”那儿借来的。虽说是借来的，但它却蕴含一个深刻的道理：干成什么大事，都不是一蹴而就的，都要有一个潜在的、长期的磨炼过程。

漂亮的鹅卵石，是经过多年的磕碰冲刷才变得圆滑的。一根漂亮的绣花针，是靠铁杵一点点研磨而成的。万丈高楼，是靠一块砖一块砖砌起来的。一棵参天大树，是靠一年一年慢慢成长起来的。此外，冰冻三尺，非一日之寒，讲的也是这个意思。波涛万丈，岂一江之水，讲的还是这个意思。

其实，年轻人比我聪明，这些道理你们都懂。

前不久，我在吉林农业大学演讲的时候，说到了清朝王国维（字静安）先生的《人间词话》。

我说：“王静安先生讲，古今成就大事业、大学问者，必经过3种境界。第一种境界是，‘昨夜西风凋碧树，独上高楼，望尽天涯路’。第二种境界是，‘衣带渐宽终不悔’。下一句是什么？”

同学们马上回答：“为伊消得人憔悴。”

既然年轻人都懂得这些道理，你大学毕业了，研究生毕业了，甚至博士生毕业了，只要走上社会，你就要付诸行动，从最底层做起。什么嫁接工、装运工，什么苗木经纪人，什么园林绿化施工员等，你都可以去干，你都要去尝试。不要怕栽跟头，不要怕失败，不要怕被别人瞧不起。不要嫉妒这个有钱，那个有好汽车。总之，要有一股子“为伊消得人憔悴”的精神。你即使像堂吉诃德那样，挥舞着长矛，直立着身子，可劲儿向前冲，也无所谓。

我们花木行业的大老板，在一鸣惊人之前，几乎都有不平凡的经历。我们月季行业，最大的企业是南阳月季基地。该基地的总经理是王波女士。她最初，就是整天顶着大太阳的月季嫁接工。

我不久前采写的郭云清，更具有典型性。

他是辽宁铁岭人，与赵本山同乡。他现在开奥迪，坐拥3000亩的彩叶苗木基地。电视连续剧《乡村爱情5》的外景基地，他也有份。

但你知道吗？他从事花木行业已有20年的历史。他跟我讲起他的坎坷经历时，伤感的眼泪已经挂在了眼眶上。他说，他刚到开原时，就赶上过春节。他的兜里只剩下10元钱，别说过年，就是过日子也不够。该借的都借了，最后想到他的一个中学同学。这个同学是卖猪肉的。他向这个同学借500元钱，这个同学一口回绝说没有。他又张嘴说：借100元吧。那个同学依然说没有，而且话说得很死。他的自尊心受到极大伤害。这样的伤害，那样的打击，他遇到得多了。但正是这一次又一次的打击、挫折，使他产生了动力，获得了今日的成功。

河南省驻马店市遂平县，有个玉山名品花木园艺场，场长叫王华明。他现在做的花木生意，每年都有近千万元的销售额。

但10多年前，在有些人看来，他就是一个倒霉蛋。

他从陕西往广州倒苹果，十几万元的货，卖了两个月，只带回来8000块钱。在这之前，他还跟人合伙买过一辆南京东风大货车，跑运输，也赔个底儿掉。等做花木生意时，他的父母和岳父岳母一齐坚决反对。他们说，他天生就不是做生意的料，干什么赔什么，什么也搞不成。有一阵子，他手里一块钱也没有，到处蹭吃蹭喝。

但他凭着一种不服输的精神，终于赢得了事业上的艳阳天。

总之，人的智商都差不多，谁也不比谁傻多少？只要"咬定青山不放松，立根原在破岩中"，始终有一种"千磨万击还坚韧，任尔东西南北风"的精神，面对任何情况，都向郭云清和王华明那样，不害怕，不退缩，出头的那一天总会到来的。

因为，你一定要相信太阳，不管有多大的烦恼，黑夜都将过去，早晨一定会到来，晴朗的日子一定会到来，春天一定会到来。

即使生活把你压扁，你也一定要充满韧性地弹跳起来。

10年成事，也许幸运的人只用了5年、6年，或者7年。这很好啊！但你至少要做10年的准备。不幸运的，也许超过10年，要用11年或者12年才会成事，这就更需要你有足够的耐心坚持，心平气静地过好每一天。

成功，无非是比失败多走了一步；失败，无非是比成功少走了一步。

从这个意义上说，君子成事，十年不晚，是有其道理的。10年之后，万一走了下坡路，你也会平静地看待这个世界。

2011年10月6日，晚

时下不宜建苗圃

昨晚，山东聊城一个苗农给我打了电话，说他搞来300亩地，进了几个树种的种子，准备播种，明年卖小苗，问我行不行，有没有钱可赚？

他说的树种，都是乡土树种，常用的，育苗是离不开的。但育出来，明年有没有钱可赚，我是说不好的，不敢打保票。

当时，我对他说："你是知道的，今年的苗木价格很高，包括小苗子。小苗子都卖疯了，价格比去年翻了一番。按照价值规律，今年苗子好销，价格高了，很多人就拼命育苗。"

他说："是啊。我们那里育苗的不少。"

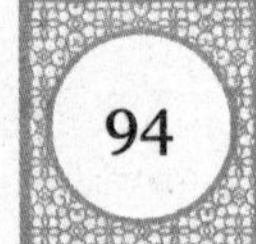

我说："肯定少不了。我最近跑了几个省，各家苗圃都在育小苗。我想你打算育小苗，也是受这种大环境的影响。"

"对的。"

我谨慎地说："在这种情况下，东西多了，明年开春小苗是不是价格还高我看不准。既然看不准，你大规模的育苗，就会有风险，能不能赚钱真是未知数。"

"对的，对的，是这么个道理。"

我想了想说："你现在要是有实力，可以移栽一些四五厘米粗的中等规格的苗木。"

"呵呵。我哪有这些苗子。"

"如果是这样，现在只有等待时机。因为，现在买什么苗子，都贵，包括中等规格的苗子。"

"是，是，是。"我能感觉，他在电话那边在不断地点头，认同我的分析。

"我们做生意，可不能做违背价值规律的事。"

价值规律，是商品经济的基本规律。搅动价格起伏的，主要是商品的供求关系。

当一种花木商品供不应求时，其价格就可能上涨到价值以上；而当供过于求时，原来的高价格就会下降到价值以下。价格变化了，就会调整和改变市场的供求关系，使得价格不断围绕价值上下波动。

恩格斯在阐述马克思的价值规律理论时，说了这样一句有名的话。他说："商品价格对商品价值的不断背离是一个必要的条件，只有在这个条件下，并由于这个条件，商品价值才能存在。只有通过竞争的波动，从而通过商品价格的波动，商品生产的价值规律才能得到贯彻。社会必要劳动时间，决定商品价值这一点才能成为现实。"

按照这句名言，我们现在的苗木价值正在孕育着变化，处在波动之中。因为，现在大家都在可劲发展苗木。前些天，我从邯郸去石家庄机场。在路上，我和送我的七彩园林业务经理聊现在的苗木市场，他总结了一句话，既简练，又生动："贵了卖，贱了进。"

对，记住这6个字就行了。

现在，正是苗木价格处于高位的时候，购进苗木，要比市场低迷时多花很多钱。小苗子，市场波动更快。做生意，尤其是刚创业，禁不起风浪，这个账不算是不行的。

当然，你银子充裕，自然可以要风得风，要雨得雨，随着苗木的生长，日后也能赚钱。但有这等实力的，终究为数不多。

此文仅是一孔之见。

2011年10月7日，晨

在比利时做醋熘土豆丝

石家庄市农林科学研究院蔬菜花卉研究所的白宵霞小姐，在比利时学习高山杜鹃栽培技术有10个月之久，最近才回国。日前，我在这家研究所里见到了小白。我问她："在比利时这么长时间，最深的体会是什么啊？"

文雅的小白笑着把齐耳的秀发往后甩了甩，说："方老师，我先给你讲一个我在比利时做醋熘土豆丝的小故事吧。"

小白是个思维缜密的人，她肯定不会仅仅是讲什么土豆丝。于是我说："好啊！把咱们中国的家常土豆丝都推广到比利时去了，发生了什么有趣的故事啊？"

小白莞尔一笑，娓娓道来。

小白在比利时，是在根特大学学习。她经常是自己起火做饭，连午饭都是做好带到学校用微波炉热了吃。同实验室的同学们早就对小白带的中餐垂涎三尺。于是在回国前夕，小白专门为实验室的老师和同学们准备了一桌中餐，其中一道菜就是醋熘土豆丝。

大家边品边赞叹不绝，直呼pretty good！对菜品的原材料大感兴趣，挨个儿问是什么原料，怎么个做法。

小白卖了个关子，告诉他们这是他们经常吃的一种原料做的，让他们猜猜是什么，结果大家面面相觑，一脸茫然。当小白告诉他们是土豆做的，他们都把眼睛瞪得滚圆，连珠炮似的发出一连串问题：“土豆？怎么可能？你用什么机器做的？有几个人帮你一起做的？”

对于这些整天只知道炸土豆条、炖土豆泥的老外来说，都觉得太不可思议了。有人好奇地问道：“你的土豆丝切得这么细，那得需要用多长的时间？”

小白笑着告诉他们：“很简单的，三两分钟就切好了，炒起来也很方便，你们也可以做啊。”

于是，大家纷纷要求小白写一份醋熘土豆丝的“密方”给他们。

写密方时，小白却犯了难，因为他们的问题真不好回答。

诸如土豆丝需要切几毫米？用水洗时需要用流水还是静水？水跟土豆的比例是什么？锅要在火上热几分钟？放少许油是放几毫升？油热了放菜是要达到多高温度时放？怎么翻炒？是转圈搅还是左右翻？醋放几毫升？什么时候放？在锅里炒几分钟？什么叫依个人口味？还有放少许盐？是几克盐？等等。

尽管小白早已听说外国人都特别较真，但亲身遇到时，还是禁不住被他们如此的较真劲儿给镇住了。

生活中，我们炒一个菜，三炒两颠的事，没有必要计算那么细。问出这么多问题，在我们中国人看来，说好听点，是书生气，说难听点，就是书呆子一个。

但这种一丝不苟的精神用到生产上，得到充分的体现，你还会说是呆子吗？不会。会是什么结果呢？其结果显然是精致的产品。

小白没到比利时前，曾经听到她们研究所李志斌所长讲的一件小事。

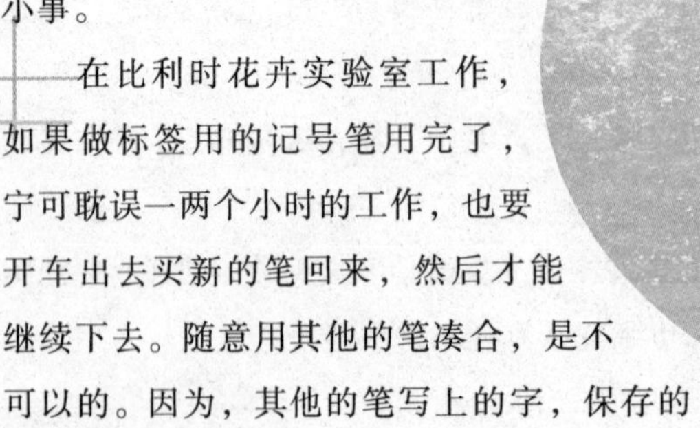

在比利时花卉实验室工作，如果做标签用的记号笔用完了，宁可耽误一两个小时的工作，也要开车出去买新的笔回来，然后才能继续下去。随意用其他的笔凑合，是不可以的。因为，其他的笔写上的字，保存的时间不长。

白宵霞小姐在德国霍比杜鹃资源圃里

她来到比利时后，才明白，欧洲人做什么事情都是一丝不苟的。

小白还告诉我，在比利时，以致整个西欧，不仅科研单位做的工作都要求精准确切，就连普通的花农也是如此。

一切都是靠严格的准确的数据说话，没有可能、大概、差不多这么一说。所有的工作，都在一丝不苟的状态下进行。

欧洲的花卉生产，不仅做到了专业化、机械化、设施化，更重要的是实现了整体的系统化。

基质公司及肥料公司，会定期根据检测部门提供的数据，为花农配制各个阶段适宜的基质和肥料配方。水处理设备公司，会根据当前水质情况进行设备的维护及改良。病虫害检测中心，会定期为花农检查是否发生病虫害，以及是何种病虫害，并制定相应的防治方案。温室设施公司，还会协助花农维护温室，花农，你只需要一门心思养花即可。

我想，欧洲人发展成今天如此专业的生产系统，都应该是缘于他们长期的一丝不苟的工作态度。

精品，靠的是一丝不苟的精神“炼成的”。

想一想，奔驰、宝马、奥迪等车之所以是名车，就是一丝不苟的产物！

瑞士的手表之所以是世界名表，也是一丝不苟的产物！荷兰的盆花，比利时的杜鹃，之所以世界品质第一，还是一丝不苟的产物。

小白讲的，在比利时炒醋熘土豆丝的故事，所要表达的，原来是这个意思。

2011年10月16日，晨

小镇上的生意经

在江苏和浙江转了一大圈，昨天回到了京城。人在京城，但在苏北一个小镇上经历的一些事情，却在脑子里打转，总是忘不了。现随意涂抹几笔，兴许对您的经营有点启发。

这个小镇是邳州市的铁富镇。邳州市铁富镇的银杏是出了名的。马路两旁，到处是茂密的银杏苗木，一家连着一家，一户连着一户。

铁富镇养植银杏，是受郯城的启发。郯城属于山东，紧邻江苏邳州。改革开放初期，郯城种植银杏的人赚了钱，影响了铁富镇，影响了整个邳州。现在，邳州发展银杏已有20余万亩。

我到邳州采访完，因为次日早上要写稿子，因此必须在镇上住上一晚。

铁富镇，巴掌大一点地，中心是一个大转盘，分4个道路口，每个道路口两侧，各有200多米长的门店。门店最多的是旅店，也有叫宾馆的，但实际上也就旅店的档次。

在镇上转上一圈，你会觉得，满镇都是旅店，没别的。这么多店，都是因银杏而生。一到开春，铁富镇车水马龙的，到处都是拉银杏的货车。走不了的，刚来的，几乎都要住在镇子上。

现在，不是苗木销售的旺季，各家旅店的生意自然冷冷清清，应付着经营，没多少买卖。我住的那个旅馆，老板是个小伙子，30多岁，眉清目秀的。

他说，镇上开了有20多家旅店，春季还不够用的，提前不预约，根本住不上。

我问他还做点什么生意？

他笑笑，“能有什么生意好做的。”

我说：“你没再经营点银杏苗子？”

他笑笑，摇了摇头。

次日早上，我到马路对过的早点铺吃早点，感受却完全不同。

早点铺是露天的，头顶支块帆布。我去的时间有点晚了，就我一个食客。老板是个女的，40来岁。她正在择菜、洗菜。

“大哥，您来我们铁富镇干什么来了？是调白果子树的，还是批发白果子仁的？”她给我弄好吃的喝的，主动跟我搭话。这里的人爱把银杏称之为白果子。

她很是爽朗，语速很快，说话像炒豆子似地。

“都不是。”我咪咪地笑。

“大哥，我们这个小镇子，没别的可买啊？”她显得有点不解。

“也是。你经营白果子树吗？”我顺着她的话说。

“经营，守着白果子镇，不经营多亏啊！大树底下好乘凉，大哥，您说是不是？”

我笑了，点点头：“你有多少亩地？”

她笑笑：“大哥，说实话我没多少地，我主要是当个小小的苗木经纪人。”

我来了兴致：“你开早点铺，怎么当经纪人？”

“大哥，您这么聪明还不好理解。我的周围都是开店的，到开春，外来住店的，几乎都是买白果子树的。早上，差不多都到我这里喝碗馄饨，来一屉小笼包吃。我对他们热情点，多给个茶鸡蛋，嘴再甜点，一整春，能揽下十几笔白果子生意。”

她一口一个大哥叫着，叫的我都心旌摇曳。

一春天，竟能做成十几笔银杏生意，这与捡来的生意有什么不同？

她凭的是什么？很简单，照她的话说，无非是主动跟人搭搭话，嘴甜一点，再送一个茶鸡蛋，来点小贿赂什么的。不复杂，但她还说了一句话特重要，就是守着白果子镇，靠的是这棵大树乘凉。

元·无名氏《刘弘嫁婢》云：“每日如是吃他家的，便好道这大树底下好乘凉。”

同样在铁富镇，同样在盛产银杏这棵大树下，我住店的那个老板，守着旅店，就没有利用这棵大树。倘若他充分利用了，他也会做成一些银杏生意的。

20多年前，唐山张岐就是利用豪门啤酒集团这棵大树，成立了豪门园林绿化有限公司，独立核算。最初的收入，就从为集团搞绿化的工程中来，从而使企业迅速地发展壮大起来。

由此我就想，当有大树为你的生意遮风挡雨的时候，一定要不失时机的加以利用，千万别犯傻。

2011年11月3日

无事此静坐

“无事此静坐”，这是借用著名作家汪曾祺先生一篇随笔的题目。

看了这个题目，也许您会说，无事此静坐，跟花木经营有什么关系？岂不无病呻吟？

其实，错！无事此静坐，可以培养我们处事不惊、从容淡定的心态。春来任它百花开，秋入随它黄叶飘。

“无事此静坐”，是苏东坡的诗，这是上半句，下半句是“一日当两日”。

汪曾祺先生说，大概有十多年了，他养成了静坐的习惯。他家有一对旧沙发，几十年了。他每天早上都要泡一杯茶，点一支烟，坐在沙发上，待上1个多小时。

习静，是一种气质，也是一种修养。

诸葛亮道：“非淡泊无以明志，非宁静无以致远。”

我想是这样的。一个人心浮气躁，遇事则愁，惶惶不可终日，与身体健康无益，经营上要想成大气候也难。

在这方面，我很钦佩已经过世的广东陈村的卢荣兄。

他从事观叶植物和年宵花经营30余年。生意忙的时候，他可以两三个通宵不睡觉。

但忙里偷闲，他总要在办公室外一棵大的散尾葵下，支个凳子，点支烟，用喝啤酒的大玻璃杯沏上茶，静静地坐上一阵子。

平时，每天早上更是如此。老早起来，他先在陈村几个场子转上一圈，然后，就静下来，坐那么几十分钟。

再然后，他才去酒楼喝早茶。虽是静坐，却可以冷静地思考和处理很多事情。

他的眼神是慈祥的，脸色是和蔼的，心底是平和的，灵魂是宁静的。

六七年前，由于从事观叶植物经营的人太多，他的资产从上亿元一下子猛跌了许多。

有时候，得知他经营很困难，就打个电话问候一下："卢总，近来经营怎么样?"

他却像什么事情都没有发生似地冷静："谢谢你的关心。呵呵。还好，过得去。你放心，没有过不去的火焰山!"然后，电话里传来的是一串朗朗的笑声。

看得出来，他是真的遇到困难了，而且不小。但你却感觉不到他有一丝的悲观情绪。卢荣，是一条硬汉!

无事此静坐，静心自悟，安顿一下自己的心境，听一听自己的心声。这方面，他是受益者。

长时间的心闲气静，就可以使人做到镇定自如，宠辱不惊，任凭风浪起，稳坐钓鱼台，有条不紊地应对各种复杂的事情。

2011年11月4日改

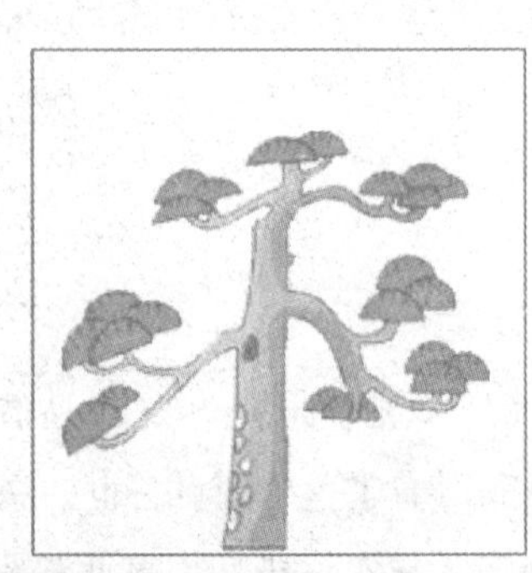

再努把劲儿，也准成

人在遭受挫折的时候，如何咬紧牙关，不停地往前走，有时候，是需要点精神的。

我14岁时，有过这方面的切身感受。

那是暑假，到生产队劳动，放一匹老马。

日复一日，放马一切似乎都很顺利。但终于有一天，让我起急冒火的事情发生了。

那是午后。刚下了一场大雨，但雨后天气依然阴沉。

我像往常一样，牵着马来到天天要去的那条小河边。

河两岸是玉米地，玉米已经抽穗，一人多高，像两道高墙，绿油油，齐刷刷的。周围显得特别静寂，只有远处的蛙声，在可劲地鸣叫。

我领着老马，沿着河边，由东往西溜达。

忽然，太阳从西边浓重的云层钻了出来，而东边村子的上空，依然黑云密布，大有“东边日出西边雨”的意境。

更神奇的是，趁我一不留神，一道绚烂的彩虹出现了。那彩虹，呈现一个弧形，恰好架在前面小河的上空，美极了。

我看得目瞪口呆，手里攥的缰绳松开了也没有感觉。

我兴奋地蹦着，跳着，喊着。

累了，停下来，才发现，大事不好，老马没了！

马到哪里去了呢？往前看没有，往后看也没有。

老马要是丢了，那可是捅了天大的娄子。慌乱之中，脑门上立刻滋出了一层冷汗。赶紧去找。

原来，马是钻进了玉米地，卧在一处低洼地里。

我跑过去，立即紧紧抱住了它的头，兴奋得心都要蹦了出来。

我拽住缰绳，拉老马起来。它晃了晃身子，没有动窝。

我这才发现，老马的四个蹄子陷在了泥潭里，不能自拔。

我着急了。折下一根玉米棒，一手拉着缰绳，一手用力抽打老马的后背。它还是纹丝不动，站立不起来，一双大大的眼睛，无奈地望着我。

此刻，玉米地外的小河边，一个人影也没有，周围静悄悄的。我泄气了，跑出玉米地，回家搬援兵，求父亲帮忙。

父亲自然是“过来的人”，恰好在家。

他有肺结核病，已六七年了，因为家里经济拮据，看不起病，也没有什么营养可补。他的身子一天不如一天。

我看到他时，他正蹲在院子里，大声地咳嗽。因为咳嗽过于用力，清瘦干黄的脸上，凸起一道道青筋。

看他一副非常难受的样子，我站在一旁没敢吱声。

“你怎么回来了？有什么事？”过了一会儿，他扭过腊黄的脸来问我。我只好实话实说。

父亲二话没说，站起来只说了一个字：“走。”

到了玉米地，老马还在那里卧着。父亲走上前，拽起缰绳，拾起我用过的玉米棒，就在它身上抽打。一下，两下，三下，四下，到了第五下，还是没有奏效，然而，到了第六下，白马腾地站了起来。

我乐了，对父亲说：爸，还是您行。”

父亲蹲在地上，又是一阵剧烈的咳嗽。

之后，他才接过话茬对我说："孩子，你刚才要是不泄气，再努把劲儿，也准成。"

我没有说话。父亲为我牵着老马，我们走出了玉米地。

西边的天空，彩虹依然绚烂。

他叫着我的小名，对我说：

"我刚才说的话，你要记住。人活着有点儿难处，没什么了不起的。甭怕。"

3个多月后的一个清晨，父亲吐了一大摊鲜血，离开了我们。

父亲没有给我留下什么财产。家里仅有一点值钱的东西，后来因为经济实在窘迫，都被母亲变卖了。但他却给我留下了一笔巨大的精神财富。

那就是他说过的那些话，我始终牢记在心里。

正是这极为宝贵的精神财富，使我在走南闯北的漫长岁月里，度过了一道道难关，闯过了一道道沟坎，有了一些小小的收获。

2011年11月7日，下午，修改于山东莱州

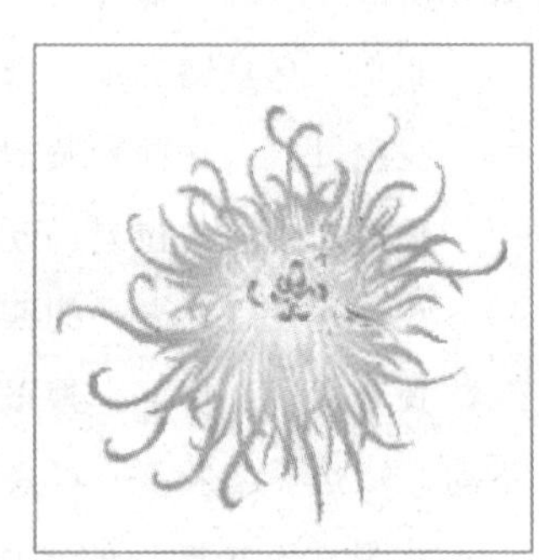

小锅台

小锅台，是山东人的叫法。北京叫小锅灶，或者直称柴火锅。小锅台也好，柴火锅也好，都是农耕时代的产物。也就是说，在农村经济尚不发达的时代，农民只能是垒个柴火灶，放上一个铁锅，靠燃烧秸秆、木柴做饭吃。但这一切，伴随着改革开放，经济的大发展，大繁荣，小锅台已经在很多地方退出了历史舞台。农村人吃饭，早已使用上了煤气或者煤炉。

但大前天，我到昌邑，却在小锅台吃了一顿晌午饭，真是感慨万千啊！

那天，我是从莱州赶到昌邑的。到了昌邑，正是中午，接待我的市林业局常务副局长冯瑞廷先生很是热情，他问我吃点什么?我说，来点有特色的。他说，"那咱就不在宾馆吃，我带你去小锅台。"

我说好啊!

一听小锅台这名字，就知道跟农家饭有关。但依我的感觉，这小锅台也就是具有农家风味的火锅。门口挂着成嘟噜的玉米、高粱什么的，旁边再点缀一座碾子，顶多再拴条小毛驴。反正就是农家院的氛围，怎么土怎么来。

但想归想，到了那儿才知道，除了那些东西，还有更来情绪的。每间屋子，客人就餐的，不是桌子上支个铁锅，或者是酒精炉，而地地道道的是一个锅台。锅台代替了桌子，一个黑铁锅卧在锅台里，客人围着锅台吃。只是锅台不是泥巴的，而是贴上了白净的瓷砖。但守着锅台吃，那感觉依然很是强烈。这不禁勾起了我的回忆。

我17岁之前，一直生活在北京的乡下。北京城，从安定门算起，离我们那个村子，也就50华里。15岁那一年，坐队里的马车进过一次城。沿途到处都是庄稼地，感觉仿佛隔了一个地球那么遥远。

那时候，每个村子，每户人家，解决肚子问题，依赖的就是柴锅。屋里一个，屋外一个。屋里用的时候居多。天冷的时候，还有阴天下雨，用屋里那个柴锅。在屋里做饭，实际上连带着烧炕。灶火道，与里屋的土炕是相连在一起的。睡觉之前，还要添上一把柴火。睡觉，炕不凉，连褥子都热乎乎的。

一天三顿饭，母亲用柴锅，不是贴棒子面饼子，就是熬棒渣粥。饼子熟了，棒渣粥黏糊了，刷刷锅，晌午还要熬上一个菜。本来，应该说是炒菜。但那时候连油腥都闻不到，清汤挂水的，充其量只能说是熬。当然，盐巴是少不得的。即便如此，也只能是晌午熬一回菜。早晚，吃的是自家腌制的咸菜或者雪里蕻秧。

最困难的时候是三年自然灾害，特别是1960年。那一年，在我幼小的记忆里，留下的印象最深。夏秋期间，粮食不够吃，也不知是谁发明的，把棒核（去掉玉米粒的玉米棒芯）磨成粉，掺上一点棒子面蒸窝头吃。

这种东西做成的窝头，刮嗓子眼，我咽不下去。母亲每次总是蒸一个净面的窝头让给我。有一次，我打开锅盖，没瞧见净面的窝头，就在地上打滚，嚎啕大哭。

现在想想，哪里知道做母亲的艰难。她是实在没有办法，才这么做的啊！

如今，这一切早已定格在我的记忆里，定格在了那个久远的年代里。

想不到的是，小锅台如今却成了时髦。那些原汁原味的东西，还是离不开人们的视野。尤其是有过我这种类似经历的人，见了，就倍感亲切。

小锅台是一家小饭馆。但因为经营奇特，尽管是出了城，在一片茂密的小树林的后面，但还是门庭若市，座无虚席。

我们入座，服务员马上端上来下酒的凉菜。盛情好客的大姐给我们斟上酒。我们正吃着喝着，一个身穿白工作服的厨师进来，点燃锅灶里的木柴，然后，拧开一瓶二锅头，全部倒在了锅里，动作非常麻利。锅里，很快升起一层袅袅的热气，酒味冲天。

随后，他把早已剁成块的一盘子甲鱼倒了进去。他一边翻炒，一边对我们说："这是为了去甲鱼的腥味，非得二锅头不可。过一会儿，我把炖好的一锅老母鸡放进去，3分钟后，一开锅，你们就可以享用了。"

一锅连肉带汤的老母鸡掺入后，盖上锅盖，香味很快便顺着缝隙往外窜起。那浓浓的味道，飘香入鼻，让人口涎四溢。

我们美餐之后，冯局长说，“别看这小锅台，可是连着花木大产业。”

我说，“这小锅台怎么跟花木业连在了一起?”

冯局长笑道：“方主任，如果你不是奔着昌邑花木产业来的，怎么能来感受小锅台的美味。”

是啊！说的不错。

从小锅台出来，我就想，小和大，在老子看来，从来就是互通的。我们就是要珍惜这大好的年代，把我们的花木产业再做大，再做强！其实，我们所做的一切，都是为了拥有比现在更好的小锅台，而永远抛弃过去的小锅台。

2011年11月13日，晨

正确看待大与小

看《幸福禅师》一书，有一段话，很有感触。

有人问大珠禅师：“怎么才算大师呢?”

禅师答道：“大。”

那人又问道：“多么大?”

禅师答道：“无边际。”

那人又问道：“怎么才算小?”

禅师答道：“小。”

那人又问道：“该有多么小?”

禅师答道：“看不见。”

那人不解问道：“大无边际，小又看不见，它们究竟在什么地方呢?”

大珠禅师反问道：“哪里没有大小?”

禅师的话，使我们悟出一个即浅显又深刻的道理：世界本无大，也本无小；说大则大，说小则小。这与道家所说的有和无互为相通是一个道理。关键是怎么看，怎么想，什么事情都是如此。

一悟皆一切悟。明白这个道理，我们才会不攀比，正确看待自己的企业，正确看待自己的发展现状。正确对待人生，正确看待大与小，正确看待多与少。

当然，我们在参与行业竞争中，要奋力拼搏，尽心尽力，与时俱进，不甘落后，是必须的。

人一定要有那么一股子精神，有那么一股子干劲。

但企业发展有多大，经济效益有多高，因素是多方面的，这也是实际情况。

由此看来，只要我们有一个平和的、健康的、积极的心态，过好每一天，辩证地看问题，即可。

这样，就可以任凭风浪起，稳坐钓鱼台，吃嘛嘛香，干嘛嘛行，从里到外透出一种精神。让日子过得有滋有味，是人生最高的幸福指数。

2011年11月26日，晨

好生意，多沟通

近日，我到山西大同参加了三北苗木信息交流会，写了几篇稿子。按说也该到此打住，别老死盯在一个点上，拔不出来。虽说是这么想，但又总觉得意犹未尽。

我昨晚就想，什么样的老板参加会议收获大？什么样的企业会能做成一些生意呢？这可是一个不小的问题。

大家辛辛苦苦从各地赶来，又是花钱，又是搭工夫的，图的是什么呢？无非图的是两个方面：一个是了解苗木市场的发展趋势；一个是为了多销一点自己的苗子。这第二点，恐怕更为实际一些。

因此，忍不住还是要在大同会议上做一点文章。

此次会议，以发布求购信息为主。想卖什么苗子的没有发布权，而只考虑想买什么苗子的这一方。

那天，近400人的会议室座无虚席，大家都争先恐后地向主持人梁永昌先生递条子。梁先生宣读每条信息，大家都会聚精会神地记，生怕漏掉一个字。一些人，还干脆记在了手机上。

遇有不清楚之处，有人就大喊："再说一遍，有个品种没听清楚！"

还有人大叫："把手机号再念一遍！"

我数了一下，在3个小时的会议上，发布信息的不下于五六十条。别看这么多条求购信息，求购的苗子无非就是那么十几种，什么国槐、榆树、柳树、油松、白蜡、栾树、云杉、樟子松、法桐、五角枫、山桃、榆叶梅、黄刺梅等。这些苗木，都是东北地区和西北地区常见的品种。

但面对求购信息，要想取得好的效果？就必须认真加以对待。

想到这个问题之后，我给梁先生打了一个电话。他是会议的主持者，也是会议的主办者。

"永昌，那天的信息交流会，一个求购信息发布出去之后，肯定会有很多苗圃跟进，向求购方推荐自己的品种，你说是不是？"

永昌马上说："那是肯定的。"

"我想问你的问题是，你说，在那么多的推荐者当中，最终谁能做成生意？谁又做成的生意最多？"

他笑笑，有板有眼地说："肯定是有实力的苗圃了。"

我说："没错。我也是这样看的。但除此之外，我想还有一条，就是会下主动与求购方沟通的，彼此之间先有个大概了解的，收获会更大一些。"

他说："是的。"

对于这个问题，我还征求了两位求购者的意见，他们也持有同样的看法。

因此，会下与求购者进行沟通是非常重要的。

你想过没有？会上发布的求购品种，几乎都是大路货，这就意味，不是你独家所有。你推荐自己的产品，别的苗圃，十几家，甚至二十几家也会随之推荐自己的产品。

此时，如果你只是记一记，散会之后，大家各奔东西，跟求购者都没混个脸熟，回到家再打电话联系，生意十有八九是做不成的。我看，人家在你长得什么模样都没有一点印象的情况下，也只是听你说说而已。

因为，目前的诚信度尚未完全建立起来。采购苗木者，量大一点的，一般都会上门实地考察，不会打个电话就让你发苗子。而要苗子，在有N家可以选择的情况下，求购者不可能逐一地去看。

因为大家所在地区不同，只能有选择地去看。既然是有选择地看，又到哪里去看呢？肯定是先到熟悉的地方去看。

这熟悉，既包括对所要品种、规格、数量、质量的了解，还有，就是包括对人的大概了解。两者缺一不可。

反之，求购者连到你这儿看都不看，就让你先发货，你敢发货吗？即使是大的园林绿化工程公司，恐怕你也不敢。因为，谁敢保证苗子发出去之后，苗款就能按时到账？

好生意，是需要提前多沟通的。

2011年11月21日，晨

领先一点点

有人说，每天进步一点点，这当然好了。但我觉得这不大可能，也不能这么要求。其实，只要能总比别人领先一步，就很了不起。

我前些日子去山东莱州出差，在莱州大酒店小住了两天，就有这样深刻的印象，逢人便夸这家酒店好。其实，事情并不大。

莱州大酒店是一家四星级的酒店。这家酒店，与别处同等星级的酒店没什么区别。宽敞明亮的大厅、酒吧、桑拿、歌厅、中餐厅、西餐厅、商务服务、会议室等，自然都是应有尽有。卧室里，台灯、沙发、小酒吧、淋浴间、浴盆、上网网线、写字台、液晶电视、地灯等设施，自然也是一应俱全。

这些硬件，哪儿都一样，哪儿都不缺，不论是北京、上海，还是海南、哈尔滨，都一样。但这家酒店，在一个小地方却有与众不同之处。这就是睡觉前，在床头柜上，服务员会给你摆放一盒酸奶。

此时，在你回房间前，服务员已经提前把床头灯打开。你进了房间，插上控制房间的电源卡，就可以看见，一束柔和明亮的灯光，投放在了床头柜上，格外突出。这是因为，周围漆黑一片，因为其他的房灯并未打开。此时，床头柜上，常见的除了有一沓新的当日报纸，不常见的，便是那盒酸奶。最让你感到温馨的，是服务员用圆珠笔留下一个字条，上面写道：

“尊敬的方成先生，晚上好！我们给您备下一盒酸奶供您享用。酸奶有助于消化，有助于睡眠。祝您晚安！”

读到这则留言，犹如一股暖流滚进了心田。此时，你会立即对这里的服务员充满一种敬意，继而对这家酒店有一种美好的感觉。

次日早晨，我去吃早餐，出了门，服务员给我递上来一个微笑，并且说“早上好”。这个待遇，住别处的酒店也一样，没有什么不同。

但此时，我会发自内心的回敬一句：“早上好!”说后，我感受到人间是如此的美好!

这些年来，我走南闯北，住过的酒店别说是四星级，就是五星级也数不胜数。但这种酸奶加留言的服务，我还是大姑娘坐轿子头一回。事不大，就比别处多了一点而已，但却足以让你感动。

这种感觉，在北京乘出租车时也有。

北京的出租汽车公司很多，多的让你眼花缭乱。但常坐出租车的，你肯定不会忘记乘“北汽”或者是乘“首汽”的出租车。因为，乘这两家出租车， 你会感到特别的舒服。车里车外，不仅擦得干干净净，而且座椅都是雪白雪白的，一点污渍的影子也瞧不见。

当司机再递上一句“你好”之后，你会倍感美好。而别的出租车，座套不是蓝的就是青的。恕我直言，干净的少。

我曾问过“首汽”司机：“我每次坐你们的车子都是那么干净，真让人舒服。要准备几套呢？”

司机答：“4套。这是公司规定的。”

“自己洗？”

“不是，那怎么忙得过来？我们有个指定的清洗服务公司，1个月交35块钱，你送去几套用过的座套，他们就给你换几套新的座套，这也是公司的主意。公司这样做，也是为了让乘客始终有一种一尘不染的感觉。”

其实，这也不是什么大动作，就比别的出租车公司多了那么一点点，便让乘客倍感温暖。

我在一家月季公司采访，也有深刻的体会。

这是在一片树桩月季基地里。这里的树桩月季，都两米来高。因为砧木是木香，刚嫁接的，主干比较细。为了避免倒伏，员工用三根竹竿做支架。上面交叉处，都齐刷刷的，因为每根竹竿都一样长。远远望去，看上去很是舒服。

我问经理：“你们的竹竿为什么都能一样长？在别的公司，做支架的竹竿不是长，就是短，看上去乱糟糟的。”

经理一笑说：“其实我就是要求员工做事心细一点。竹竿肯定是不一样长，你截齐不就行了吗。就那么一点儿事，并不复杂，又不是什么难事。”

做事心细一点，但让人的感觉却大不相同，凡事如此。

所以，我们每一个苗圃，每一个花圃，每一个公司，都应该好好想想：“我的公司，在哪一点儿上领先了别人？”

领先了，在竞争中就有优势，就有主动权。

领先多，固然好。倘若没有多，有一点也好啊!

2011年11月27日，晨

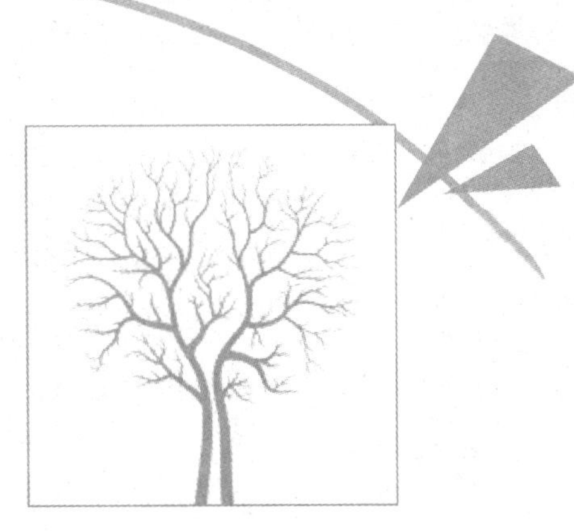

一鼓作气往前冲

想好了，别犹豫，铆足了劲儿，一鼓作气往前冲，就能达到预期的目标。

《左传·庄公十年》里，介绍了这样一个有意思的故事。

公元前684年，齐鲁两个诸侯国交战于长勺。挑起战事的是齐桓公。他派兵攻打鲁国。两军在长勺（今山东莱芜东北）相遇。鲁军按兵不动，齐军3次击鼓发动进攻，均未奏效，很快士气低落。

当时，齐国强大，鲁国弱小，双方实力悬殊。可是结果却恰恰相反，鲁国却以弱胜强，齐军大败。

据《左传》载，这次鲁国的胜利，与鲁国的曹刿精明的指挥有很大关系。

对这次获胜，曹刿对鲁庄公说："夫战，勇气也。一鼓作气，再而衰，三而竭。彼竭我盈，故克之"。曹刿的意思是说，战斗，主要靠的是勇气。第一次击鼓，非常重要，士兵们勇气最足；到第二次击鼓时，勇气有些衰落；到第三次击鼓，勇气就变枯竭了。敌军勇气枯竭，我们却勇气十足，斗志昂扬，所以打败了他们。

一鼓作气的重要性，我也有深刻的认识。

那是乘地铁。具体点说，是乘5号线地铁。5号线地铁，在我家附近的立水桥设有一站，名为立水桥南站。

进这个地铁站乘车，要从2楼爬到3楼。这中间，有60步台阶，每20个台阶有一个平台。我每次爬台阶，都有点发憷。毕竟有了一把年纪，没有年轻人腿脚利索。于是，只能一个台阶一个台阶往上迈。

常常是，迈到第40阶台阶时，就力不从心了。腿发沉，膝盖酸，站在平台上就要喘口气，然后，才能继续往上爬。

后来，我看一个跟我年龄差不多相仿的中年人，上台阶，劲头十足，一步登上两个台阶，三跳两蹦地就跃上了3楼。

见此情景，我也紧随其后。铆足了劲儿，精神抖擞地两步并成一步，爬上了3楼

唷呵！到了3楼，却没有累的感觉，反而精力更加充沛，好像再爬个来回，都不费吹

灰之力。

这也是一鼓作气的力量。

前两天看刘墉的文章，也有这方面的情节，只是是作为一种教训而总结的。

1993年，著名指挥家慕狄邀请帕瓦罗蒂在史卡拉剧院唱《唐卡罗》。《唐卡罗》是帕瓦罗蒂从未演出过的角色，也是首次与慕狄合作。他觉得是个机会。于是，就一口答应了下来。

演出约定在4个月之后，帕瓦罗蒂似乎有足够的练习时间。可是因为别的演出已经排满，结果他没有了排练空隙。

正式演出了，帕瓦罗蒂一路唱得很精彩，但是突然，有一个音，他唱错了调。观众喝起倒彩。多年之后，《花花公子》杂志访问他，还重提旧事揭他的伤疤。

他那么有名，为什么会出错？帕瓦罗蒂事后自己检讨：音乐的准备与演唱之间，有很大的关系，当你犹豫下一个音符的精准位置，稍微放松一点，瞬间的不稳定就会造成嗓子的不稳定。”

是的。我们在歌厅唱歌，唱卡拉OK的时候，遇到高音，你越觉得唱不上去，就越唱不上去。相反，如果你一鼓作气，你觉得你能，勇敢地往上唱，就很可能唱得不错，博得满堂彩。

做花木生意成为大老板的，何尝不是这样。有几个不是机会来了，一鼓作气，直到做大做足才肯罢手。

我前些天，访问的邯郸七彩园林老板王建明，是个成功人士，就能说明问题。

他原来是做草花生意的。2008年的年底，花木价格下滑。一棵10厘米粗的国槐才70元钱，其他乡土树种的苗木价格与国槐相近。他敏锐地感到，这是一次收购苗木的很好机会。从一棵树，到2万棵树，从一个品种，到四五个品种，就这么买，就这么收，一鼓作气，没有停止过，直到他能收的全部收回为止。

如今，市场好了。这些苗木的市场价是原来的5倍。

价格高了，他赢了。他说：“我只卖了四分之一，成本就收了回来，但苗圃里的苗木还是满满的。”

他收购苗木时，总共花了500多万元，70%都是借的。

如果他最初只花100万元，或者200万元，以至于300万元，就放手，就松了气，行不行？当然行，苗木一样不少，现在也一样赚，机会一样算是抓住了。而且，还款的压力要小得多。

但你想过没有？当初他倘若只收购300万元的苗木，再往大点说，收了400万元的苗木，还款的压力是少了，但能像今天赚的盆满钵丰吗？显然不能，差着距离呢。

山东昌邑花木场，是个有2800来亩地的大苗圃。你去这个场就会感到，有一种春光融融、生机盎然的烂漫景象。场长朱绍远说，他是靠滚动发展起来的。

但我知道，他每推出一个新品种时，诸如地被石竹、金枝国槐、紫叶酢浆草、美人梅

等，他都是紧紧地抓住机会。我给他的总结是：拼命繁殖，拼命宣传。

这拼命，那拼命，说白了，不就是一鼓作气，不松劲儿，不懈怠嘛！

兄弟姐妹们，还是开头那句话，看准了，你就一鼓作气往前冲。

2011年10月5日，晨

一叶落非天下秋

宋·唐庚《文录》中引唐人诗："山僧不解数甲子，一叶落知天下秋。"

眼下正是金秋时节，我不由得想起这两句诗。一叶落知天下秋，强调的是见微知著，一叶落知天下秋，说的是山雨欲来风满楼，讲的是春江水暖鸭先知，道的是一唱雄鸡天下白。从项羽自刎乌江，就可知晓天下将是刘邦的。美国雷曼公司"轰然蹋下"，全世界就可预见经济寒冬来临。天下大势，往往蕴含在那小小的变化之中。

但什么事，普遍之中也有特殊，不能一概肯定，也不能一概否定。

例如南方，到处是常绿树，一叶落，是常态，是新老交替，怎说"一叶落"，指的就是"天下秋"？

我上小学时，学过守株待兔的课文。宋代农人在树下纳凉，一只兔子撞死在了树上，他白白地捡到了一只兔子，可以糊一锅好肉。于是，就以为天天有兔子来撞树，从而成为邻里之间的笑柄。一只兔子犯晕，不小心撞到了树上，一命呜呼，但不等于所有的兔子都犯晕，都做玩命的傻事。

还有刻舟求剑，那个楚国人也够傻的。这个寓言，出自《吕氏春秋·察今》。说是楚国有人坐船渡河，不慎把剑掉入了江中。他在舟上刻下记号，说："这是我的剑掉下的地方。"当舟停驶时，他就沿着记号跳入河中找剑，怎么可能找得到呢？自然一无所获。这虽说是寓言，但说明在生活中确实有这样的傻人办这等的傻事。

而现实生活中，改写"一叶落知天下秋"的，也不乏其人。

史玉柱就是其中的一位。他从一个白手起家的青年富豪偶像，沦为负债2亿元的失败典型，后又东山再起，重新跻身亿万富豪之列。

越王勾践，春秋末期越国的君主，被吴王打败后，不惜“卧薪尝胆”，终于东山再起，而名垂千古。

我近来读到一个小故事，也很有意思。

一位骆驼贩子，到一个村子卖骆驼。他的骆驼一般，所以价格很便宜。村里的人都买了一头。只有一个姓郝的没买。

过了一段时间，村里又来了一位骆驼贩子。他的骆驼非常好，价格很高。这次别人都没买，而姓郝的却买了好几头骆驼。

他的朋友对他说：“上一次骆驼那么便宜，几乎白给一样，你不买，现在是两倍的价钱，你却买了。”

姓郝的说：“上次的骆驼虽然便宜，但对我来说是太贵了，因为我没有多少钱，现在这些骆驼虽然贵很多，但对我来说却是很便宜，因为我现在有钱了。”

他说得多好。情况发生了变化，我们做出的决策也应做出相应的调整。

现在，我们花木业苗情看好，正处在牛市当中。这时候，宜售不宜进，是显而易见的。购进，比熊市时要花更多的钱；售出，则比熊市时要赚更多的钱。一进一出，差距不小。

但这是常理，一个思路。经营中，还有另外一个思路，另外一张牌，也是可以用的。

今年夏季，邯郸七彩园林王建明用的就是这张牌，而且很是成功。他购进的是一批榆树，都是大规格的，六七十厘米粗，价格显然不菲，是苗木低潮时的好几倍。

但他定植之后，把树头抹去，树干很快憋出新枝，然后在1.6米树干之上，保留若干个侧枝，嫁接成一层层金叶榆，好似丑小鸭变成了白天鹅，非常之精美。这样一来，一棵榆树的身价，就与他购进时大不相同，超出数倍之多。

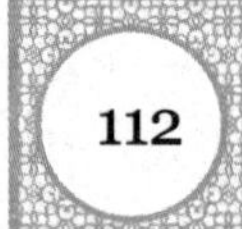

看来，我们做生意，头脑一定要灵活，不能一根筋。一个大的波浪来了，怎么赶上，怎么利用，怎么躲避，要视具体情况而定。这样生意才做得活，做出滋味来。什么事，不是仅有一个思路，一个答案的。

“一叶落知天下秋”是对的，“一叶落非天下秋”也是对的。

2011年10月8日，晨

1分钟不等于1元钱

10多年前，我到西欧，看到各国的大街小巷都是干干净净的，真是舒服。舒服是靠大家维护的。一个人，即使不小心把用过的纸巾丢在地上，也会弯下腰把纸巾拾起来，放在兜里，然后等看见垃圾箱再投进去。这些动作，就像呼吸新鲜空气那么自然。

由此，触及了我的灵魂，让我改掉了一个多年的不良习惯，这就是随意往地上乱吐乱扔的习惯。准确地说，改掉的是一种极不文明的陋习。

改变一种不好的习惯，往往是一瞬间的事。

今天乘车，也有感触。但改变的是思考问题的习惯。

我上班下班，要乘地铁。除了地铁，需换乘1站公交车才能到家。

到我们小区的公交车总共有两趟，一趟是966路，一趟是621路。

以往，我都是哪辆车来就做哪辆，从不挑肥拣瘦。今天我出了地铁，先来的是966路。车门大开，习惯性地往前赶了几步。然后，我却退了回来，并没有上车。

在一瞬间，我突发奇想：966路，是空调车，起步价是2元钱，因此，即使乘1站地，1分不少，也是2元钱。而621路，是没有空调的，起步价是1元钱。彼此却相差1元钱。

因此，我决定等621路。其实，这中间也就相差1分钟，621路便开了过来。

由于换个思路，我在不到1分钟的时间里，节省了1元钱。

1元钱现在算个芝麻！是的，不算什么钱，买不了一碗馄饨。但倘若这个换位思路用在花木经营上，可不得了。

你想过没有？我们做花木生意，包括搞花木生产，常常是不知不觉按习惯做事的。

比如，在花木养护上，叶片发黄了，你就觉得，嗨，不是水大的原因，就是缺少营养的缘故。

于是，你按照老法子操练。不是在控制水上采取措施，就是在追肥上做文章。可往往法子都用了，就是效果不佳。

其实这个时候，你多一句嘴，也就是1分钟的事，问问外面有经验的，让人家点拨你：“是不是土壤偏碱了?浇一点硫酸亚铁试试?”

呵呵。你那么一试，兴许这一招就灵，没多久，叶片就变得油绿油绿的。

我前年去广州程德成那里。这方面的体会也很深刻。

他有近900亩地的温室。一个个温室，都有1亩地那么大。里面，是一个个架起来的网状平台。上面，专门养绿萝。

架起来的平台，支架的4个脚是钢筋。为了支架牢固，不晃动，两个角之间要连接一段钢筋。后来，工人在温室里修通道时，他看到工人在铺水泥。在不到1分钟的时间里，他突发奇想：

支架的腿要是折成90°直角，与水泥地打在一起，就可以固定住，何必再用钢筋连接。

他告诉我，仅这一项小的改进，去掉一段钢筋，就节省了10多万元的资金。

创新思维，改变原有的思路和做法，换个法子处理我们所遇到的各种问题，可能就是“柳暗花明又一村”，也可能是“忽见千帆隐映来”，还有可能是“远有人家在树林”。这是一种智慧。

智慧，就是对事物迅速、灵活、正确地理解和解决的能力。显然，智慧是考验我们最好的尺子。

脑筋急转弯，用不了1分钟，运用得好，其价值不可限量。

由此说来，1分钟，在经营中绝对不是1元钱的价值。

2011年10月10日，晨

风来并非雨

读书，看到一个挺有哲理的故事，颇为让人感慨。

战国时期，齐国有一个人叫毛空，还有一个人叫艾子。一次，毛空见到艾子说：“你知道吗？不得了啦！昨天有一户人家的一只鸭子，一次下了100个蛋。”

“下100个蛋？这不可能！”艾子不信。

毛空又说：“是2只鸭子一次下了100个蛋。”

“这也不可能。”

"大概是3只鸭子吧。"

艾子还是不信。

毛空便一次又一次地增加鸭子的数量，一直加到10只。

艾子便说："你把鸭蛋的数目减少一些不行吗？"

毛空不同意："那怎么行！宁增不减。"

这个爱说空话的人又向艾子说："上个月，天上掉下一块肉，有10丈宽，10丈长。"

艾子听了说："哪有这事，不可能的。"

毛空又说："那大概有20丈长吧。"

艾子忍不住问道："世上哪有10丈长、10丈宽的肉呢？还是从天上掉下来的。掉到什么地方？你见过吗？你刚才说的鸭子又是哪一家的？"

毛空笑笑，甩出一句话："我是从街上听来的。"

这是典型的听风就是雨的笑话。但毛空也碰上对手了。任他耍什么花样，艾子就是不信。然而在我们的花木业，竟然有人相信类似这样的事。

这是近来发生的一件事。

有个人去了一家苗圃。那人对苗圃主人说：

"告诉你一个很有价值的信息。省城有个园林公司，现在需要一批苗木。你的品种，还有你的苗木的规格，都挺符合要求的。这是一笔挺大的生意，100来万元。"

"100万元？这笔生意做成了，哥们儿我按我的老规矩给你好处。"苗圃主人立即喜上眉梢。

"咱不是哥们儿嘛！肥水不流外人田。有这等好事，一般人我肯定不告诉他。"

"既然这样，你就把我的电话号码告诉对方，让他们来我这里看苗子。"

"不成。人家忙，你得跟我到省城跑一趟，见面谈。"

"还是你让他们来好了，大老远的，好几百千米，我不去了吧。"

"你要是不去，这笔生意我就让给别人。100来万，你别后悔？"

苗圃主人心一狠："好，去就去。"

哥俩坐了好几个小时火车，到了省城，找到了那家公司。没想到，人家两句话就打发了。

"我们现在还不需要苗木呢！谢谢二位，大老远地跑来。"话说得很死。

他们出了公司，只好找到旅馆住下。因为，回家的火车以及长途汽车都没有了，只好等次日再说。

苗圃主人自然是郁闷，从心底里郁闷，要多搓火就有多搓火。

说来，动员他去的哥们儿，也没什么坏意，也是刚干苗木生意这一行的，经验不足，就像那毛空，消息来源是道听途说来的，就信以为真，并不是存心让他往坑里跳。

他轻信别人的话，吃了什么亏？还不是吃了听到风就是雨的亏。

那风，就是诱人的100万元生意。是这股风，让他财迷心窍，白白花去了两天时间，还搭上了一笔费用。

如果稍微动点脑筋，想想一句话：上门不是买卖，还会轻易跟人家走吗？抑或，坚持开始的做法，就是大门不出，二门不迈，直接让客户打来电话，找上门来，一手交钱，一手交货，他还会上这个当吗？

“风是雨的头”“山雨欲来风满楼”，是自然界中常见的一种现象。但阴天风来，并不一定伴随的就是豆大的雨点，或者是飘落不止的雨丝。这也是我们常见的一种自然现象。

清·李宝嘉《官场现形记》第25回云：“他们做都老爷的，听见风就是雨，皇上原许他风闻奏事，说错了又没有不是的。”

而大凡经验丰富的人，不管风云如何变化，就是静观其变，做出冷静准确的判断，然后加以妥善处理。不见兔子不撒鹰，不做赔了夫人又折兵的傻事。

最近，河南四季春园林公司总经理张林就是这么做的。

他处理一档子事，是缘于我传递的信息。

我向他传递信息前，是因为我接了一个电话。

“方老师，我们市里，刚下来一个绿化工程，1个亿，我吃不下来，您找个大的园林绿化工程企业来，一起干。”

1个亿的工程，虽说现在也不新鲜。但毕竟不是小工程。

“有个上亿的工程，好啊！靠谱吗？”我叮问道。

“当然靠谱。”他催促道：“就这两三天的事，您快一些。”

我答应下来，找了一个我熟悉的企业，就是河南四季春园林公司总经理张林，张林在那个市施过工，熟悉那里的情况，总比两眼一抹黑强。

过了大约三四天，我给张林打电话，询问结果。

张林微笑着对我说：“方老师，谢谢你的好意。我给对方打了电话，对方让我过去，说的很急。”

“那你去了没有？”我紧盯道。

“呵呵。我没去。您想啊。这么大一个工程，肯定要招标的。我问对方招标没有，对方含含糊糊的。这事，把握性很难说很大。还有，即使是真的，回款也有问题。别人垫资垫得起，我不行。”

所以，他冷静思考的结果就是放弃。因为，风来了，并不一定就会有雨。

听风就是雨，脑子发热，沉不住气，还真不行。有时候，即使雨来了，你如果抵挡不住，也不行。

2011年10月12日，晨

一条大路走中间

一个人，刚走上苗木经营之路时，产品如何定位？选择什么样的品种？至关重要。路漫漫其修远兮，错了，再改，代价太大，不是一件容易之事。刚干上这一行，产品究竟如何定位？我的看法是：一条大路走中间。

有这样的结论，是与前几天写的一遍稿子有关。这篇稿子的题目是：“临沂邦博刘海彬打差异牌显优势”。文中说的是近年踏入苗木业的临沂邦博园林绿化有限公司董事长刘海彬，把主打产品定位在适合东北和西北地区生长的几种苗木上，而放弃当地多数人搞的樱花、栾树、白蜡、国槐等，走差异化发展之路，取得了明显的效果。记得他向我介绍完情况后，我们俩闲聊，我忽然惊喜地说：“你走的这条路子，好啊！我觉得你这是一条大路走中间的路子，你的产品，正好处在中间位置，北面可以销到东北西北，南边起码可以销到长江沿岸，左右逢源，不失为一条宽广的路。”海彬说：“哦，是这么回事。”

在路的中间走，最为安全了。

路，道也，往来通行的地方。说到路怎么走，想起小时候我们村有个土医生，他姓张，人称张先生。张先生精通针灸，十里八村的，谁有个病有个灾的几乎都请张先生。人生病不分白天黑夜，瞧病自然也不分早晚。因此，张先生出村看病，常常是黑天，走黑道。他给我母亲瞧病扎针灸，常说一句话：“走黑道，一条大路走中间，保管没错儿。”

这是经验之谈，我们那个地方的人都信。所谓中间，就是两道车辙之内。因为那时候乡村都是土路，马车、牛车行走，会碾出两道车道沟。车道沟，就好比是孙悟空用金箍棒划出的圈。在圈内活动是安全的。因此，我们老家的人都相信，车道沟有辟邪的作用，在里面行走就会平安无事。

我们发展苗木也是如此。刘海彬初步尝到成功就是例子。但我们一些同胞，在起步的时候，总想标新立异，走在一条路的边缘上。以北京、山东为例，有些新的苗圃，总想标新立异，上一些南方的东西，搞出点新鲜名堂来。比如，在北京发展广玉兰、桂花、马褂木、黄山栾，在山东济南发展红枫。这些树种，都只适应南方的气候，不是北方的乡土树种。你在北方发展，甚至还要大发展，看起来是创新了，但其实是走在车道沟边上了，搞不好就要碰壁付出代价。为什么不发展南北都适应的品种呢？何必在车道沟边上走险路呢？

有人说："我的这些产品，能在当地市场占有一席之地就行了。"这样想，我认为是危险的。因为，你在你本地发展这些品种，市场占有率低是显而易见的。一旦当地市场有变化，这些产品就会长时间砸在自己手里。再遇上低温天气年份，就够你喝一壶的，甚至还有全军覆没的可能。

刚起步的小企业，小农户，最经不起风浪，还是一条大路走中间，左右逢源最好，别盲目求新。如果你实力雄厚，拿出一点钱来做创新，经得起失败，那自当别论。比如你搞个什么银杉、珙桐快速育苗繁育技术。一旦成功，说不准还抱上个金娃娃呢。不过就算是大企业，也要讲究科学，不能做违背自然规律的生产计划。

2012年4月13日，上午

苗圃扩张别玩儿得过火

昨天，我在杭州组织会议。参加会议的有几十号人，其中，有报社的总编辑汪祥荣先生，还有浙江嘉善碧云花园的总经理潘菊明先生。中午就餐的时候，汪总与潘总坐在一起，两人聊开花木经营，对现在盲目扩张苗木的现象有些担心。

我以为，这些担忧，应该引起我们做老板的注意。企业扩张是可以的，但别玩儿得过火。

潘总说："嘉善有两个农庄，一个去年倒闭了，还有一家就是我这里的碧云花园。现在，看来还不错。"

汪总说："你心态好，就一心做这么一件事。"

潘总说："想想也是。我曾有两个机会，都觉得精力和经济都不够，最后放弃了。一次是我们县大云镇的房地产。大云的房地产最初是我开发的，因为搞碧云农庄，就放弃了。幸亏后来没搞，不然我也倒闭了。楼市现在调控力度很大，我怎么受得了？还有就是股市，幸亏也没进入，现在股市那么低迷，要是陷进去，我的企业不抽筋也要扒层皮。"

汪总点了点头，说："前不久，我们报社在山东昌邑组织全国花木信息交流会。从会上我了解到，现在，五六千亩的苗圃算是小打小闹，一扩张，就是上万亩。倒退几年前，两三千亩的苗圃凤毛麟角。这势头，让人担心。"

是啊！真的让人担心，替这些"大佬"们捏一把汗。

现在，苗市好，园林绿化市场好。不满足现状，抓住机遇，扩张苗圃是需要的，但步子不能迈得太大。太大了，走不稳，就容易摔跟头。

说到这里，我想起一句话：贪多嚼不烂。这话，说来早已有之。

明·凌濛初《二刻拍案惊奇》卷五云："而今孩子何在？正是贪多嚼不烂了。"

曹雪芹《红楼梦》第九回云："虽说是奋志要强，那功课宁可少些，一则贪多嚼不烂，二则身子也要保重。"

小孩子见到好吃的东西，馋嘴，容易贪吃，结果吃得都顶到了嗓子眼，引起肚子发胀。化解的法子，就是大人找酵母片给孩子吃。对此，我小时候深有体会，滋味非常不好受。

同理，我们搞花木经营，倘若超出自身能力，发展得过猛，接踵而来的，就是麻烦。

比如，现在有的公司由于苗圃扩张厉害，地是征用了不少，苗子没栽一半，资金链就出现了断裂，剩下那一半地只能空着。地空着，租金还是要照旧交的。现在，好一点的地，年租金差不多都要每亩上千元。有些地方，还不是死数，要以稻米价结算。倘若是1000亩，年租金就是100万元。退一步说，即使地租便宜，七八百元一亩地租，也是一笔很大的开销。

即使全部种上了苗木，人工费，养护费也需要一笔很大的开支。资金一旦出现问题，养护跟不上，苗木怎么能做到健康茁壮成长？做不到这一点，苗木自然长不好，达不到优质苗木、景观苗木的程度。而现在质量不好的苗木，是没有市场竞争力的。

再有，苗木市场进入低谷，遇到风吹草动，企业就会地动山摇，也会承受不起。

总之，超出自身的承受能力，摊子铺得过大，很容易出现一系列的麻烦。

我还是赞成山东昌邑花木场朱绍远的观点：苗圃，还是滚动发展为妙。

这就好比我们栽种一株树苗，根子扎下去，年头一久，树苗才能长成一棵大树。风来了，因为树大，撼动也难。反之，企业的根基就会容易动摇，甚至会把树连根拔掉。

潘菊明的碧云花园农庄为何发展得这么顺畅？还不是他集中精力，做好这一件事的结果。连他自己都说，如果搞农庄的同时，再搞房地产，再搞股票，不抽筋，也要扒层皮。

那样的话，他的日子，就会过得苦不堪言。

不想过这样的日子，就要把控好发展的度，任何时候，都不心浮气躁，都不好大喜功。

2011年10月28日，晨，于杭州西溪湿地

从蒙阴东园生态农业有限公司说起

蒙阴东园生态农业公司，其准确名称是山东东园生态农业有限公司。该公司苗圃有1100亩地，分两处，一处在蒙阴县孟良崮风景区之内，一处在费县薛庄镇毛沟村。两县相接，相距二三十千米的样子。这是一家新的公司，创始人是王士江先生和王洁、孟庆芝两位年轻的女士。他们是2011年才开始跨入这个行当的。虽说是新人，但6月底我看过他们的苗圃之后，觉得他们走的路子挺对。

蒙阴和费县都属于临沂地区。我是在临沂参加完齐鲁苗木网主办的苗木发展研讨会后，去东园的苗圃的。

我之所以说东园生态农业公司走的路子对，是因为有这样几方面的原因。

一是土地租金便宜。1100亩地，每亩地年租金平均不到150元，而且一签合同就是50年。这样的地租，让人真的要流口水了。因为，地租是一个公司或者是一个苗圃运营中最重要的成本之一。我国的土地资源越来越少，地租价格越来越高。现在不少苗乡，即使是比较偏僻之地，每亩地年租金也要八九百元，地界好一些的，低于1500元恐怕是租不上的。我不久前去山东昌邑一个苗圃，离昌邑市区要70千米，紧靠高密地界，纯属偏远之处，但这样的地方，每亩年地租还要1000元。当然，沂蒙地区经济目前还欠发达，但地租也不都是像东园租的那么便宜。他们租的这么便宜，首先在租地时，就明确目标，要把租地成本控制在最低水平。不是摸着石头过河，逮着什么地就是什么地。

第二是有水源。我在费县的基地看到，这里虽然地势起伏，但水源很是丰富，浇地随时可以进行。老天不给力，就用地下水。负责这个苗圃的是孟庆芝女士。她说，她们来之前，这里来了几拨人都因为没有水源走掉了。她们公司来看地时，找有经验的人看，认为这里地下水资源没有问题，果然只打了70米深之后，水就汩汩地冒了出来。现在，她们种植的苗木，七成已经实现了滴灌。我还注意到，在一个大的水泥储藏池里，也注满了水，随时可以用于灌溉。毛主席说，水利是农业的命脉。水，自然就是苗木生长的命脉。“我的苗圃，缺少水源，再便宜的地，再优惠的政策，我也不用。”这段话，是山东威海一个著名的苗木老板说的，我认为这是个原则问题，他坚持的对。这一点，东园也做到了，就解了大旱之年缺水的后顾之忧。

第三是选择的苗木品种对路。他们这1100亩地，有苗木七八种之多，但主要品种，或者说主打品种，是海棠。海棠，既有传统的西府海棠、垂丝海棠，也有品种众多的北美海棠。海棠花是中国的传统名花之一。花姿潇洒，花开似锦，娇小玲珑，自古以来就是雅俗共赏的名花，素有“国艳”之誉，历代文人墨客题咏不绝。大文豪苏东坡在描写海棠花时就有一句名言：“只恐夜深花睡去，故烧高烛照红妆”。因此，海棠深受国人喜爱，是绿化美化环境中可缺少的主打材料之一。近些年海棠种植发展很快，特别是北美海棠进入之后，发展势头更快。现在，东园把海棠作为主打品种发展，我看是没有什么问题的。有人说，海棠是不是太多了，过剩了？我的回答是，没有过剩。我们国家地大物博，可绿化美化的地方还有很多，况且大半个中国都可以种植（北美海棠中的一些品种适合在东北和西北种植），怎么可能过剩呢！现在关键的问题是，如何种植出优质海棠来。所谓优质，就是植株健康、冠形美丽。倘若是行道树，还要分支点一致。当然，一个苗圃不跟风，有自己独特的主打品种更好。

第四，东园的苗木，70%实现了容器化，这也是一件令人欣喜的事。苗子定植时不再如传统那样，种植在土地里，而是定植在配备营养土的无纺布袋里。容器化育苗最大的好处是：起苗方便，节省人工，可以有效地降低人力成本；更为主要的是，苗木移栽不受季

作者与蒙阴东园生态农业有限公司王士江、孟庆芝和王洁合影（从左至右）

节限制，从春到秋，即使是最热的季节起苗，也不用考虑苗木缓苗的时间，更不用担心苗木是否成活的问题。苗木栽上之后，没说的，风采依然如旧，保证受甲方的欢迎。当然，我们现在的容器种植，与西方发达国家的容器种植还是有一定差距的，但我们毕竟迈出了第一步。什么事情，有一就有二。这也应了老子的一句话：道生一，一生二，二生三，三生万物。

当然，东园刚刚起步，今后的路不会一帆风顺。这些都属于正常情况。人来到这个世界上，就是为了化解各种矛盾、解决各种问题，战胜各种困难的。只要按照这个路子走下去，始终保持一种平和的心态，东园的未来是光明的，我们所有的花木企业的未来也是光明的。

2012年7月6日，晨

向梁永昌学习

2011年9月3日早上，我在长春市公主岭范家屯镇城郊小学看到，一群天真烂漫的十来岁的学生，在洒满阳光的教室里，围坐在一起，捧着一本本捐献者刚刚送来的课外新书不停地翻看着。那种喜悦的情景，那种如饥似渴的样子，让人感动。

这些新书，有1000册之多，捐献者，是长春著名花木会展活动家、2010年度全国十大苗木经纪人梁永昌先生和他的夫人腊梅女士。这是他们为家乡献上的一份爱心。

学校周围，全是长有一人多高的玉米地，密匝匝的，一望无际。很显然，这是一所典型的乡村小学。坦率地说，学校目前还没有能力给学生添置课外书，维持正常教学就已经很不错了。难怪校长激动地对我说："这下好了，我们学校也有图书室了，而且有个很好的图书室，学生们有福了。"

梁永昌和腊梅的举动，令人钦佩。

夫妇俩为何给家乡的小学校捐书，而且一捐就这么多，他们是钱多得没处花吗？显然不是，他还远远没富到这个程度。

他正处在创业阶段。我注意到，他们的车子，还是一辆老掉牙的旧车。

梁永昌说：“我们尽能力，给家乡的孩子们捐献一点书，一是报恩，一是让他们通过读书，增长知识，增加智慧，长大后做一个对社会有用的人。我当时有这些想法时，我跟腊梅一说，就得到了腊梅的全力支持。”

腊梅恰好在我的旁边。她对我说：“永昌能干成点事，就是自己从小通过爱书、买书、读书打下的基础。他现在为孩子们捐书，做好事，虽然要花几个钱，我不可能拖后腿，我肯定要大力支持。”

跟梁永昌一聊，我才知道，梁永昌小的时候，家里很穷，每天要到10多千米之外的地方上学。临出门的时候，母亲总是给他3毛钱的午饭钱。他为了买到自己喜欢的新书，常常饿肚子，中午不吃饭。把钱攒起来，够买一本新书时，他就跑到镇上的书店，把书买下。实现一个买书的愿望，他比什么都高兴。所以他知道，书籍在一个人的成长过程中该有多么的重要。

梁永昌与夫人腊梅

我跟梁永昌的经历差不多，也是苦孩子一个，甚至境况比他还要糟糕。但因为从小迷恋读书，长大后喜爱写作，以致后来走上了写作这条道路。

记得我进城参加工作，第一次走出厂门上街，就是到王府井新华书店。当时，看到书店大楼的外墙上面写有“书籍是人类进步的阶梯”一行大字之后，我激动了很久。这话说到我的心窝里，太精辟了。我后来才知道，这句话是苏联文学家高尔基说的。

书中自有颜如玉，书中自有黄金屋。我说这些，无非是想说，多读书，对一个人成长该有多么的重要。

现在，梁永昌夫妇献出了爱心，多好的举动啊！这是需要我们大力弘扬的。在此之前，我在山东昌邑花木场，亲眼看到当地一所中学的校长，带着锦旗，登门感谢总经理朱绍远为学校所做出的贡献。

我在想，我们花木行业的经营者，都应该为家乡的学校，为家乡的孩子们，为我们需要帮助的人们，献出一份爱心，哪怕是很小的一份爱心。勿以善小而不为。即便如此，这个世界也会很美好！

而且，您的这份爱心，也会影响到我们的孩子。他们将来，也会把这份爱心传承下去。

从这个意义上说，我们要向梁永昌、腊梅学习。

2011年9月4日，晨，于长春

萧红的韧劲

新近去哈尔滨，短暂停留，到哈尔滨利民开发区大成苗圃转了转。随后，总经理张英说，这里离萧红故居不远，到那儿看看吧。我说，好。

萧红只活了31岁。她短暂的一生，一直处在极端苦难与坎坷之中。但她始终不向命运屈服，追求进步，追求她钟爱的文学事业。她的长篇小说《生死场》《呼兰河传》驰名中外，令人敬慕。

说到萧红，就要说到萧军。萧军是萧红走上文学道路的领路人，两个人在一起生活了一段极不平凡的日子。萧军我是见过的。20世纪80年代初，改革开放，文艺复兴，我们一帮爱好文学的小青年组织了一个文学创作讲习班。讲课的知名作家中就有萧军先生。

萧军个子不高，胖胖的，花白寸头，鼻梁下有一圈浅浅的胡须，讲起话来，音若洪钟。下了课，我们送先生回家，就那么走着，从新街口一直走到什刹海他的住所。

我问萧军："您对萧红什么印象？"

萧军说："萧红是一个非常优秀的女性。"

萧军的话，在萧红的故居得到了印证。

萧红的故居，在呼兰区（即呼兰县），要过松花江北岸有名的太阳岛。距离市区中心20多千米。我印象里，萧红故居应该在乡村，但到了现场一看才知道，萧红故居就在呼兰城区的边上。一溜是老院子老房子，一溜是具有现代感的纪念馆。两者紧贴在一起，但进这个门儿，却进不了那个门儿。

老院子，是一处很典型的北方乡村建筑，青砖灰瓦，差不多有十亩地，按东北人的话说，有一垧地。房子不少。室内，有我们北方人熟悉的火炕。

看得出，这是一个有钱的大家庭。但她却没享受多少。抗婚离家出走，命运坎坷，日子非常不好过，从纪念馆里展现的图片中就可以看得出来。

1935年，萧红在散文《饿》中，生动描绘了她当年在哈尔滨的艰难处境。她写道："我拿什么来喂肚子呢？桌子可以吃吗？羊褥子可以吃吗？"

她与萧军在青岛居住时，生活同样相当困苦。据相关人士回忆道："那时的萧红，身穿旧布旗袍，脚穿后跟磨去一半的破皮鞋，头发用一根天蓝色的粗糙绸带束着，每天要到街上买菜，再回到家中劈柴烧饭，做俄式大菜汤和烙葱油饼吃。后来穷得连大菜汤、葱油饼也吃不成了，就到马路上去卖家具。”

尽管生活如此艰难，他们仍乐观地生活，勤勉不辍地潜心创作。在近半年的时间内，萧军完成了著名的长篇小说《八月的乡村》，萧红完成了她的第一部中篇小说《生死场》。为这两部作品作序的，是一个了不得的人。那就是鲁迅先生。

对《生死场》，鲁迅赞扬道，此书“叙事和写景，胜于人物的描写，然而东北人民的对于生的坚强，对于死的挣扎，却往往已经力透纸背；女性作者的细致观察和越轨的笔致，又增加了不少明丽和新鲜。”

有这样的成就，没有执著的韧劲不成。

走出萧红故居，我对张英说：“我们搞花木经营，现在大的经济环境那么好，市场那么大，只要有萧红那种奋斗不止的精神，始终不向困难低头，有一股子韧劲，不愁做不大，做不强。”

她点点头，对此深信不疑。

2011年9月6日，晨，于哈尔滨

孔乙己的时代早已过去

离开绍兴的这天，接待我的绍兴兰花协会秘书长孙胜利先生，说他的夫人任丽明烧得一手好菜，让我中午到他家里品尝。我谢过之后，说：“可不可以向鲁迅先生靠拢，到孔乙己常去光顾的咸亨酒店吃上一顿，感受一下那里的气氛。”

“好啊！”他笑了，欣然同意。

孔乙己，是鲁迅先生这位大文豪的代表作之一，也是该作品中的主人公。文章发表于1919年4月。此后，该文编入《呐喊》，是鲁迅先生在“五四”前夕、继《狂人日记》之后的第2篇白话小说。

鲁迅先生笔下描写的鲁镇，现重现在绍兴县柯岩，属于绍兴柯岩风景区。当年的酒店，充其量就是现在的小酒铺。

“鲁镇的酒店的格局，是和别处不同的：都是当街一个曲尺形的大柜台，柜里面预备着热水，可以随时温酒。做工的人，傍午傍晚散了工，每每花四文铜钱，买一碗酒，——这是二十多年前的事，现在每碗要涨到十文，——靠柜外站着，热热的喝了休息；倘肯多花一文，便可以买一碟盐煮笋，或者茴香豆，做下酒物了，如果出到十几文，那就能买一样荤菜，但这些顾客，多是短衣帮，大抵没有这样阔绰。只有穿长衫的，才踱进店面隔壁的房子里，要酒要菜，慢慢地坐喝。”

先生做了一番铺垫之后，主人公出场了：

“孔乙己是站着喝酒而穿长衫的唯一的人。他身材很高大；青白脸色，皱纹间时常夹些伤痕；一部乱蓬蓬的花白的胡子。穿的虽然是长衫，可是又脏又破，似乎十多年没有补，也没有洗。他对人说话，总是满口之乎者也，叫人半懂不懂的。因为他姓孔，别人便从描红纸上的‘上大人孔乙己’这半懂不懂的话里，替他取下一个绰号，叫作孔乙己。孔乙己一到店，所有喝酒的人便都看着他笑，有的叫道，‘孔乙己，你脸上又添上新伤疤了！’他不回答，对柜里说，‘温两碗酒，要一碟茴香豆。’便排出九文大钱。他们又故意的高声嚷道，‘你一定又偷了人家的东西了！’孔乙己睁大眼睛说，‘你怎么这样凭空污人清白……’‘什么清白？我前天亲眼见你偷了何家的书，吊着打。’孔乙己便涨红了脸，额上的青筋条条绽出，争辩道，‘窃书不能算偷……窃书！……读书人的事，能算偷么？’接连便是难懂的话，什么‘君子固穷’，什么‘者乎’之类，引得众人都哄笑起来：店内外充满了快活的空气。”

孔乙己，是一个备受封建制度和封建文化残害的“苦人”。

最终，孔乙己在众人的嘲笑中，穷困潦倒地离开了人间。

所以，鲁迅先生在末尾写道：“我到现在也没再见到过他——孔乙己大概真是死了。”

“孔乙己”倒是早已死了，但创建于清光绪甲午年的咸亨酒店，如今却闻名中外，店里总是座无虚席。

咸亨酒店，早已在绍兴城里安家落户。咸亨酒店离鲁迅故居不远，就在鲁迅路上。

大约15年前，一个傍晚，我到过咸亨酒店。那时候的咸亨酒店虽然已经改造一番，但生意仍不甚景气。四五张桌子，稀稀拉拉的，只有四五个慕名而来的食客，喝着老酒，就着茴香豆。

我们围在一张四方桌子旁坐了下来。还没有吃完，喝完，后面等坐的已有两三拨。门店的屋檐下，虽说有“咸亨酒店”四个大字，足够招人的，主人仍觉得氛围不够，特意在柜台一旁的门框上，挂了一个小牌子。上面写着鲁迅先生的原话：“孔乙己，欠十九钱”。

我在喝着老酒，吃着茴香豆、霉干菜、臭豆腐、水煮花生、炖豆腐等绍兴传统小菜的同时，沉思起来。

记得鲁迅先生曾说，他的小说题材，多采自病态社会的不幸的人们，意在揭示出病苦，引起疗救的注意。

这表明，鲁迅先生对群众的落后不是抱着嘲笑态度，而是探索“疗救”的方法，使之从封建思想桎梏下挣脱出来，担负起改造病态社会的责任。

如今，我们伟大的祖国，在中国共产党的领导下，早已把许许多多的“孔乙己”从旧社会解放出来。

想到这里，我不禁又想到了河南遂平县玉山名品花木园艺场的场长王华明。他在经历一次又一次的创业失败后，一度真的像孔乙己似地那么凄惨。他自己就说：“我有很长一段时间，手里一分钱没有，到处蹭吃蹭喝。”

这与孔乙己有什么不同。但在改革开放的大潮下，现今的“孔乙己”已不是昔日的“孔乙己”。他们不惧失败，不屈服于坎坷，跌倒了再爬起来，最终在花木领域走向人生的春天。

孔乙己的时代已经一去不复返了。

“慕鸿鹄之高翔，弃燕雀之微志”。我们每个人，都应珍惜这大好的年代，创无愧于时代的业绩，做时代的强者！

作者与孙胜利、任丽明夫妇在咸亨酒店喝老酒

2011年10月29日，下午，于杭州萧山

晒晒我的“小确幸”

小确幸一词的意思是代表微小而确实的幸福。这个词不是我们中国人发明的，而是从日语中翻译过来的。再具体点说，小确幸是日本著名作家村上春树在随笔中的感悟。

本来，这几天想写点与花木经营有关的东西，而且这方面的感触很多。但由于数伏之后整日与汗为伍，空气中充满了浓重的水蒸气，连太阳都处在一种朦朦胧胧的状态中，失去了往时的灿烂。因此，有几个朋友都表示了心里的不悦。“唉，华北地区的日子也不比江南好过啊！”一个朋友在信息里还说：“这两天很难受，连话都不想说。”另一个朋友在电话里抱怨：“先别聚了，心里憋得慌，过些日子再说吧！”但盛夏的日子，是大自然的一个客观现实，谁也改变不了。况且，正是这酷暑难耐的桑拿天气，使我们的花木、使我们的农作物，都得以迅速的生长，从而迎来一个瓜果飘香、五谷丰登的秋天。对这样的日子，我们只有适应它，也只能适应它，积极应对。应对的方法，就是寻找自己生活中的小确幸，从而快乐、轻松地度过每一天。

我现在，就晒晒我的小确幸，与朋友们一起分享。

在盛夏，我儿时的小确幸有不少，现在记忆最为深刻的是有两件。一件是在晌午饭过后，光着小脚丫，踩在泥土路上，到村西的大坑里洗澡。最快乐的是在水里跟小伙伴打水仗了。小伙伴们在大门外招呼我的那一瞬间，“快点啊，打水仗去喽！”每每听到这番话，心里总是比吃了蜜还甜。这时，即使饭没吃完，我也会扔下筷子，撒丫子往外跑。这就是我的小确幸。还有，那时候吃菜，没有买这么一说，都是生产队菜园子里种的，分给大家吃。这个时节，从生产队分来的黄瓜、香瓜、西瓜不会马上吃，而是扔到水井里，泡上那么一两个小时，再捞上来吃。鲜灵灵的，凉丝丝的，一咬嘎嘣脆，从嗓子眼儿会一直舒坦到心里，沁人心脾。不像现在吃冰箱里的东西，一不留神会伤到胃的。吃着舒服，干这个活儿也最开心。每每父亲或者母亲提着荆条筐，从外面把菜带回来，我总是抢着把这些好吃的扔到大门外的水井里。听到噗通一声，一个嫩黄瓜沉到井水里了，翻了几个来回，转眼间就漂在了水面上。一个西红柿沉到水里了，又翻了几个来回，也漂到水面上了。趴在井沿上的我，此时会情不自禁地咯咯笑出声来。这也是我的小确幸。

如今的小确幸就多了。即使在这炎热的夏日，也是不曾缺少的。

清晨，我起床后，做的第一件事是烧水。然后把透明的玻璃茶壶清洗得如镜子一般透明发亮，放上上乘的绿茶，或是龙井，或是碧螺春，或是大叶猴魁。热天喝绿茶有去火除湿的功能。倘若是写作，我会把带有托盘的茶壶放在书桌旁。若是不写作，我会把茶壶放在木质茶台上。顺便，用小巧的玫瑰红色毛巾把茶台擦拭一遍。然后，整整齐齐地把毛巾叠好，放在一旁，这可是一景。我的茶台上，还少不了一个精致的青花小瓷瓶，插上一支绚烂的小花作陪衬，是不可缺少的。作陪衬的，还少不了两三盘时令水果。每一盘品种要不同，色泽也要不尽相同。如果上午或下午有客人来，还要摆放一两盘小点心。水烧开了，往透明的茶壶里注水，看见茶叶在沸水里翻滚着，变幻着，以及热气，还有清香气袅袅的地上升，吸上一口，哎呀，那种瞬间的惬意，是用语言无法形容的。这是我清晨的小确幸。

清晨，还有可以叙说的一件事，这就是买菜。我们家买菜的任务，一般来说，都是由我来完成的。我喜欢采购，也喜欢把自己的劳动成果变成美味佳肴。到了菜市场，看到各种新鲜的时令蔬菜，还有自己喜欢的精美瓜果，我常常会因为讨价还价，让商家有那么一点让步而感到喜悦。我这样做，倒不是在乎那一两毛钱甚至一两元钱，像巴尔扎克笔下的葛朗台似的那么吝啬，而是有一种经商的满足感。诚然，这比谈一笔十几万甚至几十万乃至上百万的花木生意要容易得多。但其实质是一样的，往往也需要一些小的技巧。你一旦成功了，怎么可能不快乐呢！我把这件事跟几个文友说过，他们也有同感。文人做不了买卖，在买菜中过一把商人瘾，也是挺好的啊！这也算是我的小确幸。

我喜欢喝茶，也喜欢喝咖啡，这是有一年去欧洲养成的小资习惯。因此，每当我从外面回来，总要到我家楼下的肯德基坐上一会。一是在凉爽的环境中休息一下，歇歇脚。然后，到柜台前排队交款，喝上一杯美味咖啡。这咖啡，散发着一种浓郁的哥伦比亚咖啡豆香气，还有混合着一种丝滑的奶香气息。慢慢品味其中的滋味，随之而来的，还有室内伴随的美妙的音乐声。这一切，是我甚为喜欢的。这当然也算是我的小确幸。

还有，就是与文友或者老同学聚会。每当听到朋友来电话，说“老方，明天晚上到我家聚聚！喝点凉啤，拌上几个可口的凉菜”，我就像得到喜帖子似的那么兴奋，丝毫不逊色于当年小伙伴招呼我打水仗时的情景。人家请我，在这大热天的添乐，我也无二话可言，自然要礼尚往来。聚过之后，我就跟兄弟们订好了下次聚会的时间。白居易云：与君定交日，久要如弟兄。一晃，都二十几年的交情了，我们早已如兄弟一般了。这肯定是比小确幸还要小确幸了。大家在一来一往中，寻找到了快乐。丢掉的，是自然因素中还有人为因素中的种种不愉快！

作者家中的小狗“吃吃”，每天都给家人带来快乐

当然，瞬间的小确幸，你只要去做，保准是垂首可循的。比如，在小区里，在上下楼的电梯里，见了熟人，主动笑着，说声“你好!”，别人也会随之说声“你好!”这样一来，彼此不是都很快乐嘛！还有，喜欢做菜的朋友，在家做一道拿手菜，一家人兹兹赞不绝口，你不是很快活嘛！喜欢读书的朋友，闲暇时到书店走上一遭，说不定就会碰上一本你心仪已久的好书，不是很快乐嘛！女孩子，到商店里逛上一逛，挑到一身称心如意的短衣、短裤，或者是漂亮的连衣裙，或者是一款化妆品，不是很快乐嘛!

按村上春树的说法，小确幸的感觉就在于小，每一个小确幸持续的时间数秒至数分钟不等。小确幸就是这样一些东西：摸摸口袋，发现居然有钱；短信来了，按键之后发现是刚才想念的人；打算买的东西，恰好降价了；吃母亲煲的可口的丝瓜排骨汤；在超市排队等候付款，你所在的队前进得最快；自己一直想买的东西很贵，但偶然一天却在小摊便宜地买到了；当你从外面回来，喝到冰镇透了的饮料，说“唔，是的，就是它”时，你都会感到像飘来一股凉爽的风。

小确幸，就是我们生活中的种种小快乐，是流淌在生活中的种种美好瞬间，是内心深处的一种宽容与满足，是对人生的感恩和珍惜。当我们逐一将这些“小确幸”拾起的时候，也就找到了最简单的快乐。这对于搞好我们的经营，搞好我们的生活，平静开心地度过每一个夏日，都是很有益处的。

2012年7月21日

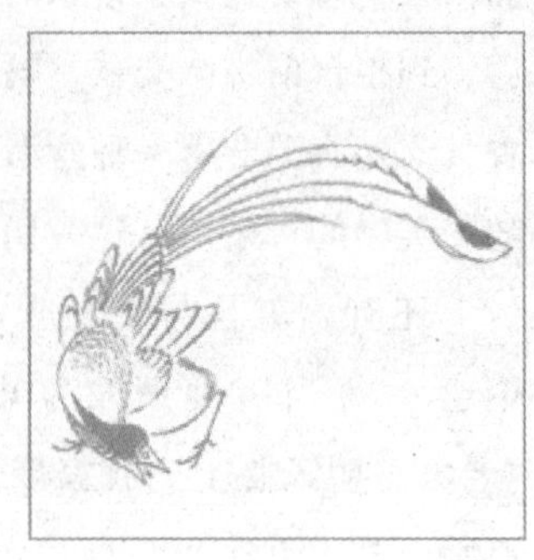

无憾

写下这个题目，是因为一座山。这座山，是山东省莱州市的大基山。游这座山，真是无憾。

十多年前，我去过一次大基山。那是一个晚上，黑灯瞎火的，什么也看不清。但夜有夜的神秘，夜有夜的情趣。为此，我还写了一篇文章，题目就是《夜游大基山》。前几天，陪世界月季联合会主席梅兰先生又游了一次大基山，因为是白天，又是个秋阳高照的日子，因此，哪儿都那么的透亮，哪儿都那么美妙，这才彻底看清了“庐山真面貌”。真是好啊！

大基山离莱州城区不远，在市区的东南方向，出了城，开一刻钟的车子即是。

大基山，东接崮山，南连寒同山，海拔500来米，古称掖山。称掖山，是与莱州过去一直称掖县有关。据管理人员介绍，称大基山，是因为“基”与“极”相通，而整个山体，呈半环状，与太极图相似，因此取其名。

我们去大基山的这天，从山顶往下俯瞰，大基山真是一座福山。它几乎四面环山，只有从东往西，有一条狭窄的路口可以进入，自成天然门户。山上，植被茂密，到处都是以赤松天然林为主的针叶林，其中，也不乏针阔混交的林子。鸟儿，在山林里不时地鸣叫，清脆的声音，在山谷里回响，越发显得四周的静了。

我昔日去时，谷里有一座两层的小楼，还有林场的两座日光温室。如今，这一切都已没了踪迹。取而代之的，是在不同的坡度，盖上了一座又一座的殿堂。最上端，还耸立一座宝塔，是新建的。寺庙胜地的气氛，更显得浓郁了。

谷内，自古为道家所居，故俗称道士谷。谷底林丰木繁，古木参天，芳草萋萋，山花野果，清香流溢。因无村居阡陌，纤尘不染，清静安谧。谷底，清泉四涌，溪流纵横，潺潺流水，经年不断。过去，掖县有八大景一说，其中之一的“大基名泉”，就在谷底东坡原无生殿下的百花丛中。爽爽清泉，顺着石缝汩汩涌出，不断滴入小石池中，由池中又缓缓漫出。其水，清凉醇厚，甘美爽口，水质极佳。

现在，进入谷里，筑了一道坝，形成一个湖。因这里曾是道家圣地，故取名为“放生湖”。

优美的景色，清静的环境，成了道家修身养性的洞天福地。金末元初，著名道家全真教七真人中的刘长生、邱处机都曾在谷中栖息修真。这里，自然道教盛极一时，道观鳞次栉比。

此山有名，还因为早在北魏时，这里曾是光州刺史郑道昭经常光顾的地方。郑道昭是北魏书法的代表人物。由于这里山美谷美水美，这绝妙的境地，自然少不了光州这位父母官儿。因为莱州，属于光州，而光州，几乎覆盖现在的整个胶东半岛。

郑大人于公务之暇，常带着儿子郑述祖来此地游览。在山里，他与道士们谈经论道，渴饮甘泉。他还曾在大基山结庐栖息，修建居所，号曰“白云乡青烟里”。他在此修身养性，谈老庄，吟诗挥毫，刻石以记，乐此不疲。

50年后，他的儿子郑述祖亦任光州刺史，再次故地重游。

郑氏父子以及后人，在大基山留下了许多摩崖石刻。其中，郑道昭父子手书的摩崖题刻就有14处。最为有名的，镌刻于西峰东侧山腰的一长方形独立巨石上。

据介绍，此石高约2.90米，宽4.20米，厚约1.5米，状如枇杷果，故称“枇杷石”。刻石字高约9厘米，宽约10厘米，共206字，字字刚劲挺拔，笔力雄强，虽历经千年沧桑，依然字迹清楚可辨，雄伟壮观。其诗中云：“东峰青烟寺，西岭白云堂。朱阳台望远，玄崖灵色光。四坛周四岭，中明起前岗。”你瞧，这位大人把大基山各个仙坛的位置介绍得多么详尽。

游大基山，刚进谷里，上一个平台，立有一块卧石，石上刻了两个大字：“无憾”。这两个字，是当年苏轼来大基山后，有感而发的。

游了大基山，再看看这两个字，真是“无憾”，说得好啊！

离开大基山，我在想，我们游一座名山无憾，我们的人生，更应该无憾啊！在有生之年，一定莫虚度年华，在花木行业大干它一场！切忌一首诗所说的，“少壮不努力，老大徒伤悲”。

我们的人生应该无憾，我们的人生也没有理由遗憾！

2011年11月15日，晨

观湖

这两年，我每次到江苏淮安，都迷恋这里的金蝶苑宾馆。接待我的钵池山景区管理处主任任鲁宁先生，善解人意，瞧出了我的心思，几乎每次安排的也是金蝶苑宾馆。我迷恋这个宾馆，是因为置身在屋子里，就可以观那一潭湖水了。

钵池山景区在淮安城的东边。大约10年前，这里还是荒郊野外的。随着城市的快速发展，城区东扩，这里已经旧貌换新颜，成了一个有山有水，有植物的优美风景区了。

金蝶苑宾馆，就在景区湖面的南岸，属于景区的一部分。这个宾馆不大，上下两层，也就住百十来人。从路边经过，宾馆被一片浓绿的植物掩盖着。你要是稍微离得远点儿，是瞧不见它的“庐山真面目”的。但倘若顺着弯曲的小路往里走几步，就会发现这个宾馆的妙处了。它小巧玲珑，好像一只展翅欲飞的蝴蝶，静悄悄地落在岸边，真有瞧头。

住在这家宾馆里，你就好像是躲在蝴蝶的翅膀下，与这只“蝴蝶”一起，欣赏那潭美妙的湖水。真是一种享受啊！

屋子里，窗户很大，几乎占了一面墙，一水儿的大玻璃。这窗户，大的好，大的让人特别的豁亮。因为，刚入住时，你是摸不着门儿的，玻璃窗被窗帘遮挡着。拉开窗帘，一种神秘才被打破。你的眼前，立即就会被一个偌大的湖面所吸引住了。不，是迷住了。

主人为了让客人尽情地欣赏美景，特意在窗前备好了一个长长的沙发，沙发一旁，是一个小茶几。每当我写稿子写累了的时候，都会半躺在沙发上，沏上一杯香茗，一边喝着，一边欣赏湖面的一切。不用仰头，平视，就可以了。

宾馆不大，湖面可是相当的大，从窗下一直伸向远方，相当的辽阔。

此时，你几乎感觉不到是在闹市里。若不是湖对面那一片林立的高楼，真的以为是到了“世外桃源”。

淮安虽然属于苏北，但这里不像北方，一年四季刮大风，因此，湖面上总是静静的。但微风常常是少不了的，因此，湖面上，总是泛起一道道的波纹，波纹很小，但有一点阳光，都显得晶莹而璀璨。

湖面上，是鸟的世界。一天到晚，各种水鸟都在上面飞翔。一会儿，是一群白鸟；一会儿，是一群黑鸟。它们有自己的团队，有自己的群体，彼此各行其是，和平共处，互不侵犯。它们忽上忽下，忽东忽西，一会擦着水面，一会飞向空中，悠闲自得。“翻空白鸟时时见”，让人不由得想起高尔基的《海燕》：“在苍茫的大海上，狂风卷集着乌云。在乌云和大海之间，海燕像黑色的闪电，在高傲地飞翔。一会儿翅膀碰着波浪，一会儿箭一般地直冲向乌云。它叫喊着。就在这鸟儿勇敢的叫喊声里，乌云听出了欢乐。”

湖面是鸟的世界，是因为在湖的中央，有一个小岛，小岛就是它们的安乐窝。小岛不大，圆圆的，说直径，也就百十来米宽。巴掌这么大一块面积，从水边到里面，长满了一株株柳树。远远望去，那真是一团奇特的绿，浓极了，好像随时都会融到湖里。这么一个绝好的去处，水鸟的幸福指数自然是很高的。

观湖，观的是景，养的是心。我写这个段子，便是想让我们的花木经营者，有机会了，一定要放松下来，好好地欣赏一下大自然那湖，那山，那水，那林。我想，这于经营，于身体，于修身养性，于打造美好生活，都会大有裨益的。

那一潭湖水，好美！

2011年11月29日，晨

说 雪

2011年12月2日，也就是昨天，真是不得了，北京下了一场大雪。我之所以当一回事，是因为这是北京入冬以来的第一场雪。在此之前，阴过几次天，但连一粒雪渣都没有掉过。这雪，下得有点突然。

前天晚上天气预报说，第二天是晴朗的天气。昨儿早上，6点来钟，我下楼去遛小狗，天像往常一样，黑乎乎的，并没有什么下雪的迹象。

但到了早上8点多钟，情况就大不相同了。我写完稿子，抬头一瞧，挂着厚厚窗帘的玻璃窗的边沿，照进一缕亮闪闪的银光。我立刻感觉出外面有点什么变化，走到阳台，拉开窗帘一看，哦，下雪了，而且是好大的雪啊！我住的高，在22层，视野辽阔，只见一眼望不到边的皆是白色。白得耀眼，白得祥瑞，白得喜悦，白得如歌如舞，白得如泣如诉，白得叫人欢呼，白得叫人心旷神怡。

那雪势头好猛，洋洋洒洒，纷纷扬扬。唐·宋之问《苑中遇雪应制》云：“不知庭霰今朝落，疑是林花昨夜开”。真是有那么一点意思，光秃的树枝确实好像盛开了雪白的花朵。

打开窗子，几粒雪花俏皮地打在了脸上，痒痒的，凉凉的，顿感心田之宁静，呼吸之畅快，如同濡染了一丝吉祥的瑞气，让人向往将要到来的新的一年。因为，瑞雪呈祥，大吉大利，平平安安。

雪，是雨的另一种表现形式。雨，特别是没完没了的淫雨让人心烦意乱。如果出门是泥土地，那可糟糕透了，雨带来的满地都是泥泞，行走很是不便。但雪就不同了，在寒冷的冬季，它是固体的物质，洁白无瑕，看得见，摸得着，在融化之前，是不必担心满脚都是泥巴的。

雪，是我儿时的最爱。我们家有个大院子，大约1亩地那么大。但却有4户人家居住，都是一个爷爷的后代。我们家，叔叔家，还有两个叔伯家的哥哥。那时，没有计划生育，谁家，都有三五个孩子。三个孩子一台戏。更何况是十几个孩子呢！真是热闹。冬天，一下雪，是我们这些孩子最为喜欢的时候。大家在雪地里，比赛谁堆雪人多，谁堆雪人大。胜者，大人会奖励一个煮鸡蛋。那时候吃个煮鸡蛋，比现在吃龙虾鲍鱼还不容易。因为，一家人打醋买盐的钱，都指望家里那几只鸡下的蛋呢！

那会儿，争个鸡蛋吃还不是我的最爱。最爱的是在大雪纷飞的日子里，跟李大爷去打猎。李大爷跟我们家仅一墙之隔，就住在北院，是一种邻里关系。

李大爷是我们村里的大能人，会做木匠活，谁家打个桌椅板凳的都找他。他还会烧一手好菜。谁家娶媳妇办满月的都找他当厨子。但他酷爱打猎。遇上大雪天，谁家有事也不敢去麻烦他。因为乡亲们都知道，这时候你是请不动他的，爱谁谁。因为在这大有“千里冰封，万里雪飘”的洁白世界里，野兔子出来找食，会留下一串脚印儿。他肯定要扛着他心爱的猎枪，脚穿白色毡子筒靴，腰里别着一壶白酒，行走于白茫茫的银色世界里。即使什么收获都没有，他也乐此不疲。

每到这个时候，我就早早来到李大爷家，等他，跟他去打猎。能打到2只野兔子，李大爷总是甩给我1只。倘若只是1只，炖了，就让我跟他一起到家里吃。李大爷心软。有一次，他看我没戴手巴掌（手套），就对李奶奶说：“给孩子找一副手巴掌，小手正长着呢，说不定这孩子将来是耍笔杆子的，要是冻坏了咱可担当不起！”李大爷这番话到现在我还记得。那时候，村子里穷，干一年活儿，刨去口粮，不欠生产队的算是幸运人家。因此，家里要是多出一副手巴掌可不是一件容易之事。

“江山不夜月千里，天地无私玉万家”，这是元朝黄庚的诗句，歌颂了雪的无私品质，其实，李大爷待人的品质，比雪要高贵得多呢。

瑞雪兆丰年，雪是最有益于植物生长的。我儿时，冬季一到雪天，就赖在被窝里不起；而大人则是照样要出工的。

冬季属于农闲，平时大人出工主要是挖河泥，第二年播种时当肥料使用。到了雪天，冰上盖满了白雪，河泥挖不成，我们的老队长也有办法，让社员去路上铲雪。从村里，一直铲到田间的小路。路有多少条，就分多少组。这比我们孩子堆雪人要实际得多。

铲雪，一是清路，但最主要的目的是将小路上的积雪铲得一点不剩，都堆到麦田里。为了给麦田多堆上一点雪，老队长甚至要求，路两侧沟里的雪也要铲净，堆到麦地里。老队长说得好：“那白花花的雪，就是白面。”他说的话确实有道理。次年开春，凡是堆满积雪的麦苗，都返青早，而且苗子长势也壮。苗壮，小麦的产量自然就高。

前些年，看梁实秋先生的散文《雪》，也讲了类似的例子。只不过他说的不是乡下的麦田，而是他庭院前的芍药，还有玉簪什么的。梁先生说：“冬日几场大雪，将雪扫集起来，堆在花栏、花圃上面，不但使花根保暖，而且春雪融成了天然的润溉，大地回苏的时候果然新苗怒放，长得非常茁壮，花团锦簇。”

唐·韩愈云：“谁将平地万堆雪，剪刻作此连天花。”雪不仅美，是大自然无私的馈赠，是老天对大地的一种深情，雪还可使农作物高产，使花苗茁壮。因此，我们的苗圃，当大雪降临之后，应组织员工，将路两侧的积雪铲到树棵下面，堆积起来。如果是大规格的苗木，还可深入到地里，将行距之间的雪堆到两侧的植株下面。雪多，不仅可以滋润树木，还可冻死病虫害。

不要以为这是一件小事情。勿以善小而不为。小事情，可有利于我们苗木的健康生长啊!

下雪真好。

2011年12月3日，晨

说 雾

冬日的天气有点似孙猴子的脸，变化多端。大前天，瞅不冷的来场大雪，次日却是一个朗朗的大晴天，但转过一天，到了晚上却是大雾弥漫京城。

当时，我推开窗子从高楼上往下一看，能见度几乎是零。1个多小时前，鳞次栉比的楼群，热闹的街市，路上多的像堆积木似的小汽车，还被灯光照射得格外清晰耀眼.但不动声色的大雾来了之后，便把这一切都吞噬掉了。天和地，地和天，都笼罩在一种白茫茫的颜色之中，很是神奇。

我伏着窗口，直距离地往下俯视，才模模糊糊看到擦着楼边的地面上有两点微弱的灯光，好像是隔着十万八千里似的。

昨天看电视，电视打出的字幕是：京城大雾突袭。

雾和雪一样，也是水的另一种形式的反映。按照科学的解释：雾是空气中的水蒸气发生的一种凝结现象，或者说是因地面热量散失，空气冷却，水蒸气达到饱和状态下凝结形成的。雾主要发生在晴朗、微风、水汽比较充沛的夜间或者早晨。这时，天空无云阻挡，地面热量迅速向外辐射，靠近地面层的空气温度迅速下降。如果空气中水汽较多，达到饱和状态，就会凝结成雾。

在我儿时的印象中，初冬时节，乡村的早上是非常美好的，就是因为此时不缺少雾气的缘故。走出村子，皆为开阔的田野。一条条小路，纵横交错。两侧，时不时还有一道道弯曲的沟壑。沟壑里，一年到头是少不了水的。河水，此时早已结成了白花花的冰面。田地里，是一垄垄发绿的麦苗。挂着白霜的麦苗是被石磙子碾压过的，为的是保暖。

这时候，随着东方鱼肚白的出现，田地里，冰面上，隔那么一尺（30厘米）多高，会在不知不觉中升起一层薄雾，似轻纱，如绸带，静静地，缓缓地，在上面漂浮着。村子里，不时传来几声狗叫，几声鸡鸣。远处，不时可以看到一两个出来搂草拾柴的人影。空气有点潮湿，有点清凉，吸上一口，五脏六腑都像是被滋润过的。世界仿佛是在幻觉中，一切都是那么静，那么美。

“清晨雾色浓，天气必久晴”。这种如水墨画似的景色，会一直维持到火红的太阳出来。因为，万物均起于“有”，也终于“无”。

我儿时，对雾印象最深的是在我家的锅台前，因为能饱口福，更为实际一些。

那时候，在乡下，平时是吃不上白生生的馒头的，能吃饱净面窝头算是阿弥陀佛了。但苦了一年，过年就大不相同了。

“腊月二十三，窗花贴；腊月二十四，蒸馒头”。母亲这时候蒸馒头，总是要换大锅蒸，而且要连续蒸两锅，管一家人吃个够。即便如此，第一锅的锅盖还没打开，我已经在那儿转个不停了。

到现在，我还清晰地记得，当锅盖掀开，一团白花花的水蒸气裹着香味，便从蒸锅中弥漫开来，随之，会飘满了屋子。白生生的馒头，看上去都是朦朦胧胧的。母亲随之会扬手驱散蒸腾的热气，然后，再在馒头上面点上一个梅花状的小红点，很是喜兴。

但我像一只饿坏了的馋猫，怎么等得了？她的手没有扬起来，我的小手已经迫不及待地伸进了锅里。此时，母亲便心疼地说道：“着什么急啊！雾气腾腾的，小心烫伤了手！”

苦后盼来的甜是最为甜美的。这甜，当时就是一个散着雾气腾腾的大馒头。

而如今，日子好了，整天吃馒头吃腻了，就总想换个窝头吃。一切皆来得容易，当年那种因为雾气带来的美好感觉也就随之消失了。

雾天，出行是要特别注意的。因为这样的天气开车或者是拉苗子都是有危险的。这道理虽然谁都清楚，但我还是提醒您，小心为妙，切忌有侥幸心理。

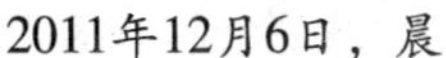

2011年12月6日，晨

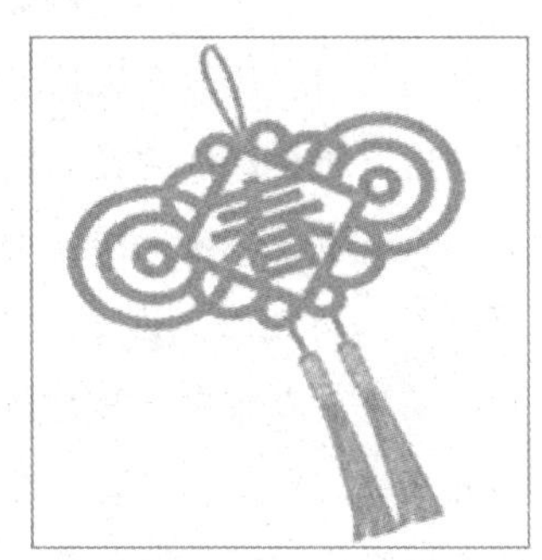

说春节

总有一种力量让我们倍感温馨，总有一种力量让我们激动不已，总有一种力量让我们热泪盈眶，总有一种力量让我们抖擞精神，这就是春节。

春节的脚步越发地近了。这是2012年的春节，到处张灯结彩，到处贴的是红艳艳的春联，到处都是喜气洋洋，到处说的都是过年的话。

今天是腊月二十八，明天就是大年三十，后天就是春节了。明天按说应该是腊月二十九，怎么就是三十了呢？因为翻翻台历就知道，今年腊月是小月，没有大年三十，节奏变快了，直接跳到了春节。

一年中，节日很多，但最隆重的最有节日气氛的要算春节了。春节文化已经成为中华民族文化的最重要的代表之一。春节有着各式各样的风俗，如备年货、贴春联、放鞭炮、守岁、拜年、给压岁钱等。正是这些风俗，让春节显得如此丰富多彩。我查了一下资料，春节自汉武帝太初元年始，以夏年（农历）正月初一为“岁首”（即“年”），年节的日期由此固定下来，延续至今。

在民间，传统意义上的春节，是指从腊月二十三或二十四开始，人们便开始“忙年”：扫房屋，贴春联，剪窗花，洗头沐浴、采购年货等等。所有这些活动，有一个共同的主题，即“辞旧迎新”。人们以丰富多彩的盛大的仪式和热情，迎接新年，迎接春天的到来。

过春节，汉族、满族和朝鲜族的风俗习惯差不多，全家团圆，吃年糕、吃饺子以及各种丰盛的饭菜。

在我看来，过去过春节，过的是物质，现在过春节，过的是精神。

说过去春节过的是物质，是因为那个年代物质太贫乏。我记得我小时候，平时穿的是露着棉花的破棉袄。但快过年了，就不同了。年景好一点，家里能分个百十来块钱，母亲就会把我全副武装起来，给我做新棉袄、新棉裤、新棉窝（棉鞋）。要是分不了几个钱的年景，母亲手里的钱再紧巴，也不能让街坊笑话，总要扯上一块布，给我做件新单衣，套在旧棉袄的外面。街坊看见了，爱逗乐子的会说：这孩子，真像个新姑爷。不仅如此，快春节时，手里的零花钱也有了。母亲总会在我买油打醋时，手比平时松了许多，多给我个一毛两毛的，让我去买玻璃弹球。因为到了冬天，小伙伴们在一起玩，最大的乐趣就是弹玻璃球，还有比谁的玻璃球多。吃的方面，就更是大变样了。平时，都是熬菜，连个油星见不到。再有，棒子面窝头能吃饱肚子算阿弥陀佛了。而过春节就不同了。那几天，顿顿可以吃白花花的大馒头，吃的菜，都是一咬就流油的炖猪肉。因此，每到过年，我总会想，又有新衣服穿，又有炖肉馒头吃，要是天天过年多好啊。每每，我把这样的心思亮了出来之后，母亲总是说：谁说不是呢！所以，那时候过年，就等于有馒头吃，有肉吃，有新衣服穿。如今，改革开放后，我们的生活发生了天翻地覆的变化。当年过年的那点企盼算什么呀？顶多算个芝麻。按宋祖英歌里唱的，现在，天天都是好日子。

我在想，如今，物质丰富了，而且是极大的丰富，过年，我们除了沿袭老习惯，贴对联，吃饺子，放鞭炮等，更多的，需要的是一种浓浓的温情。这温情，有亲情、友情、同学情、恋人情、朋友情。实现这个情，那个情，方式是多种多样的。近的，可以互相拜个年，可以在一起吃吃饭，可以在一起喝喝茶聊聊天。远的，可以在网上互祝问候，可以互相打个电话。最省事的，还可以用手机互相发个短信。总而言之，不要忘记利用这个机会，向你认识的人，向你亲近的人，向给过你帮助的人，包括伤害过你的人，送去最美好的祝福。这美好的祝福，会把彼此的心贴得很近，会把彼此的隔阂抹平，让世界变得更美好！

当然，这些情也包括我们的花木企业。做老板的，要给员工拜年！如果当老板的能登门给员工全家拜年，则更好不过了。当然，做员工的，也不要忘记给老板拜年！有了这份浓浓的情谊，大家拧成一股绳，还愁来年企业不兴旺发达！

最后，我要送给大家一份祝福：

祝您龙年好事接2连3，心情4季如春，生活5颜6色，7彩缤纷，8（发）点洋财，烦恼抛到9霄云外！请接受我10心10意的真诚祝福！

明天就是大年三十了，别忘了拜年啊！

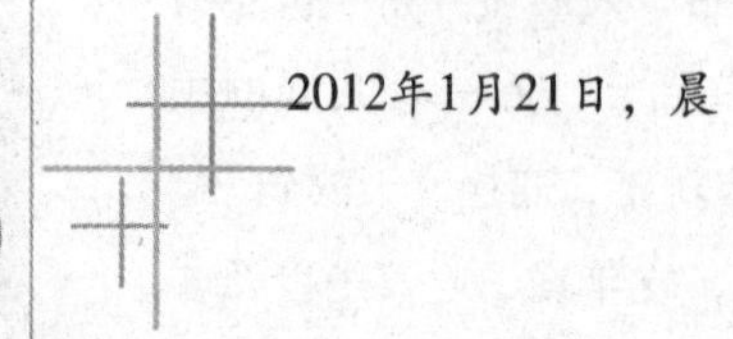

2012年1月21日，晨

说 雨

雨是神奇的。

我在浙江临安一座山峰的小屋中看到过一幅山水画。画中提的诗句是：“雷声千嶂落，雨色万峰来。”这句诗出自明朝李攀龙之手，我很是欣赏它的大气磅礴，一直想用在文章里，但又苦于找不到合适的机会。昨晚上，我吃过饭，正在看新闻联播，忽然窗外雷声滚滚，继而大雨倾盆。我伏在窗前往下看去，在明亮的路灯下，出门没有带雨具的人们，都像慌了神似的使劲往家中奔跑。我忽然觉得，此时不正是“雷声千嶂落，雨色万峰来”的情景吗？

虽然身居闹市，没有重峦叠嶂的山峰，但意境是同样的。这种情景在夏日是很平常的，不怎么新鲜，但眼下是4月下旬，正是“海棠初雨歇，杨柳轻烟惹，碧绿茸茸铺四野”的春季。春季本来就少雨，淅淅沥沥都很宝贵，要不然怎么有“春雨贵如油”“天街小雨润如酥”的名言。因此，即使下雨，也是“随风潜入夜，润物细无声”，更别说是“大雨倾盆”了。这个月份下大雨，雨水满街流，上天真是够慷慨的！

雨是好东西，是一种从天空降下来的水滴，属于自然现象，是人类和动植物赖以生存的必要条件之一。诚然，降雨也是我们苗木生产不可缺少的条件之一。

2011年春，我到山东威海奥孚集团李元的苗木基地，这方面的感受很深。他有6000亩地，都是标准化种植，苗圃分几个地方。这几个地方我都看过了，离大海几十千米，土地都是高高低低的丘陵地带。但每个苗圃，沟壑里都有往年积下的雨水，形成一个小水库，因此用起水来很是方便。

我说：“你倒会选地方，好事都让你赶上了，浇水不用发愁。”

李元一笑说：“这也是我刻意的结果。养苗木没有水源不成。没有水源，再便宜的地我也不租。有时候，看上一块地，宁肯贵一点我也租。”

李元说的极是，有了丰富的水源，苗木生长就有了可靠的保证。缺了水源，就等于无米之炊，标准化种植搞得再好也是白搭。我曾看过一个苗圃，地是一个高岗子地，浇水很不方便，要从2.5千米外一个地方调过来。即便打井，地下水位也相当低，很难打出水来。

这样的地方生产苗木，倘若想浇水跟得上，成本之高可以想象。

这两三年，人力和各种生产资料成本全面上升，而且这种趋势还在发展。在此情况下，我们就要充分的利用雨水，让雨水帮忙，从而减少经营成本，这已经是不容忽视的问题。

记得去年我去过一个苗圃，那天天气阴沉沉的，两个小伙子正在地里手持皮管子浇水。我说："我出门前听天气预报说，下午有中雨。你们为什么还浇水啊？"小伙子们说："嗨，这是头儿派的活儿，叫我们浇就浇呗！"我一时无语。

那天下午，果然下起了中雨，而且持续的时间很长。如果我们苗圃的负责人及时地看天气预报，灵活机动地派活，视具体情况浇水，不就节省了一点吗？老天下雨，帮我们浇水，比人工浇水好上不知有多少。

也许有人说，这是芝麻大的小事，不足为奇。但一个苗圃，在这里节省一点，在那里节省一点，我们的经营成本是不是就可以降下来很多。集腋成裘，聚沙成塔，讲的也是这个道理。由此说来，让雨水为我们服务，只是道出一个很小的例子而已。

2012年4月19日，下午

说　茶

眼下是盛夏，正是花木业相对比较清闲的时候。搞苗木种植的，主要是养护工作，不是销售的高峰，因此在这个时候说说茶，轻松一下，惬意一番，您该不会烦吧。

茶不是生活必需品，是一种饮料，但就是这种看似普通的饮料，中国人没有喝过的几乎凤毛麟角。按梁实秋先生说，茶字，形近于荼，声近于槚，来源甚古。是的。口干解渴，唯茶为上。过去计划经济，日子非常贫穷的时候，醒来七件事："柴米油盐酱醋茶"，也没有缺了茶，少了茶。如今，我们实行改革开放，经济持续快速发展，日子好过了，讲究生活品质，醒来也有七件事：肉蛋奶菜果茶花。内容虽然发生了巨大的变化，讲究营养均衡，但这其中，茶仍是不可或缺的。

我对茶有好感，觉得喝之舒服，大概是从十三四岁开始的。记得，那是在干妈家。初夏，麦子收过之后，雨季来临之前，凡是住土房的人家，都要抹上一层花秸泥，以防下雨房子漏水。所谓花秸泥，就是掺过麦秸的泥巴。这样的泥巴，有拉力，耐冲刷。干妈家的房子也是土房，自然每年也是要抹的。干这种活儿，都是晌午。吃了午饭，趁歇晌的工夫，找来五六个人帮着抹房顶。这活儿属于力气活儿，都是成年男人的事，小孩子是干不了的。干妈就让我给沏茶倒水，打打下手。茶是茉莉花茶。高沫儿，最便宜，9毛1斤，但味道不差。即便如此，这在乡下，当时也是奢侈品了。晌午，太阳毒辣辣地顶在头上，一会儿工夫，光着的膀子的汉子们就如同洗过一般，水淋淋的。口干舌燥，渴了，他们就会顺着梯子从房上下来，围着桌子抽烟、喝茶。茶碗因为都是吃饭的大碗，喝着痛快解气。端起碗来，眨眼工夫，一大碗茶就已经灌下肚里。紧接着，转眼工夫，一大碗又喝个一干二净。这时候，大人们会抹抹嘴唇，猛吸两口旱烟，脸往后一仰，表现出无比舒服的样子。干妈看我瞧着别人喝茶眼馋，就说："小子，想喝是吧。想喝就来一碗，茶干妈管够。"我听了自然非常高兴，乐得屁颠屁颠的。在家里，是极少喝上茶的。家里也有茶壶，磁的，非常漂亮，是母亲的陪嫁品。但因为家里经济拮据，一年到头，见不到钱毛儿，茶壶里灌的总是白开水，除非家里来亲戚，或者过大年三十。这种日子，直到我进城参加工作才宣告结束。

如今，茶是不缺的。有需求，就有供应。大约10年前，北京广安门外马连道开了一家茶城，由于适应了时代潮流，从此北京的茶城变得多了起来。马连道地区，起码就有七八家茶城。不仅如此，连周围的马路两侧，也都如潮水一样，到处成了茶的专卖店。可以这么说，有集贸市场的地方就有茶卖，有花卉市场、工艺品市场的地方就有茶城。就连我们村子，近两年也开了两家卖茶的店铺。

茶是琳琅满目，丰富多彩的。如今，在中国任何一个省市，甚至是县镇，云南的普洱，黄山的贡茶，福建闽南安溪的铁观音，福建闽北的大红袍、还有闽北属于红茶系列的正山小种、金骏眉，苏南的碧螺春，杭州的龙井，台湾的乌龙茶，还有北京的茉莉花茶，都可以轻而易举地买到。

我由于工作的关系，走南闯北，虽然喝茶从未有过两腋生风的感觉，但天南地北的名茶，倒也喝了不少。云南的普洱，属于黑茶的范畴，近些年非常盛行，甚至成为一种时髦。我第一次接触普洱，喝上普洱，是女儿从云南旅游时买回来的。她说："你喜欢喝茶，我给你带来一盒普洱。"我打开一看，是个圆圆的饼子。掰开一块，泡过之后，一喝，有一种怪怪的泔水味道，难以下咽。就如同外来的人在北京喝豆汁，有一种酸酸的怪味那样，实在难以接受。趁女儿不在的时候，我弃之垃圾桶。后来跟文友冯庆生先生一说，才知道普洱是时下很流行的一种好茶。他说，接受新生事物要有个过程，不能用排斥的态度对待啊！冯先生说的极是。如今，我对普洱，特别是熟普洱，已是相当的喜欢了。到冯先生家，茶台上摆有各种各样的茶。他问我喝什么？我总会说，把你最好的普洱请出来吧！这时候，彼此就会莞尔一笑。

前些天，我到山东昌邑去，在市林业局局长李方明先生的办公室，他请我喝老茶头。我们是老朋友，说话不用拐弯抹角。我说，我不喝老茶头，我喝你的普洱。李先生说，你真老外，老茶头就是熟普洱中的一种。我喝过之后，果然味道醇厚，绵软可口。他还告诉我，老茶头是指普洱茶在堆积发酵时结成的一种块茶。在这个过程中，茶叶会分泌出一些果胶来，因为果胶是比较黏稠的，所以有些茶叶就粘在一起，变成一团一团的疙瘩。等茶叶发酵完毕后，人们就会把这些一团一团的茶叶疙瘩挑拣出来，用手把它解开，然后放回到茶叶堆里。有的实在粘得太牢固，解开的话会将茶叶弄碎，只好另外放成一堆，变成了"疙瘩茶"，所以称之为"茶头"，倘若年头已久，便称为"老茶头"。因为老茶头口感好，加之耐泡，又便于长期储藏，回京后，我赶紧到茶城称了2斤。

大红袍也是我喜欢喝的。这种茶，与铁观音一样，属于乌龙茶的一种。有一年，我在中南海彭冲副委员长家里做客，喝过一次好的大红袍。他和他的夫人骆平女士都是福建人。骆平用家乡上乘的大红袍招待我，茶汤又红又亮，碗边沾过茶水，立刻就会挂上一层油似的附着物，口感极佳，自然不在话下。前几天，山东临沂齐鲁苗木网的总裁刘海彬先生来京看我，知道我好喝这一口，就带来两盒上乘的大红袍。我让我家楼下经营茶叶店的邴立蓉大姐品尝。她在泥壶里放上茶叶，注入开水，然后拿起壶盖，只是闻了闻，便盖棺论定，说了两个字："好茶！"大红袍尽管是好茶，但我喝得最多的时候还是冬日，因为它有一定的暖胃的功能。夏日，喝得最多的还是绿茶、花茶，以及有绿茶感觉的铁观音。但昨天在我们附近一个小区，见到茶室的老板刘春霞女士，她说，她一年到头都喝大红袍。尤其是女性，一般胃都偏寒，因此常喝大红袍还是很不错的，并非要受季节的限制。为此，她在大门外还写了这样一副对联：茶能醉人何须酒，情系茶缘健康来。据说，每天喝一升乌龙茶，还有抑制胆固醇上升的效果。

好茶，还要配有好的茶具、茶饰。当然，喝茶时，特别是与三四个好友相聚时，与茶相配的各种茶碗、茶宠，包括小吃、甜点，是不可缺少的。倘若再有鲜花相伴，情趣会更加浓郁。

茶，斟而细品之，除了可以解渴、祛暑，还可以修身养性。我在《说夏》一文中说曾说，夏日，易烦躁，须静心，而常喝茶，就是一种很好的静心方法。

陆游云：归来何事添幽致，小灶灯前自煮茶。瞧，我在写作此文时，身旁就有盖碗茶一杯相伴。茶会带来一片清凉。多么美妙的事啊！

2012年7月12日晨

说 夏

一年四季，春夏秋冬，季相分明。其中这夏是热的。眼下是7月中旬，过了小暑，北京开始进入盛夏，有1个月多的时间。这1个多月，是最为难熬的日子。

广阔的天空，悬着火球似的太阳，云彩不见了踪影，好似被太阳融化了，消失得无影无踪。知了在树枝间不停地嘶鸣，狗儿伸长了舌头无休止地喘着粗气，鸟儿也都躲进了浓荫中不敢露头。人别说行走，就是坐在原地，都会顺着脖颈往下淌汗水。准备过马路的人们，在烈日暴晒下等待绿灯更是度分如时，备受煎熬，恨不得把地表撕裂一条缝钻进去。永日不可暮，炎蒸毒我肠。整个世界，气压很低，空气湿漉漉、黏稠稠的，好似扣上一个蒸锅，使人喘不过气来。即使阴天，也是如此。这就是人们常说的桑拿天。这种情景，受热岛现象的影响，似乎一年甚过一年。

我小的时候，印象中是没有这么热的。也没有热岛现象，连做梦也没有听说“热岛”这么个词。当然，那时候也没有这么多的高楼，没有这么多人，没有像蝗虫似的那么多汽车，自然也没有那么多的喧闹。

那时候，出了安定门往北，几乎就是满眼绿色的青纱帐，只有蝈蝈叫、知了鸣，到处都是静悄悄的。夏景天儿，是我们孩子最喜欢过的。中午，吃过饭，一抹嘴，就光着小脚丫出了村子，跟小伙伴跳到河里，打起了水仗。小河紧靠集体的菜园子，渴了，爬上岸，摘根顶花带刺的嫩黄瓜，扔到河里吃。大人们也没有午睡的习惯，都拿个铺垫，坐在大树下纳凉。大姑娘、小媳妇不是纳鞋底，就是绣漂亮的花朵。老爷们儿们抽着旱烟，喝着高沫儿 (一种最次的花茶)，谈天说地。这儿一群，那一伙儿，嘎嘎的笑声，不时从大树下响起。贫穷的日子，依然是过得那么快活，幸福得似花一样。卧在主人一旁的大黑狗、小黄狗，都兴高采烈地甩起了尾巴。

但这一切只能停留在梦里，停留在记忆里。历史毕竟是向前发展的。我们那个小村子，据北京城50余华里，但现在已被快速扩展的城市融合了。农民没了土地，没了庄稼，按过去的说法，吃的是商品粮，成了没有居民身份的居民。到处是工厂，到处是餐厅。村子，还成了远近闻名的饮食村。

夏日，就是热。但不同心境人看法是不尽相同的。我在写这篇小文前，曾问过一个经营苗圃的朋友，她对燠热的炎夏有什么感受？她爽朗地呵呵笑了，随后给我发来一条短信。短信写道："夏天是热情奔放的，不用穿着厚厚的衣服。女孩子可以穿漂亮的裙子，可世界地转悠。还有，置身在苗圃里，望着一行行的树木，瞧着满眼的青翠浓绿，极富旺盛的生机，苗壮健康地成长，呵呵，心里不知该有多么的舒服！"

是啊！正是这让我们流汗的炎热夏天，姑娘们可以穿上漂亮、轻柔的连衣裙，露出雪白的肌肤，千娇百媚，显示出优美的身材；先生们都可以穿上潇洒的T恤衫和短裤，漫步街头，一身的轻松。孩子们随时都可以吃到香甜可口的雪糕、冰淇淋。小孩子们还可以游泳。虽然只能在游泳池里游泳。但龙腾虎跃一番，也可以打打水仗，扎几个猛子，都是很有趣的。

我们的树木，我们的花草，还有我们的庄稼，更是欢喜得不得了。它们正是在这高温酷暑的帮促下，才快速地催生成长。一个同样是搞苗圃的朋友告诉我，在盛夏一日的深夜，有一次，他趟着浓重的露水在苗圃里徜徉，突然听到植株拔节的声音，虽然声音很轻，但清晰可辨。

我家有个小院，院子里种了两株红玉兰。初春时满树花朵，花朵飘落之后，满树是翠绿的叶子。但到了盛夏，浓绿肥大的叶子中间，会再次绽放出一朵朵玫瑰红色的花朵，非常的惹人喜爱。我一回去，自然在开有花朵的玉兰树下，支张小桌，品茗喝茶一番，这时候，总有左邻右舍前来凑趣。

七月中旬，我曾到一个儿时的同学家串门儿，也深有感触。一进院子，迎面是一个瓜棚，棚架上已经爬满了瓜秧，枝杈间，绽开着一朵朵喇叭状的花朵。但1个多月之后的8月下旬，我再次来到他家，棚架下的花朵不见了，取而代之的是十几个大南瓜，硕果累累，一派丰收的景象。我惊喜。同学说，"这要感谢酷暑天儿，没有这酷暑天儿，我这棚子也不可能结出这么多的瓜来。"

是啊！我们要由衷地感谢大自然，赞美这炎热的夏日！是一个又一个夏日的积淀，才使得我们的花木茁壮成长，才使得秋日有瓜果飘香、五谷丰登的醉人景象。夏日，多出点汗不算什么。出汗，可以促进新陈代谢；出汗，可以排毒养颜。

这是心境好的人的看法。心境好的人，任何情况下都会乐观地看到积极的一面。

而心境不好的人，总是望着这汗流浃背的夏日唉声叹气。除了烦躁，就是焦躁，把夏日看成如魔鬼一般。遇到芝麻大的小事不如意，也会怒气高涨，大发脾气。一个人发怒的时候，纵使平时面似鲜花，纵使长如西施一般美丽，肌肉也会扭曲，样子也会很难看的。“怒从心上起，恶向胆边生”。怒是心理上的一种反映。因此，在这夏日，我们要调整我们的心态，一切从积极的角度看待世界，看待大自然，看待我们所有面对如意或不如意之事。

“接天莲叶无穷碧，映日荷花别样红。”没有一个好的心境，杨万里也不可能写出那么优美的句子。

夏日，静心最重要。

2012年7月10日，下午

朝阳岩小记

2011年12月下旬，我在湘南地区的永州零陵停留，抽空到朝阳岩转了转。那真是一个绝妙的好地方。朝阳岩又名西岩，位于永州零陵区潇水河的西岸，一处悬崖绝壁处。因面朝东方，故而得名。

永州，读过柳宗元《捕蛇者说》的人对这个地方并不陌生。唐朝时，这里属于南蛮荒芜之地，是柳宗元发配的地方。唐代宗永泰元年（765年），当时的道州刺史、著名诗人元结（719~772年）带兵途经永州零陵，发现了朝阳岩。他乘坐小舟到了崖下，喜其山水佳胜，因其岩口向东，特取名为“朝阳岩”，并撰《朝阳岩铭》及《朝阳岩诗》，刻于石上。

柳宗元贬居永州期间，亦常到此游览，留有《游朝阳岩遂登西亭二十韵》《渔翁》《江雪》等诗，其中有“渔翁夜傍西岩宿”之句，故又称“西岩”。其后，历代多次修建，并保存有唐代以后各个时代的重要题刻。

朝阳岩由岩顶、上洞、中洞、侧洞4部分组成。岩顶镌有“何须大树”4个字，为清代书法家何绍基题刻。上洞东侧石上刻有元结所作《朝阳岩铭》《朝阳岩诗》，清邓守之篆书。西侧石壁，刻有黄庭坚和杨翰游朝阳岩的诗，另塑有黄庭坚像。中洞即朝阳岩，又名流香洞。洞口石壁刻有宋张子谅所书的“朝阳岩”3个大字。洞中左右石壁、形如半环，有泉自岩石罅中流出，水声淙淙，至冬不涸，泻入洞前深潭。我往洞里走了走，黑漆漆的，深不可测。侧洞在流香洞之右，相距数丈，洞不甚深，略有岩石之胜。岩侧石壁上，有明代人摹刻柳宗元的《渔翁》诗句。

朝阳岩，山峦青翠，水石幽奇，绝岩深洞。当朝霞初升之时，烟光石气，激射成彩，还素有“朝阳旭日”之称，为永州八景之首。可惜这么好的地方，周边显得有些荒芜。倘若开发一下，可是一个很不错的休闲园林景观，既保护了古迹，又可产生很大的经济价值。

2012年1月12日，晨

云台山的神奇

云台山在河南省的焦作市。具体点说，是在焦作市区的北面，稍微有点偏东，约40多千米远。昨日，我与海南省三亚市林有炽、乔顺法、陈业思等几位先生一起到了焦作。焦作市接待的人说，焦作有“四名”，概括说就是名山、名人、名拳，还有名药。所谓名山，指的就是云台山。他还说：云台山是焦作的骄傲，属于国家级自然风景区，你们来了，一定要去看看。大家听了，自然都兴致高涨。

自古道：泰山天下雄，华山天下险，恒山天下幽，嵩山天下峻，衡山天下秀。这些名山大川，我多数去过。每次去后，都感到大自然很是神奇，有种“一览众山小”的感受。而我们去的云台山红石峡则不同，让你感受的是大自然的另一种神奇，这便是峡谷的神奇。

到了云台山，陪同的人说，云台山是太行山的一部分，这里算是南太行。太行山到了云台山这里，就拐了弯，向西延伸了。当然，这要从空中俯视去看，置身在云台山，你是看不到的。云台山在古代就是知名的地方。三国魏晋时代的“竹林七贤”就隐居于此山下的竹林中。“竹林七贤”是当时玄学的代表人物，大都“弃经典而尚老庄，蔑礼法而崇放达”，生活上不拘礼法，清静无为，聚众在竹林喝酒、纵歌。《世说新语·任诞》载：“陈留阮籍、樵国嵇康、河内山涛三人年皆相比，康年少亚之。预此契者，沛国刘伶。陈留阮咸、河内向秀、琅琊王戎。七人常集于竹林之下，肆意酣畅，故世谓‘竹林七贤’。”

从上面看，看到的是一些平顶的山，山与山之间是很深的峡谷。我们这回到的，就是山间的一个峡谷地带。

走了没几步，看到一个牌子，上书“红石峡”3个字。在峡谷的一侧，有一个人字形褐色建筑，是入口的收费处。过了收费处，迎面便是一座大桥。从峡谷的这一侧到那一侧，也就是100多米。这一段，算是开阔的，两山之间好像张开一个口子。顺桥往北望去，弯曲的峡谷越来越窄，窄的地方似乎就是一道缝。

走到桥的中央，顺着桥栏杆往下一望，吓了我一跳。峡谷好深，大有万丈深渊的感觉，褐红色的石壁，处于垂直状态。惊奇的是，在桥上往北望去，谷底里，不管是宽处，还是窄处，可以清晰地看到白花花的水流。在桥上扭过身往南望去，情形变了，看到的谷底，却是干枯的，除了乱石还是乱石，但哗哗的水声依然如故。只闻其声，不见其水，好生让人不解。陪同的人笑说，这就是自然的奥妙了，水从桥的这一侧，就开始进入暗河了。桥修得真是妙不可言。在这里搭建，不仅可以通向对岸，还掩饰了自然界的一个秘密。

我们过了桥，沿着山道行走，红石峡那几个字几乎遗忘了。因为，眼前小路的两侧，触手可摸的都是葱茏的植物，还有覆盖表层的地被植物。植物最多的是灌木，很是浓密，你挤着我，我挤着你，有正在开花的，还有不见开花的。瞧见最多的是荆条，还有黄栌。荆条，华北的山坡上最多，夏日开紫色的小花，一嘟噜一嘟噜的，花开的时候，会招来许多蜜蜂。蜜蜂酿成荆条蜜，那蜜可香甜呢.！黄栌可称得上大自然的美容师，与北京香山的相同，春夏是不起眼的，但到了秋天，霜一打，就变成为火红色，山峦一下子漫山红遍，美极了。我认识的植物虽然不多，但对于远道而来的海南岛的朋友来说，我也勉强可以班门弄斧了。因此，当三亚电视台的小张，好奇地揪着叶子，问我这是什么植物，那是什么植物时，我自然也是有问必答。当然，原则是知之为知之了。

我们在层峦叠嶂的山里就这么走着，情况很快发生了变化。因为往下拐了几个弯，就快就下到谷底了。贴着石壁沿着栈道由北往上走，伴随身边的就是哗哗的溪水。一路走，一路的溪水。掬一口，既甘甜又清凉。沟里北高南低，因此我们等于是逆流而上，真是觉得很有意思。

沟谷是弯曲的，山路自然也是弯曲的。但这个弯曲，跨度太大了，走不上几步，贴着石壁的小路就拐了一个角。这些角，像狼牙似的，出出进进，进进出出，极富变化。

三亚圣兰德乔顺法和三亚电视台美女记者小张在焦作云台山

走着走着，前面的人刚才还在你前面，但转过一个角，前面人的身影便被石壁挡住了。此时，才理解什么叫鼠目寸光。而此时的这种鼠目寸光，却是感到美妙的。来时站在桥上是往下看，而这个时候却需要扬着脖子往上看。路越走越窄，两山之间的天空也越来越窄。路越发的窄了，从并排可3人行走的路变成2人行走，很快，就只能容1人行走了。游人本来就多，路变得拥挤了，脚下的步子自然也变得缓慢了，只能随着人流跟着感觉走。你想快点，平时即使有再大的本事，而此刻也是无能为力。同行的陈雄，在我身后，他向我感慨道：一个人在大自然面前感到很是渺小，在众人面前，何尝不是如此。他说的极是。所以人在任何时候都要摆正自己的位置，不要过高估计自己的能量。

这时候的山，不见了一点土壤，因此几乎看不见一点绿色的植物。手所触摸的，全是紫红色的山石，难怪这里叫红石峡。山石横向的层理很明显，一层一层的，很美，有一种金属的光泽。有的地方摸的人多了，山石已经变得很光滑。

再往前走，不仅走不快，而且有一段路只能低头走。因为从头顶到脚下空间不足1.7米。此时，不由得想起“人在屋檐下，怎能不低头”这句话。倘若你不低头，也不是不可以，但试试看，不碰得头破血流才怪呢！

在这溪谷里走，除了感到峡谷小路的奇特之外，还有一路伴随而行的瀑布，也很有意思。

这里的瀑布虽然没有“飞流直下三千尺，疑是银河落九天”的气势，但沟壑对面的石壁上不时飞下一缕瀑布，有大的，也有小的。大的瀑布，轰隆作响，水花飞扬，砸到谷里，溅起的水花有1米多高，然后又化成一团水雾，把瀑布罩在蒙蒙的雾中。不少水珠，有时还会飞溅到身上，你想躲也没处躲，只能任其把衣服打湿。走在我前面的有一个小姑娘，在经过一个大的瀑布处，水花四溅到了脸上，随手打开了红色的伞遮挡，另外两个小姑娘连忙挤了过去。“呵呵！保护了一大片。” 其中一个姑娘开心地说。据说，雨水多的季节，瀑布的气势颇为磅礴。山洪暴发时，瀑布像脱缰的烈马，日夜奔腾，声震数里，近听如闷雷轰响，远闻似古钟长鸣。小的瀑布，顺着山体往下流淌，严格点说，还称不上瀑布，只能算是淌下的水帘。透过水帘，是一缕一缕的青苔。那青苔，长期被密集的雨丝冲刷，形成一座又一座缩小了的翠绿色山峰，也挺美的。袁枚有云：“苔花如米小，也学牡丹开”。青苔也是开花的，不知在这种环境下它开花是什么样子？

出了谷底，不知不觉，大约两个来小时就这么流走了。往山上爬，爬到一个坡上，有个茶摊。要了一壶龙井。一杯下肚，唇齿留香，好不舒服！万树荫浓盖峡谷。这时候，在亭子里已经见不到沟谷，只能听到下面哗哗的声响了。林有炽先生感慨道：“来云台山一趟，真的是不虚此行啊！”

陪同的人连忙插话说：“我们只是看了云台山的红石峡；前面，还有好几个更绝妙的景点呢！”

是啊！我们经营园林花木何尝不是这样。你经过自己的不懈努力，有了可喜的成绩，但这只是感受了一个“红石峡”的神奇而已，后面，还有更多更大的事业在等着我们去战胜呢！

记住，我们切不可懈怠，仍需继续努力向前！

出了红石峡，离开云台山，我还在这样想。

2012年5月10日，于河南郑州

下篇

伟峰园林抢先一步成为领跑者

唐朝王维有“空山不见人，但闻人语响”的句子。《红楼梦》中林黛玉第一次进贾府见王熙凤，有“未见其人，先闻其声”一说。

昨天晚上，我在北京见到成都伟峰生态园林有限公司总经理白正秋时，我握住他的手说：“在没见到你之前，我已是未见其人先闻其大名了。”

因为，温江花卉园林局局长李德彬先生对我说过：“白总的公司，在温江发展最快，已经是我们温江花木行业的领跑者了。”

我自已在3个月之前也有这种感触。

大约是5月份，我去温江，到过这家公司。当时白总没在，但转了一个地方，就感到不论是硬件还是软件，他的公司都是领先的。不仅在温江，就是在全国也是如此。

先说硬件。最能说明问题的是白总新近建成的乡村俱乐部。这个俱乐部占地是743亩，属于都市农业的范畴。

对此，李德彬局长的评价是：“高端田园城市休闲地的样板区”。

这个评价我是赞同的。上次从温江回来，我写了一篇反映温江最新变化的文章，里面曾有这样一段描写：“这个乡村俱乐部，地势起伏，树木林立，花团锦簇，铺青叠翠，小路弯弯，鸟儿鸣啭，溪水潺潺。数栋美国式样的连体小木屋掩映在其中，真是一处集生产和尽享悠闲高雅的好去处。”

白总介绍说，前些天成都来了几位欧洲贵宾，到了这里之后，大为惊喜，说了几个“OK”。连成都的凯宾斯基、锦江宾馆那种高级酒店都不住了，就住在这里。

他们看中的是什么呢？其实，就是这里的鸟语花香，就是这里恬静优美的自然环境。

“你是怎么想起打造这样一个高雅的地方的？”我问。

白总回答说：“这得益于我前几年去瑞士的一次考察。到了瑞士，领队的说：带你们住一个高档的地方。去了一看，住的房子跟我们的酒店没什么区别。区别最大的是自然环境，非常优美，非常幽静。我很受启发。因为我那个苗圃比瑞士的不仅不差，而且还要好，树木种类有1200多种，非常丰富。并且有几个废弃的水坑，原来一直觉得是块心病，现在看来是宝贝，稍加改造，不就是一个很好的乡村休闲景点嘛。就在这时，成都市提出了一个奋斗目标，要把成都打造一个世界现代田园城市。好了，我的想法跟政府的想法恰好吻合。因此在扩建征地的过程中，政府给予了大力支持。”

由此说来，什么事情，谁先想到了，最重要的是谁先做到了，谁就实现了一种突破，说不定就抢了个第一。

白总成功打造了乡村俱乐部，一跃走在了温江花木业的前面，就成为了领跑者。

白总成为领跑者，还不止这一方面。最近，他从成都市管辖的龙泉区，一下子征用了3000亩土地，成为温江在外租地发展苗圃最多的企业。

现在，温江已无土地出租。即使有，每亩土地的年租金要按300千克大米（目前大米在成都的价格约3元钱）折算，价格相当的高，而龙泉很少有苗木种植，只要150千克大米的价钱。差距就是这么大。现在是这个样子，过两年，过五年呢？还会是这个样子吗？差距显然就没有那么大了。在这方面，他又领先了一步。

前面说的都是硬件。再说说软件。

软件自然指的是服务了。在乡村俱乐部工作的员工，最低的都是大专毕业生。上岗前要培训，平时，不定期的也要培训。领班和部门的经理，都在宾馆饭店工作过。素质高，显而易见。至于总经理，在日本高档酒店工作过多年，素质之高更不在话下。

作者与白正秋总经理合影

你在四星、五星级酒店享受的服务，在这里都可以享受得到。

为客户服务，最主要的一方面应该是诚信了。白总送给我一本伟峰园林的宣传册，封面有两行字，写的就是“诚信立伟绩，专业越峰境”。

这方面，我从一件极小的事情中体会很深。

那是上次去白总的乡村俱乐部参观。经过一条小路，看见路两旁有一排高大的树木，不知是什么树，顺便向陪我参观的一个女员工询问（后来白总告诉我，她叫沈路曼，是个羌族姑娘），她抬头看了看没说话，只是朝我笑了笑。

事后，她给我发短信说：“方先生，刚才很抱歉，您问我那株树是不是椿树，我没有回答，因为我不清楚。您走之后，我请教别人，别人告诉我，那不是椿树，而是楠木。”

看到这几行字，我心里热乎乎的。诚信，第一个字就是诚。她的诚实，着实让我感动。

现在，一个花木企业，硬件和软件都抢先，才可以成为一个地区乃至行业的领跑者。这顶帽子，现在戴在白总的伟峰生态园林有限公司的头上，很合适啊！

郭云清迅速成为领跑者的奥秘

郭云清，是辽宁省铁岭市云清苗圃的总经理。他40出头，为人豪爽，说话、走路都是快快的。

“辽宁铁岭出了个赵本山，铁岭的花木业出了个郭云清。”这是近年来铁岭人常说的一句话。

9月上旬，我从长春南上，到铁岭采访。属于铁岭管辖的开原市苗木花卉发展局副局长张俊生向我介绍说：“铁岭的花木集中在开原。开原花木业做得最大最强的是郭云清。他现在已经发展到了3000亩地的苗木，不仅实现了规模化生产，而且都是高档次的彩叶苗木，是我们开原名副其实的领跑者。”

我到郭云清的苗圃转了一遍，确实感到名不虚传，这里可以用两个字概括：“震撼。”

因为，这么大规模的苗圃，种植的几乎就几个品种，都是东北地区园林绿化奇缺的彩叶乡土植物。每个品种，都在数百亩地之多。

基地长长的一溜，沿着102国道，由南往北，延伸开来。玫瑰红色的，是密枝红叶李；金黄色的，是金叶榆和金叶复叶槭；紫色的，是紫叶水蜡。尤其是前两个品种，几乎望不到边，大有波澜壮阔，气壮山河之势。

刚刚开机的《乡村爱情五》中，赵玉田开了苗圃，拍摄场地选择的就是云清苗圃。

郭云清，数年前，他还名不见经传，如今却异军突起。他是如何在短时间做大做强的？我在调查中发现了其中的几个奥秘。

这第一条是：绝不向挫折屈服。

这两年，郭云清总结出3句话，第一句话就是：“干事业，一定要把困难看得弱小一点。”这方面，他有过切肤之痛。

2012年8月，郭云清在新建100个温室大棚里，向东北著名苗木会展活动家梁永昌介绍建设情况

郭云清是地道的开原人，他的苗圃就在开原的城区边上，但他的老家并不在城区，而是在开原的花木之乡靠山镇。一个依山傍水非常偏僻的小山村，距离城区有四五十千米之遥。

20出头，他跟许多人一样，走上了苗木养植这条路子。没有几年，他就发展到了100多亩。但再发展就难了。当地人多地少，集中几亩地都困难。于是，他跟媳妇商量，要走出去，背水一战，到离家乡40多千米的开原城附近发展。因为，他懂得，没有一定的量，实现规模化就是一句空话。这是很多做大做强者要迈过的一道门槛儿。

开原城，他人生地不熟，两眼一抹黑，谁也不认识。但凭借一股子闯劲，他来到了城区，看准了城区附近一块地。这块地，在一座大桥的下面，紧靠公路，土质肥沃，连成一片，有100多亩。

他东找西找的托人，总算把地租了下来。因为手里没多少本钱，最初，他想的是一部分种苞米，一部分种植苗木。但实施的时候，他一种植，就变了思路，都种上了苗子。种苗子投入大，该借钱的地方都借到了。媳妇担心地说：咱欠那么多的债，要是还不上可怎么办?

他知道这话的分量，但没当回事。栽了苗子，两口子就在地头搭了一个简易房，连吃再住。

该过春节了，麻烦来了。他兜里只剩下10多块钱。别说改善一下生活，就连维持起码的生活都困难。怎么办？只有再借钱。可向谁借呢？他绞尽脑汁，最后想到了一个在城区做生意的同学。

他跟这位同学没任何来往，没辙，还是硬着头皮找上门，说是要借500元钱。同学说：

郭云清在他的密枝红叶李球种植基地

没有。话没留下一丝缝隙。他用近乎乞求的口气说：那就借100元吧。对方说：100元也拿不出来。说话听音，根本没有商量的余地。

他扭头走了。这么被人瞧不起！太伤自尊了。他的眼泪直在眼眶里打转，嘴唇都快咬破了。但这一切并没有把他击垮。他站在苗圃的地头，暗自说：郭云清啊，郭云清，你一定要争气，绝不能向挫折屈服。

在一位退休老人的帮助下，他还是渡过了难关。

第二条是：紧盯耐寒彩叶新品种。

一个苗圃经营，要想控制市场制高点，一个很好的办法，就是紧盯园林绿化市场急需的品种。若是乡土树种，加之是彩叶品种，再加之是东北的耐寒品种，那真是好上加好，没的说了。按小沈阳的话说：噢儿唻！

郭云清对市场极为敏感，他怎么能看不到这一点呢？但来开原最初的几年，他是什么品种便宜就买什么苗子。地里种的，几乎都是丁香、连翘、榆叶梅、丝绵木。没资金，只能如此。

时间长了，稍稍有了点钱，他就开始大调整。大路货苗木，也有经济效益，但价值不高，销路不快。

一调整，他就把目光盯在了彩叶树种上。因为，东北冬季寒冷，很多长城以南地区的彩叶树种难以成活。在河北省林科院培育的金叶榆引进之前，沈阳以北街头绿化几乎看不见彩叶品种，这是一个巨大的空白。于是，他挖空心思地在东北寻找彩叶苗木新品种。功夫不负有心人，从长春，他大量引回了密枝红叶李。

这个宝贝儿一入地，他采取了两项措施：一是采取各种手段，拼命繁殖；二是改变原来只培育小乔木的做法，大量培育球形绿化工程苗。今年，冠径40厘米的密枝红叶李造型球，卖120元还供不应求。紫叶水蜡，是他今年初在长春引进的。他一看见这种紫色的灌木，就被迷住了。这一次，他投入几十万元，把那家苗圃的紫叶水蜡连窝端，全部买断了下来。由于属于市场前卫品种，加之他宣传到位，回来后不算母本，仅销插穗，就把成本收回，而且还有赚头。

金叶复叶槭是大乔木，适合做园林植物，也适合做行道树。引进之后，他采取的还是拼命繁殖的办法。这两年，仅嫁接金叶复叶槭使用的砧木树桩，他就花了近百万元。

第三条是：与农户紧密合作。

调动农民的积极性，让农民参与生产，实现“两家乐”，是郭云清基地做大的重要原因之一。

他采取的是公司加农户的办法。看似老套，但与众不同，没有一定的胆识是做不到的。具体操作模式是：他出种苗，出技术；农民出土地、出劳力。种植一亩地的苗木，他一年补助农民3000元，直到苗木出售为止。

第一年签订合同后，每亩先预付500元，第二年春天成活率达到90%，每亩再付2500元钱。苗木主权属于他，由他销售。即使赶上天灾人祸，农民也无任何风险，而承担市场风险和自然风险的全是他。

郭云清2012年新增添的造型金叶榆，售价一下子翻了3倍还多

现在，与他签订合同的农民有30余户，面积达到了1000亩。

这样做，农民在经济上划算，他也扩大了种植规模，增加了效益。现在，嫁接金叶复叶槭的糖槭，干径4厘米的，每株是120元，即使降到80元，也有很大的收益。

第四条是：紧紧抓住政府发展花木业的契机。

紧紧抓住机会，能做到十分就做到十分，即使做到九分时也不松气，不放弃，继续努力，这是郭云清做大做强的又一奥秘，也是最核心的奥秘。

我到铁岭，刚一跟郭云清见面，说到他的苗圃经营时，就注意到，他至少4次说到，他是抓住了发展苗木的极好契机，才迅速发展到现在3000亩的规模。

这一目标，倒退前几年，他连想都不敢想。

2008年以前，他在开原城郊乡高台子的苗圃只有200多亩。到了2009年秋，自从他与农民合作生产苗木后，他的苗木迅速发展到了500亩。

2009年，一个前所未有的机会出现了。创造这个机会的，是开原市的市委市政府。他说到这时，用了“千载难逢”4个字。因为，这一年市委市政府高度重视花木产业的发展，专门成立了全市苗木花卉发展办公室，并且出台了在资金和基础设施建设方面的优惠政策。

机不可失。郭云清铆足了劲，一下子就发展了700亩。从此，实现了一个1200亩的飞跃。到了2010年，不少农民看到与郭云清的合作，好处多多，种植苗木，在经济上要比种植经济作物多出几倍，而且没有任何风险。由此一来，与他签订合同的农民又迅速增加了

20多户。这样，他的苗木基地又上升到了2000亩的规模。

他说，他与农民合作，迅速扩大规模，这一切没有政府的大力支持，是不可能实现的。

这里说的政府大力支持，主要分两个部分。一部分，是资金上的优惠政策。企业需要发展资金，苗木花卉办公室出面协调，就可以到金融部门办理抵押贷款。

另一部分，是从业者发展温室大棚的优惠政策。发展一个1亩地的温室大棚，市里即可以补助1万元。

有了这两项政策，发展温室大棚，他才可以在寒冷的冬季，大量扦插繁殖彩叶苗木。开春，才可以迅速扩张种植规模。

在良好政策的驱动下，郭云清现在已经发展到了100个温室大棚。

今年，市苗木花卉发展办公室，又晋升为苗木花卉发展局，编制，从原来的5人，增加到现在的15人。这样一来，市里为花木行业服务的力度更大了。

对此，郭云清激动地说："是市里把我的心整大了！老好了！这两年，魏俊星和于洪波两任市委书记都到我的苗圃登门拜访，征求我发展苗木的意见，给我优惠政策。您说，咱再不大干快上还等什么！"

由于郭云清起到了引领作用，今年，市里还提供1000亩地，由他无偿使用。

据云清苗圃销售经理包明玉介绍：在顺风顺水的推动下，去年，苗圃的销售额是700万元，今年完全可以翻番，达到1400万元。

海阔凭鱼跃，天高任鸟飞。现在，郭云清信心十足。他认为，凭借内部和外部良好的发展环境，两年之后，他的苗木产值上升为1亿元不成问题。

2011年9月10~11日，晨，于辽宁铁岭

合作的门槛儿

这年头，竞争这么激烈，相互合作，相互给力是必不可少的。杨莹女士即是。

杨莹女士是海南三亚圣兰德花卉文化产业有限公司董事长，一个敢闯敢干、勇于跨越

的领跑者。是她，填补了海南三亚没有月季的空白。在某些方面，不愧是我们月季界的Number one（第一）。

目前，杨莹正率领她的团队，在三亚的亚龙湾奋力拼搏，全力打造国际玫瑰谷，以便承接2012年中国月季展览会和三亚首届国际玫瑰博览会在此地的举办。当然，她这样做，更是为打造国际一流的玫瑰谷创造条件，使玫瑰谷成为三亚一张漂亮的名片。

昨天，我到了她的公司，写了一篇《三亚国际玫瑰谷，打造大平台》的文章，意思是，国际玫瑰谷除了要把最好的月季花献给游人之外，还要提供一个平台，把与玫瑰（月季、玫瑰）相关的内容吸引进来，丰富玫瑰谷的内涵。

昨晚吃饭的时候，我见到杨莹。我们又谈起了与玫瑰谷相关内容的话题。

“杨总，你应该在玫瑰谷选出玫瑰姑娘。”有人插话建议说。

“对呀。只要下工夫，与玫瑰相关的内容非常丰富。除了吃的、喝的，还有瓷器、服饰、文艺表演等，很多很多。”我说。

杨莹快人快语。她立即表态道：“方老师，你可以对外宣传，我愿意和任何与从事玫瑰相关内容的人合作。大家一起利用玫瑰谷这个平台做事。”

我点了点头。

杨莹紧接着话锋一转。她说：“不过，我合作的门槛儿比较高。不够一定的档次，没有一定的品位不行。我是成熟一个合作一个，宁缺毋滥。”

也许有人会说：这人怎那么挑剔？

我不这么认为。我的看法是，杨莹把门槛儿定得高一点，非常对，没有什么不好。

你想一想，现在是讲究精美的时代，注重品味的时代。粗制滥造，萝卜快了不洗泥，拍拍脑袋算一个的阶段，已经过去了。

现在，吃饭讲究的是合理的营养，讲究的是环境，讲究的是情调。穿衣，注重的是协调，注重的是品牌。苗木，长势不仅健壮，还要具备景观树的效果。绿化，讲究的是乔、灌、草相结合，高高低低，层次分明，浓妆淡抹总相宜。

近一步说，三亚，是国际旅游城。玫瑰谷的所在地，又是在三亚的核心地带亚龙湾。做任何事，丰富任何内涵，就更要讲究档次和品位。而正是这样的档次，才最具有广阔的市场。

落后就会被动。被动是没有出路的。杨莹的脑袋瓜对此有一个清醒的认识，这就对了。

在这个问题上，我看我们每一个经营者都要有足够的认识，切不可掉以轻心。

2011年9月21日，晨，于海南三亚

孟庆海为何成为香饽饽

在海南三亚，碰上了北京的老朋友孟庆海先生。孟先生跟我一样，都是中国花卉协会月季分会的副会长。但孟先生比我多个头衔，他是北京月季栽培大师。

孟先生告诉我，他已经来三亚有些日子了，一直在三亚圣兰德花卉文化产业有限公司的国际玫瑰谷，帮助鉴定品种和普及月季栽培知识。前些天，他回了一趟北京，给通县一家公司月季园忙乎了两天，又匆忙飞回了三亚。

他的行程已经排到了12月份，除了在三亚，还要跑几个省市，都是对方发出的邀请。真让人羡慕。

一个人，争相让各地邀请，对社会有大作用，人生价值得到了体现，这是一件令人愉悦、幸福的事情。

孟先生为何做到了？为何成为月季行业的香饽饽？

晚上，休息的时候，我与孟先生聊天，交流之后，我给归纳了3点。

一是赶上了好时代。改革开放，经济持续快速发展，各地都在可劲地进行绿化美化。月季作为市花，城市最多，月季花事活动也就相当的频繁。

大环境，为孟先生提供了一个广阔平台。

二是有真本事。月季这个平台，不是孟先生独有。它属于每个人。每个人都可以在上面唱戏。一个人当什么角色，是主角、是配角，还是跑龙套的，甚至只能是观众，那就看个人的本事了。而孟先生就有这个本事。

孟庆海（左一）在海南三亚玫瑰谷月季基地里工作

机会，从来都是留给有准备的人的。孟先生搞月季，要追溯到1981年.到现在已经“修炼”了30年，基础打到那儿了。按他的话说：“如今，走到哪儿，都能给人送去一缕春风，一缕花香，办一点实事了”。

没有多年的实践，行吗？对孟先生，我们月协会会长张佐双先生曾向外宾这样介绍，说他是国内鉴定月季品种最多的一个人。这个评价，是很能说明问题的。

三是忘我。一个人，通过多年的努力，具备一种能耐，这是不可缺少的元素。但有了这种能耐还是不够的。人家请你，总跟大爷似的摆谱、讲条件，时间长了，人家就会敬而远之。

孟先生是山东莱州月季之乡的荣誉市民。人家之所以把这个崇高的荣誉给他，就是因为他无私奉献，工作再艰苦，他也不讲什么条件，随叫随到。

在冰冷的棚子里嫁接月季，从早干到晚，一晃就是半个月。这就是孟先生。而他的身份其实是顾问，不是员工。

三亚是著名的热带旅游城市。他的夫人来三亚看他，出去旅游，哪个女人不希望先生陪伴。孟先生倒好，他该在玫瑰谷忙还在玫瑰谷忙，不理会夫人的感受。这一点，不是一般人能做得到的。

所以，一个人要成就点事，缺了哪一条都不行，都不够给力。

孟先生做到了，才成了香饽饽。

2011年9月22日，于海南三亚

张林到处找地种植巨紫荆为哪般

今天上午，我从三亚飞到郑州，马不停蹄去许昌，看了张林的一个巨紫荆生产基地。看后的感觉是：巨紫荆真是好。但话这么说没味儿。如果够味儿，按北京话说就是：拽。按四川话说就是：巴适。按河南话说，就是一个字：中！

张林引种选育的巨紫荆就是：中！

张林是河南四季春园林艺术工程有限公司董事长。10多年前，他在豫西山区发现了巨

巨紫荆做行道树

紫荆，如获至宝，开始引种驯化。

巨紫荆为豆科紫荆属，适合园林绿地孤植、丛植，或与其他树木混植，是很好的行道树和庭院树。春花，秋景，红绿相映，气象非凡，能长到20米高。对此，张林总结了两句话：巨紫荆像法桐一样高大，花开似樱花一般灿烂。我看过之后，又有一种新的印象：巨紫荆的树体，具有男子汉般阳刚之气。

巨紫荆属于乡土树种，有人不同意此话。其理由主要是，它是野生种，只是一种资源，房前屋后见不到它的影子。我不这么看。房前屋后瞧不见它，不是巨紫荆的错。要打板子，也要打人的板子。这么好的资源没有利用，只能怪人。多年来，这种植物一直生长在长江中下游的大山里。现在，张林经过多年的反复筛选，终于选育出了优良品种，通过了省科技厅的技术鉴定，还获得了河南省科技进步二等奖，一切就变了。

我注意到，在张林办公的用房前，横贯东西，有条小路。小路两侧，种的就是巨紫荆，米径都在10厘米左右，树冠丰满，叶片浓绿，像威武、雄壮的卫士，成为房前一道亮丽的景观。这栋房前能种好巨紫荆，在别人家屋后种植也不成问题。是不是乡土树种，要看他的原产地在哪里，而不是看它房前屋后栽了多少。法桐倒是很多，能说它是乡土树种吗？显然不在其之内。它是外来物种。这个问题不再多扯。

我们还是说巨紫荆。张林引种巨紫荆绝对是大功臣。他的可贵之处，不在于通过了省级技术鉴定，在科研上有了吹牛的资本，而是他把巨紫荆大大地商品化。

现在，他已有巨紫荆基地6个：许昌周边5个，郑州北侧的黄河岸边1个。加在一起，超过了3000亩地。3000亩地，作为一个企业来说，只种一个品种，面积应该说不算小。但近1个多月，张林安排两员大将外出，在许昌，在郑州，100千米范围内专门找地。他还要再扩繁巨紫荆种植面积，大有“高家庄挖地三尺”的架势。

谁都知道，现在土地租金很贵，又很难找到合适的地，他这是为何呢？

按张林的话说，这是巨紫荆显著的经济效益所至。

他给我算了一笔账。现在5厘米粗的巨紫荆是200元。移植第一年因为有缓苗期，只长1厘米粗，第二年和第三年后两年，就可以长4厘米粗。3年加在一起，就是增长5厘米粗。也就是说，3年后的巨紫荆可以长到10厘米粗。10厘米的巨紫荆是多少钱一棵呢？张林出售的是1260元一棵。这个价，他还不够卖的。因此，巨紫荆按日后长到10厘米定植计算

张林与作者在他的巨紫荆基地办公室前合影

(间距是3m×3m)，一亩地也就种70棵。3年平均下来，一年的效益就是2万来块。

我和张林在巨紫荆的地里正转时，有员工对张林说，10厘米粗的巨紫荆，卖多少钱一棵？有人来买。张林回头说：1260元。话说得很死，没什么商量余地。

有人会说，10厘米粗的巨紫荆凭什么卖1260元？张林的解释是：很简单，东西好啊！

而这么好的树，较比樱花同规格的价格，要便宜许多。

如此高的经济价值，张林在扩地上下工夫也就不难理解了。

企业，任何时候都要把经济效益摆在第一位。我们做任何努力，不是作秀，不是摆花架子，而都要为内容服务。形式是手段，不是目的。

巨紫荆是新品种，尚处在推广阶段，适合在石家庄以南大部分地区种植，潜力不小。任尔东南西北风。发展它几千亩、上万亩，我看都不愁市场。只有规模大了，在城乡绿化美化上普及了，好东西才能体现出应有的价值。我们这方面缺乏啊！

2011年9月23日，晚，于郑州

濮阳有个紫薇园

濮阳金生紫薇种植园，在濮阳市城区的西南方向，位于高新区的新习乡。

紫薇，属于千屈菜科紫薇属，是一种小乔木或者是灌木。它的别名不少，又称惊儿树、百日红、满堂红、痒痒树等。它树姿优美，树干光滑，花色艳丽。这种植物，原产在亚洲的南部还有大洋洲的北部。我国长江流域及以南地区有天然分布，全国各地栽培普遍。

我昨天下午到的濮阳。因为要到濮阳紫薇种植园，在市里下长途车的时候，就特意留神道路两旁绿化带里的紫薇。绿化带里的紫薇倒是随处可见，但穗状的花朵早已消失得无影无踪，剩下的都是黄叶，一阵风，说不定就会飘落。

但到了金生紫薇种植园却大不相同。我乘车穿过新习乡的东别寨村，老远就见地里火红一片。正不知为何物，园主张金生介绍说，那里就是他的紫薇种植园。

园子不大20来亩地。虽说很小，但紫薇长得颇为不俗，非常的漂亮，不仅枝繁叶茂，而且依然花开满树，艳丽如霞，好像是七八月的盛花期。这里，多数都是8厘米粗到12厘米粗的乔木，树冠丰满，树干有一点弯曲，姿态优美，株株堪称景观树，应了宋代杨万里的诗句：“似痴如醉丽还佳，露压风欺分外斜。谁道花无红百日，紫薇长放半年花。”

紫薇可半年花，但前提是要养得好，养得不好也是白搭。

“山不在高，有仙则灵；水不在深，有鱼则灵。”这个紫薇园，用这些俗话形容，真是恰如其分。

如今，是讲究精美的时代，绿化美化植物材料也是如此。花木面积如果不多，要是都是精华，有很好的景观效果，也中。

张金生在他的紫薇园里

这方面，张金生做到了。

张金生，地道的农民，50来岁，老实巴交。如何经营，做花木生意，他还不大在行，连他给我的名片，都有不小的缺失。上面只有姓名、电话，以及一簇火红的紫薇花，连地址都没有，更别说网址邮箱了。

但张金生在紫薇生产管理上，真是一把好手，练就了一套好手艺。不然，他的紫薇也不会长得那么提气。

他的紫薇提气，有几个原因。

一是种植年头长，整10载。苗子，都是当年他从市里一枝一枝剪回来的。在水、土、肥、病虫害防治上，他磕磕碰碰，摸索出了丰富的经验。这就说明，掌握一套技术，跟做成一件大事相似，没有一定的时间累积是不成的。

二是养护到位。一年当中，浇水5次，打药4次，施肥4次。这4次施肥，3次施复合肥，还有1次，是施发酵的鸡粪，这很重要。鸡粪在3年前，每立方米50元，现在上涨到了250元，即便如此，他也没少用一点。因为，鸡粪后劲大。

三是入冬前，要在树干上缠绕一圈草绳。这样，可以保温，安全越冬。大前年，濮阳冬季寒冷，开春时，100多棵七八厘米粗的紫薇冻死，他的损失很大。现在，一棵树使用的草绳，费用大抵是7元钱，如果图省钱省事，不采取措施，一棵树的损失很可能将是700元。这一点，他不敢掉以轻心。

张金生种紫薇，是10年前，一位下乡蹲点干部建议的。先前，他种的是蔬菜。

种紫薇，就要投资。他家里没钱。没招，只能去借。但张了好多次嘴，都碰了钉子，连50元都借不到。张金生向我讲到这里时，伤感的泪水直在他眼里打转。因此他说："人活在世上，一定要争气要强，尽其所能，干出点样来，不能被人看不起。"

这话，说的好啊！我佩服这样的爷们儿。

2011年9月25日，晨，于河南濮阳

认准了的路，就大胆地干

2008年，邯郸市肥乡县七彩园艺场场长王建明，在经营数年草花的基础上，跃上了一个大的台阶，成为一方的领跑者。

在此之前，他一直在经营草花，诸如矮牵牛、串红、三色堇、五色草等。王建明凭借良好的草花质量和坚持上门送货服务的精神，把草花几乎做到了极致，成为河北省石家庄以南地区三家最为有名的草花企业之一，年销售额在200多万元左右。

这是一个苗农，一个小企业做大做强最主要的妙招之一。

这是一个什么样的大台阶？跃上大台阶是需要有机会的。王建明就发现了一个机会。

机会是什么呢？词典上说：机会，是指具有时间性的有利情况。

《三国志·蜀志·杨洪传》云："汉中则益州咽喉，存亡之机会，若无汉中，则无蜀矣。"

他发现的有利情况是：苗木业经过几年的快速发展，产量过剩，存圃量过大，价格下跌。当时，一棵9厘米粗的国槐市场价只有70元，其他同等规格苗木的情况大体上类似。

然而他懂得，苗木价格下跌是暂时的，随着经济的发展，绿化美化力度的加大，苗木价格反弹是必然的。这只是一个时间问题。

价格低的时候，正是大量收购苗木的极好机会。他收购了多少株呢？2万多株，都是8厘米粗以上到40厘米粗的大规格苗木。

需要的资金是多少呢？500万元。这500万元，对王建明来说，可是一个相当大的数目。

前几年，做草花生意时，攒了一点钱。但那点钱，就像扔在水里的石子，只能听听响，解决不了什么大问题。要是等赚足了钱，不差钱时再下手，黄瓜菜早凉了。

在最短的时间里干成事，唯一的办法就是借。于是，他采取了两个借钱的办法，解决了资金严重不足的问题：一个是向银行贷款，一个是向亲朋好友拆借。

这是需要有胆量的。一般人之所以做不到，就是缺乏这个胆量：万一苗木要是不涨价，还继续下跌呢？那么多的钱，加上利息，砸锅卖铁也还不上啊！

情况确实是这样。

"你当时借了那么多的钱，有没有压力？你老婆有没有反对？"我这样问王建明。

王建明说："怎么没有，方老师，肯定的。压力不是来自我老婆，她一向支持我。压力来自我自己。但我又想了，干事如果没有压力，没有风险，谁都干了，机会也就没了。"

沉舟侧畔千帆过，病树前头万木春 。苗木价格在经历一年多的徘徊之后，2010年春果然出现回升，到今年（2011年），苗木价格持续走强。1棵70元钱的国槐，现在已上涨到了350元，是最初的5倍。王建明自然大赚了一把。

他笑着向我介绍："现在我只卖了当初收购的四分之一，就已收回成本，苗圃的苗木还是满满的。"

试想，王建明如果当初还是继续经营草花，稳坐钓鱼台，会是什么样子呢？

我想，凭着他的产品质量，凭着他的吃苦精神，凭着他送货上门的精神，凭着他跻身于石家庄以南地区三大草花企业之列的知名度，经营无忧无虑，一年销售额在原来200万元的基础上，再增加100万元也不是没有可能的。

但倘若那样，王建明就是使出吃奶的劲头，年销售额最多也就是300万元，仅此而已，不可能做到现在年销售额1200万元的程度。这个数字，王建明想也别想，轮到别人，再能干，也一样。什么原因？很简单，草花市场就那么大。

这就是善于抓住机会的结果。

法国大作家大仲马说过：谁若是有一刹那的胆怯，谁也许就放走了幸运在这一刹那间对他伸出来的香饵。

可喜的是，王建明抓住了向他伸过来的香饵，而胆小怕事的人，总是与香饵擦肩而过。

现在，王建明的企业，从原来的肥乡县七彩园艺场，已改为邯郸市七彩园林绿化工程有限公司，声名大振，成为河北省花木业名副其实的领跑者。

王建明和夫人史丽婷在北京参加花木展会时合影

通过这次蜕变，王建明总结了一句话。他说："认准了的路，就大胆地干，别怕什么风险，怕风险是干不成事的。"

2011年9月26日，晨，于河北肥乡县

安双正为何成为蓝田的"白皮松王"

9月27日，我在西安市蓝田绿地白皮松苗木繁育基地总经理安双正的陪同下，来到他的白皮松繁育基地。

我惊呆了。

刚一到现场，我就是这种感受。因为，走南闯北的我，从未见过那么好的白皮松。

白皮松，为常绿乔木，是华北地区庭园绿化中的优良树种，在园林绿化配置上用途非常广阔，它可以孤植、对植，也可丛植成林，都可以获得良好的效果。北京北海公园的团城上，有两棵高大的白皮松，为金代所植，距今已有800多年。乾隆御封它们为"白袍将军”。

安双正的白皮松基地，在蓝田县城西约10千米的乡村，属于丘陵地带，有100多亩。穿过一片又一片茂密的玉米地，那白皮松基地突然出现在了眼前，好像从什么地方蹦了出来似的。

基地呈梯形，分上下5层，长长的五大溜，高有五六米。令人称奇的是，那株株有5~6米高的白皮松，长得茂盛极了。

植株从上到下，长满了浓密的针叶，你就是贴到跟前，也瞧不见它的树干，株株树形多姿，苍翠挺拔，英姿勃发。

2个月前，我在北京见到了安双正。他跟我说，白皮松在松柏类植物当中，堪称第一美男子。当时我不信。到这里一看，我服气了。因为，白皮松的本来面目，在这里得到了很好的体现。用帅呆了这个词，恰如其分。

当地人，称安双正为“白皮松王”，不仅仅是他的白皮松精美，养护得到位，还有一个重要原因，是他和另外两个人，最早把白皮松销到了省外，销到了北京。一晃，这都是十五六年前的事了。

蓝田，现在的白皮松有1万余亩，是名副其实的白皮松之乡，从业人员差不多有10余万人。但在这浩浩大军中，安双正一直是领跑者。每年，他都要为苗农销售白皮松五六百万元。

小安，40出头，快人快语，长得一表人才。他是蓝田县辋川镇安家山村人。安家山村，可不在平原，而是在秦岭的北麓，大山里，纯粹的深山区。

我昨天下午去了，很是感慨。

他们村，就夹在两座大山的一条山沟里。然而，就是这个深山村，却是发展白皮松的发源地。正是安双正和另外两个人，把这里的白皮松卖到了山外，卖给了北京。从此，蓝田人打开了一条发展白皮松致富的门路。

小安公司的副总经理安应刚先生也是这个村子的人。他告诉我，原来这里的农民手里没有钱花，种的粮食勉强够吃，现在，因为有了白皮松，村里110多户人家，都沾了白皮松的光，有90多辆小汽车，有40%的人家在县城买了房子。

这一切，如果没有像小安这样的领跑者，行吗？

小安成为“白皮松王”还有几点，可圈可点。

2000年，他在北京来的一个苗木经营者的启发下，第一个走出大山，在蓝田建了白皮松繁育基地。因此，他基地里的白皮松，都有10年的历史。那么大，又那么漂亮的白皮松，其经济价值之高，可以想象。但这都是需要投入和需要时间的。一口吃个胖子是不可能的。

他还是蓝田第一个利用互联网做白皮松生意的人。现在，你只要点击白皮松有关的信息，第一个映入眼帘的就是他的公司名称：西安市绿地白皮松苗木繁育基地。有人要买断他的网址（baipisong.com），出资100多万元。他呵呵一笑：不卖。

在小安的办公室，我看到陕西书法家协会主席吴三大先生的一幅字，是专门写给他的：光风霁月，鸿鹄凌云。他就是这么做的。在经营中，他对待每一个客户，都是真诚相待，就像这幅字所表达的：身体和行为都像月亮一般的明亮和纯洁。真诚待人，诚信为本，透彻明亮，正是他赢得众多客户的根本所在。

安双亚在他的白皮松苗圃里

因为，客户送给他的好些感谢他的铜牌，就摆在他的办公室里，写的是“重合同，守信用”之类的话，算是最好的佐证。

2010年，安双正被中国花卉报评为“全国十大苗木经纪人”，他也是陕西目前唯一获此殊荣的人。就在我到蓝田的1个月前，他当选为蓝田县政协委员，成为蓝田众多白皮松经营者中唯一参政议政的代表人物。

2011年9月28日，上午，于西安蓝田

临邑双丰，把木槿整大了

把木槿整大了。好啊！这是今年德州双丰园林绿化有限公司干成的一件大事。

这家公司，地处德州临邑。山东有两个linyi，发音都一样，但字却不相同。一个是沂蒙山区的临沂，还一个就是临邑。临邑，是济南的一个郊区县，过了黄河，往北，约30多千米即是。

临邑这家公司，在政府的大力支持下，近两三年大力发展木槿，现在已经种植了500多亩，颇有“忽如一夜春风来”的感觉。

我到临邑的第二天早上，老板朱永明的二公子开车带我到基地看了看。基地在临邑镇，过去是个农场。放眼望去，地里几乎都是木槿，行距3米，株距1.5米，齐刷刷的，一行又一行，绚烂的花朵挂满了树冠。其品种，主要是玫瑰木槿和牡丹木槿，都是重瓣的，观赏性强，不愁销路。看过之后，让人兴奋不已。

朱永明告诉我，到明春，他的木槿种植面积将达到1000多亩，土地使用证已经办了下来。

1000亩？就是现在的500多亩木槿，在国内我也没有见过。我不想说最大，但事实可能确实如此。

把木槿做大，这正是我所乐见的。

木槿，锦葵科木槿属，学名*Hibiscus syriacus*，作为观赏植物，它已不是什么新鲜事。

业内的人都知道，能顶着酷暑在夏天开花的植物不多，屈指可数。木槿是其中一个。盛夏开花时，满树花朵，为几乎一统天下的绿色世界增添一抹绚烂。“酷似海棠多婀娜，长夏花开红似火”。同时，木槿的花期也很长。别说现七八月份有花，即使到了10月份，花朵也会存在。唐代诗人李商隐《槿花》曰：“风露凄凄秋景繁，可怜荣落在朝昏”，说出了木槿鲜明的特点。

木槿应用广泛。做绿篱，是开花的篱障，别具风格。江南常以槿篱做围墙，年年编织，非常坚固。北方常在花园里、绿地间成簇或成排种植，也很不错。木槿，还属于抗污染植物，对二氧化硫、氯气等有害气体等，具有很强的抗性作用。

七八年前，我在行业的会议上，大力呼吁花木种植要专业化。凡是用途广泛的园林绿化植物，都应该实现专业化生产。当然，木槿也是其中之一。

五六年前，我在我们报社组织的全国花木信息交流会上，还有针对性地提出，希望有些企业能够关注夏季开花的乔木，专门发展一两种夏季开花的乔木，作为企业的主打品种，把其做大做强。当时，在场的朱永明把我的话记在心里，如今已成现实，我岂有不悦之理。

朱永明在他的木槿基地里

朱永明是个有心计的人。他不仅把木槿做大，实现了规模化生产，而且，还想到了与木槿相关的产品，诸如木槿美食、木槿美酒、木槿丝巾等。

现在，他已经悄悄地开发出木槿茶，取名为“双丰槿茶”。我品尝了一番，味道真是不错。

县农业局局长郭长海先生问我，对刚刚问世的槿茶有何感受，我说这槿茶有三大优点：

一是泡在水里，粒粒槿茶缓慢舒展，汤色碧绿清莹，叶底纤细成朵，一旗一枪，交错相映，不仅使人想起朱自清的《绿》。赏心悦目啊！

二是汤色碧绿清莹持久。我昨晚上沏的一杯槿茶，今早醒来一看，汤色依旧碧绿浓郁，好像是刚泡过的一般，口感还是醇厚浓郁。

三是气味好。喝上一口，芳气便弥漫于绛唇皓齿之间，如兰花馨香扑鼻而来，回味无穷。

当然，朱永明在木槿方面，尚有许多事情要做。但毕竟有了一个很好的开端。

花木，是大自然馈赠给人类最好的礼物。这些年，很多花木品种都实现了大规模的生产，用以绿化美化我们的环境，使城乡更美好。但除了绿化美化环境之外，大力开发花木相关的产品，我们还有很大的潜力。我想，其他人是不是也能跟上来。不一定都自己搞，费很大的劲儿，可以合作，走双赢之路。因为，这也是一座可以大力开发的富矿。

2011年9月29日，上午，于山东临邑

王建明使用容器袋的经验

王建明是邯郸七彩园林的老板。他拥有1200多亩大规格的苗木，80%都是在容器袋里种植的。用容器袋种植苗木，是有窍门儿的。

毛主席说：革命不是请客吃饭，不是做文章，不是绘画绣花，不能那样雅致，那样从容不迫，文质彬彬，那样温良恭俭让。革命是暴动，是一个阶级推翻另一个阶级的暴烈行动。用在容器袋上，革命就是推翻旧的种植方式，改为新的种植方式。

这种新的种植方式，手段有多种，其中之一，是抛弃祖祖辈辈在土里种植的习惯，改为在容器袋里种植。

在容器袋里种植的好处很多，西方早已使用，我这里不想再赘述。因为，我在其他几篇文章里都有详细的叙述。

我今天要讲的是使用容器袋的方法。做什么事，都要讲究方法。方法不对，会容易否定出发点，回到原有的老路上。

这方面，王建明已经摸索了3年。他总结了两点经验，现介绍如下，免得您再走弯路，多花银子。

第一个经验，是无纺布容器袋厚了不行。

刚开始，王建明把买回来的苗木装在袋里，然后定植在地里。慢慢地，他发现，使用容器袋种植，透气性差，透水性也差，发根也差，最后导致苗木长势不旺，蔫头耷脑的，一点也不精神。

对此，有人说开了风凉话：在容器袋里种植苗子，谁见过，天生就是不行的，胡闹。

他不信这个邪。后来，他改为使用薄的容器袋，这个问题就迎刃而解了。

因为，薄的容器袋透气好。透气好，植物就能自由地呼气，“吃嘛嘛香”，长得很快，侧根就会顺着无纺布伸到外面，与泥土融合。土坨，想散都不容易。

通过总结，他才明白，厚的容器袋，适合放在地皮表面，屯苗。但有一定的时间限制，不等侧根长满，就要销售出去。

前几天，我在山东，还听有人说植株在容器袋里，生长太慢。究其原因，其实就是袋子太厚的缘故。

第二个经验，是刚定植的苗木浇大水不行。

大规模的定值苗木，不可能像绣花似地那么仔细。加之，容器袋离地皮浅。因此，事后拿皮管子一浇水，第二天一看，苗木就有倒伏的现象，像打了败仗的伤兵，歪七扭八

王建明的基地一角

的，很不好看。

其原因，是土填不实所致。这时，还要搭上人工去扶正。后来，他们采用小水渗透，润物细无声，这个问题就得到了很好的解决。

由于地区不同，使用容器袋，可能还会遇到其他的问题。因为，这对我们来说毕竟是新的事物，经验不足显而易见。但不能就此怀疑使用容器袋的科学性。

我想，只要我们善于摸索经验，遇到的问题，算个芝麻，都是不难解决的。

2011年10月3日，晨

好大一棵树

我曾经写过一篇文章，引用田震一首歌的名称：好大一棵树。在那篇文章中，好大一棵树指的是北京林业大学教授、中国工程院院士陈俊愉先生。而今天这棵大树，指的是我们各级人民政府，指的是为花木产业真心办实事的机关干部。

前些日子，我到辽宁开原市采访，这方面的感受极为深刻。

开原市云清苗圃的郭云清，就是一个典型的例子。他在两三年的时间里，从二三百亩的苗木种植面积，一下子发展至3000亩的种植面积，成为东北地区的引领者，真是不得了。发展缘何如此迅速？他一再介绍说，这要感谢开原市政府，感谢开原市领导，没有领导的大力支持，他不可能发展这么快，这么好。

事实的确如此。为了他的企业发展，在3年的时间里，两任市委书记到他家登门拜访，征求他的意见，帮助他解决在发展中遇到的问题。

在开原，我还看到开原市政府一个文件。这份文件是一个加快花木业发展的文件。其中，我注意到有这样一些扶持政策：

花木基地的基础设施，要按照设施农业的标准进行建设。对规模较大的经营户，要在水、电、路等基础设施方面给予扶持。

市里负责协调金融部门，对符合放贷条件的经营户，要给予一定额度贷款，期限3~5年。

对于规模较大的经营户，市发改委、农业综合开发办积极协助立项，争取上级资金扶持。

对具有一定规模的经营户，水利部门将在打井、喷灌、修渠等水利设施方面扶持。

对符合退耕还林条件的经营户，由林业局协调给予退耕还林补贴，并纳入林业基地建设，通过立项争取资金扶持。

对购买苗木花卉生产所需农机具的经营户，按相关政策给予农机具补贴。

鼓励经营户引进苗木花卉新品种进行示范推广，贡献突出者由市财政给予引种奖励。

对贫困村发展苗木花卉产业的，扶贫开发资金给予优先扶持。

与沈阳农业大学、省林科院等科研单位联姻，引进专家、科研人员，对苗木花卉产业发展进行技术指导，所需费用由市政府负担。

开原的诸多扶持政策，现在已经全面落实。现在，你到开原，不论是问花木企业，还是问苗农、花农，对政府的服务如何，他们都会发自内心地告诉你："政府服务老好了!"

看到这样的政府，你能不感动嘛!

成都市温江区花卉园林局，是温江区花木产业发展的主管部门。这个局的局长是李德彬先生，他一心一意为企业服务的精神同样令人感动。

盛夏，溽暑蒸人，坐在屋里都大汗淋漓。但今年盛夏，李局长和办公室李贵清主任却不辞辛苦，冒着酷暑跑到北京，为两个企业参加2011年度十佳苗木经纪人和十佳苗圃参选介绍情况。

为了摸清温江花木产业真实发展情况，为区政府尽快出台加快温江花木产业发展的实施意见。还是在今年盛夏，李局长带领有关人员，深入基层，深入苗圃，深入花圃，从早忙到晚，一干就是1个月，衣服湿透了不知多少次。

我再举个感人的例子。

9月下旬，山东省昌邑市刚刚举办完全国花木信息交流会和昌邑绿博会。人如潮，花如海。这样的花木盛会，市政府已经举办了9届，每年都要拿出数百万元之多。连续9年，这样真心诚意为花木产业服务的举措，不容易。而不断得到实惠的是企业，是苗农。

一个地方，一个花木之乡，有了政府这样一棵大树，就能遮风挡雨，就能滋阴纳凉，就能大干快上，就没有克服不了的困难。

前几天，我到了陕西蓝田。蓝田是白皮松的产地。白皮松龙头企业的老板安双正先生，当着我的面向县里的张副县长建议说，他想举办一个蓝田白皮松大型发展研讨会。张副县长听后，说了这样一些话，同样让我感动。他说："白皮松已经成了蓝田一个产业，是农业的半壁江山，搞研讨会，可以更好地宣传蓝田。我全力支持!"

是啊，现在很多地方，花木产业已经成了半壁江山，成为农业转型，农民致富的重要抓手。我们的政府，我们的主管领导，就是要因势利导，为这个产业的发展推波助澜，搭好平台，做好服务。

服务，就要来真格的。让企业，让苗农，让花农，切实感受到是好大一棵树！

反之，作为企业也要向这棵大树靠拢。你想，各地有几个大企业没沾过政府的光儿。不然，你就是租地，没有政府的协调，能成吗？

2011年10月4日，晨

低价销售的机会不仅是马建明的

机会来了，就要抓住，而且要紧紧抓住，不留一点缝隙，这是一个企业做大做强的重要因素。北京荣金德园林绿化工程有限公司的总经理是马建明。目前，他就面临一个大规模销售苗木的极好机会。

我与马建明有十多年未相见了。那时候，他是北京京泰花卉有限公司的副总。我因为与总经理邸秀荣大姐是老熟人，因此跟马建明也就成了熟人。

那时，他30多岁，高高的个头儿，长得仪表堂堂，说话温文尔雅，透出几分斯文。邸大姐退休后没多久，有一个机关大院说要铺点草坪，搞点绿化，问他能干不能干？活儿不多，万把块钱。他是聪明人，当即应了下来。

他到京泰花卉前，是搞商业销售的。到京泰后，接触的业务都是鲜花、插花什么的。再接触绿化，等于拓展了他的经营空间，也拓宽了他的人生之路。

一晃，马建明现在已快到了“知天命”的年龄。但还是老样子，变化不大，似小伙子一般，充满活力。

他对我说，当年搞绿化工程，虽然活儿很小，但那是他个人第一次抓住的机会。如果当时犹豫，机会就会溜走，也就没有现在这个公司，没有前两年他承接的3000万元的绿化工程，像现在这样“海阔凭鱼跃，天高任鸟飞”，不大可能。

这次，他找我，说他的一个机会是在怀柔。怀柔2013年要举行一个大型国际活动。雁栖湖方圆20千米要进行拆迁，重新建设。

我们见面的头一天，他签下了一个合同，拆迁过程中的树木由他负责移栽、处理。这项工作最迟2012年要完成。他在雁栖湖周围转了好几圈，需要移栽的苗木加在一起，有数千亩。

苗木都是好东西，非常适合华北地区种植。例如桃树、山杏、苹果、油松、栗子、银杏、国槐、白蜡、垂柳、山楂、椿树、核桃等，都是大规格。

事儿又明摆着，移栽的苗木虽然是截止到明年底，但苗木都栽在地里，移栽也就是今冬明春四五个月的时间。再往后，天热了，移栽成活率就要低得多。

对此，我对马建明说，他现在面临的情况有两个突出特点：一个是苗木数量大，一个是时间有限。他听了，不住地点头称是。

针对此种情况，我提出两点建议："一是苗木销售价格，一定要明显低于现在苗木市场的价格。这样，你才有很强的销售优势。"

他说："我是低价包移栽处理的，那么，肯定也要以明显低于市场的价格销售。这方面，我已做好了充分的准备。"

"好。第二点，要采取各种措施让社会知道你在大量低价销售苗木。包括刊登广告。广告的优势是，可以把你的信息传递到每个有需求的客户角落。因为，一个人认识的客户总是有限的。而广告却可以起到无限延伸的作用。"

对第二个建议，马建明也很是认可。

这两点因素，马建明只要考虑周全，然后付诸行动，做到极致，不松懈，他搞好这次苗木大销售是没有什么问题的。这是对马建明而言。

机会，是马建明的。但我想，机会也是其他苗木经营者的。

他在这么短的时间里，要消化那么多的苗木，给建设工地腾地，时间限制的非常紧。因此，他就必然要走低于市场价格销售的路子。这样，苗木才走的快。

低价，东西又好，这就等于无形中给你提供了一个收购苗木的很好机会。马建明的机会要抓住，同样，这类的机会你也要抓住，赶早不赶晚。

这些年，随着城乡一体化进程的加快，很多地方都在拆迁，旧貌换新颜。这时候，原地需要移栽的苗木，销售价格都是比较低的。我在一些苗圃看过，虽然有些东西不像行道树那么整齐，但日后用到园林绿化工程上，还是宝贝儿。

在苗木处于牛市的时候，把收购苗木的眼光盯在这方面，就可以买到便宜货。按古董市场上的说法，这叫捡漏儿。

五代·安重荣《上石敬瑭表》云："须知机不可失，时不再来"。是的，机不可失，这对每一方都是如此。

2011年10月11日，晨

十年磨一剑，李志斌磨出了什么

十年磨一剑，出自唐·贾岛《剑客》的诗：“十年磨一剑，霜刃未曾试。今日把示君，谁有不平事？” 用十年时间磨一把好剑，锋利无比。喻为多年刻苦磨炼，本领非同一般。

“李志斌这把剑，就已经磨了十年。”昨天，我从保定的安国来到石家庄，赶去拜访该市农林科学研究院蔬菜花卉研究所的李志斌。一路上我就这样想。

李志斌，我是熟悉的。他是大名鼎鼎的高山杜鹃专家，搞这一行，有十多年了。这些年，尽管这里说搞高山杜鹃，那里搞高山杜鹃，但国内能够从组培苗到养成成品花的，还没听说过第二家。

“呵呵。不是10年了。从1998年底开始的，到现在13年了。”见了李志斌，他笑，脱口更正说。

13年的时间不算短暂。但经历的人，把时间都用在了为之奋斗的事业上，因此他会把起始记得很清晰的。

“哦。可不是吗，都13年了，时间过得真快。”我说：“按照十年磨一剑的说法，你觉得这十几年你磨出了什么？”

李志斌笑笑：“十年磨一剑？在回答这个问题前，我还是想先说，做这件事，没有各级政府、相关部门的大力支持是干不成的。”

“都有哪些政府部门的支持呢？”我问。

“首先，我们高山杜鹃这个项目，列入了科技部的科技范畴，属于中国与比利时政府之间的合作项目。因为，在高山杜鹃科研和生产上，比利时是处在国际前列的。我们国家，高山杜鹃资源非常丰富，但在利用方面几乎是空白。因此，这个项目启动之后，省科技厅、省外专局、省外办、省花协和市科技局都不断地给予了项目支持。”

“哦。看来做成一个项目，政府的大力支持很重要，这个因素不可缺少。”

“那是的。”他笑道：“这些年，我们与比利时的东佛兰德省有关部门建立了互访机制。你看，我们公司的小白在东佛兰德省根特大学学习了10个月，刚回来。这些年，我也没断了去比利时。反过来说，比利时的高山杜鹃专家也没断了来我们这里。”

是的，比利时对他们的工作也是很认可的。去年盛夏，上海举办世博会。比利时馆举办了一系列论坛，唯独一场高山杜鹃论坛，是与石家庄市联合举办的。

“你们通过这么多年的努力，还有不间断的交流，高山杜鹃达到了一种什么水平?”

“接近国际水平。”他笑道。

“接近国际水平？这句话去年在上海世博园比利时馆开会时，你就是这么对我说的。没变化?”

“这话，我想永远应该这么说。”他依然在笑，很是低调。

“为什么呢?”

“我不能说我们现在的高山杜鹃比人家养得好。从组培，到苗子的长势，整形的控制，还有花芽的分化，我们的水平不比别人差，是很接近的。区别就在叶片的颜色。我们的叶片，上面总是飘落一层粉尘，灰蒙蒙的。而人家高山杜鹃的叶子总是绿油油的，特别的鲜亮。我们之所以差，是临近有一个电厂，外部环境差造成的。”

我走进他们的温室。只见一盆盆高山杜鹃，生长非常健壮。现在离春节还有两个多月，花苞在肥厚的叶片衬托下，已经臌胀起来。株型，不论冠径是六七十厘米的大株，还是三四十厘米的小株，都非常丰满。

李志斌告诉我，种苗几乎都是他们自己组培的，已有十载。每年，都推向市场3万盆成品花。临近春节，便订购一空。当然，发到各地市场的花，出去前，叶片都要做一次处理，让叶子和花都那么漂亮。他们生产的高山杜鹃，品质虽然不错，而价格，则比进口的要低廉得多。

“李所长，这么多年，你最深的体会是些什么呢?”在温室里，我还是抓住这个问题不放。

他又是笑笑，说：“体会是多方面的。例如，影响高山杜鹃的生长，除了光照、温度、通风外，最主要的因素是供水供肥。我们现在做得比较细致了。因为，肥水都涉及酸碱度的问题，还有氮磷钾的比例问题。植物在生长的过程中，不同的阶段，对这些要素的需求都是不同的。需求不同，比例也就不同，这决定植株的发展方向。所以，我们现在在不同的阶段，都是有浓有淡地施肥，有多有少地浇水。当然，每次浇水时，就要加上不同比例的肥料。”

“真够精细的。”

“是啊。每个环节都要非常细致，水也好，肥也好，不是随便浇。我们经过很长时间的摸索，才悟出了这么一个道理。”

他的话，使我想起前些年，我在国内，后来在日本，常听到日本人说的一句话：“养花，浇水学三年”。看来，这话是有科学道理的。

李志斌，十年磨一剑。即便如此，他现在还不敢说他那把剑磨得有多么“锋利”。他

李志斌在盆栽高山杜鹃前

深知，养一种花，养出一种高品质的花，与做成一番事业相同，没有一定的时间积淀是不成的。

是啊！绣花针之所以精美，是靠长时间打磨出来的；春天的繁花之所以绚烂，是经过漫长的寒冬季一天一天孕育出来的。总想一夜花开，总想一口吃个胖子，怎么可能？

十年磨一剑。李志斌从中还找到了一种做事精细的理念。生产过程，每一个步骤都要做到精心，每一个环节都要实现精细。好的产品，是精心、精细的结果。同样，粗糙的东西，都是粗心、凑合的结果。

从这个意义上说，李志斌这把“剑”还在继续地磨。因为，世界上的事，只有更好，没有最好。

2011年10月14日，上午，于石家庄

风物长宜放眼量

大约是1998年春，我曾经帮人提了一点建议。这个建议对方采纳后，从而使他的事业一直顺风顺水。这个人，就是石家庄市农林科学研究院蔬菜花卉研究所负责花卉的所长李志斌先生。

如今，李志斌是国内著名的高山杜鹃专家。高山杜鹃从组培苗生产开始，一直到出成品花，投放到市场上，在国内，李志斌第一个做到了。即使现在，国内能做到这份儿上的人也极少。

前几天，我到石家庄李志斌那里，他当着几个新来的研究生和本科生的面，说道："你们知道吗？我们的高山杜鹃，在科研和生产上之所以能处于领先地位，全是缘于当初方老师的一句话。没有他的指点，当初要是搞四季杜鹃的话，我们在国内早没位置了。"

类似的话，李所长近五六年每每见到我，总是这么说。其实，就是善意地说了那么一句，却让人总也忘不了。

依我的看法，李所长是高招了我。但想一想，还是有说上一说的必要。

我记得那是1998年春季过后，我到了石家庄，见到了李所长。他对我说："我们所刚从国家申请了一个科研项目，最近准备到欧洲考察，看看比利时杜鹃。"

当时，国内正是比利时杜鹃热。可以说，是热得一塌糊涂。在年宵花市场上，一盆二三十厘米冠径的盆花，销到五六十元。比利时杜鹃，就是四季杜鹃。

当时，谁生产比利时杜鹃谁挣大钱，谁销售谁也挣大钱。听话听音。看李所长的意思，他到欧洲考察，是有意想在四季杜鹃方面引进项目。

对此，我很坦诚地提醒他："你要是上比利时杜鹃项目的话，可要慎重。因为，比利时杜鹃繁殖快，火得也快，国内发展的势头太猛。你想想，再过两三年，比利时杜鹃的售价还会有这么高吗？我看不大可能。"

李所长是个很有经济头脑的人。他向年轻人介绍当年的情况时说："我觉得方老师的分析有道理。我到了比利时后，就把他的话记在了心里。在比利时，我看到了很多种杜鹃：那里，真是杜鹃的海洋。四季杜鹃漂亮，花团锦簇；高山杜鹃也非常漂亮。通过深入的了解，我发现比利时四季杜鹃枝节紧凑，花芽多，一根条子，一次可以剪成十来根插穗，繁殖系数相当高。而高山杜鹃不同，枝节的芽眼很少，繁殖系数比四季杜鹃要少四五倍。况且，当时高山杜鹃也没人引进。再想想方老师的提醒，所以当时就引进了高山杜鹃。”

“呵呵！搞高山杜鹃难度大。现在咱们在这方面不落伍，就是再过些年，在国内也不会落伍。”李所长没等年轻人说点什么，便笑着感慨。

李所长说的这番话，非常之轻松。

他为何那么轻松？他沾了什么光？

是沾了我的光？有，但很有限。最重要的，我想他是沾了考虑问题眼光长远的光。

清朝王静安讲到古今之成大事业者，必经过三种境界，其中第一个境界是：“昨夜西风凋碧树，独上高楼，望尽天涯路”。

我们发展花木事业，何尝不是如此。

“乱花渐欲迷人眼”“池塘生春草，园柳变鸣禽”，确实是很美妙的。但发展一个项目，做出一个决策，不能被眼前的情形所迷住。鼠目寸光不成，坐井观天也不成，不然就要吃大亏了。

我们要站在全国的角度，甚至是站在世界的角度，来审视自己的企业，解决发展中的各种问题，做到“风物长宜放眼量”。这样，我们也可以像李所长那样，轻松地做事，轻松地说笑。

2011年10月18日，晨

金叶榆维权做得好

我前两天在北京给黄印冉先生打电话，问他在不在石家庄，说过两天想去见他。我之所以要打个电话，是因为知道他今年很忙，经常出门，维护他们在金叶榆知识产权方面的合法权益。对这个事，我是全力支持的。因为，搞出一个新品种不容易。

“我不在，我要去西北出差，还是为维权的事忙。”当时他在电话里说。

他说的维权，自然指的是金叶榆的事。

黄印冉是河北省林科院彩叶植物研发中心负责人。金叶榆就是他和张均营高级工程师一起培育出来的。

金叶榆，属于白榆的一个变种。叶片金黄，色泽艳丽，叶脉清晰，质感好；叶卵圆形，比普通榆树的叶片稍短；叶缘呈锯齿，叶尖渐尖，互生于枝条上。金叶榆的枝条萌生力很强，枝条上长出十几片叶子时，腋芽便萌发，长出新枝。因此，金叶榆的枝条比普通白榆更密集，树冠更丰满，造型更丰富。

我记得2005年金叶榆刚推向市场的时候，我曾来过石家庄。在省林科院看到金灿灿的金叶榆后，非常振奋。当时，我对黄印冉先生和张均营先生说："这个品种市场占有率日后了不得！因为，它填补了长城以北没有彩叶树种的空白。"

金叶榆虽说是金黄色的，但按赵本山的话说，"你就是穿上马甲我也认识你。"因为，金叶榆其本质还是榆树。榆树是我们的乡土树种，最耐贫瘠，最耐寒冷，即使到了哈尔滨，成活也没什么问题。

金叶榆在2004年6月通过了省科委鉴定，2005年通过了河北省林木良种认定，2006年通过了国家植物新品种保护 (新品种名为美人榆)，授权保护期为20年，品种权人是：河北省林业科学研究院、石家庄市绿缘达园林工程有限公司。品种权号：20060008。

为此，张均营先生还作《感言美人榆》七言诗一首："彩叶新品美人榆，乔木灌木皆相宜；乔木造就金光道，灌木修得色彩篱；高球低球用途广，隔离带上人人迷；造型苗木多多样，草书盆景更稀奇；苗木连年销得俏，今年各地又告急。"

这两天，黄印冉虽然不在石家庄，但印冉当时在通话中说得非常干脆："方老师，我不在没关系，张工在，您有什么问题，他会向您介绍的。"

昨晚在石家庄，我不仅见到了张均营先生，还见到了石家庄市绿缘达园林工程有限公司的几个人。

"为什么要维权?"张先生是金叶榆的主人之一，我当然要听听他是怎么说的。

张先生说："为什么要维权？还不是这几年侵权太厉害了！涉及面是全国性的，尤其是华北地区、西北地区和东北地区，侵权的最多，严重危害了品种权人利益。"

"严重到什么程度?"

"如果打开百度搜索引擎，你就会大吃一惊，生产繁殖、销售金叶榆的不下几百家，90%以上是侵权的。"

现实情况也是如此。我今年在长江以北跑了不少苗圃，去了不少苗乡，所到之处，都有金叶榆。有的叫黄金榆，还有的叫黄叶榆，其实，这些都是张先生他们培育的金叶榆。

因此，这些年在推广的苗木新品种中，如果评选普及面最广的两个新品种，我认为：长江以南，要属红叶石楠；长江以北，则属金叶榆。这两个品种当选，除了适应范围广外，还有一条，是可塑性非常大。但话说回来，我们现在搞的是社会主义市场经济，也就是商品经济。商品经济的鲜明特征之一，就是尊重知识产权。

按国际惯例，一个新品种，社会上推广得越多，品种权人享受的成果就越多。但我们现在的情况恰恰相反。你推广得再多，品种权人也无法享受到应有的成果。这是一种客观现实。因为，我们尚处在商品经济的初期阶段，尊重知识产权的意识还比较单薄。侵权的，在骨子里就没有意识到这是违法。

因此，理直气壮维护受法律保护的新品种就很有必要。不然，以后谁还敢搞新品种？谁还乐意搞新品种？而我们花木业的发展，又离不开新品种。这一点，张先生他们看得非常清楚。

他们带了一个好头，是属于第一拨“吃螃蟹”的维权的育种人。

我注意到，在我与张先生等人交谈的两个小时中，他加重语气，反复强调说：“我们之所以维权，目的是不让老实人吃亏”。

不让老实人吃亏，说的好！我想，不让老实人吃亏，这其中至少涵盖两部分内容。

一部分内容是，不能让品种权人这一方吃亏。尊重知识，尊重人才。育种人光荣，育种人伟大。育种人理应受到全社会的尊重，都是对的。而伟大也好，光荣也罢，体现在什么地方？我想其中之一就是要切实体现在经济利益上，不能仅仅是嘴上抹蜜。我们国家，每年开科技大会，重奖科技有功之臣，表明的也有这个意思。因为新的东西，永远是我们发展的不竭动力。

另一部分内容是，不能让授权许可经营的繁殖者吃亏。按期缴纳新品种授权许可经营繁育费，或者买断一个新品种经营权，这是尊重知识产权的一种可贵行为。全社会都要大力提倡。这样的企业，这样的经营者，我是佩服的，做事像个爷们儿！既然人家做出爷们儿的事，我们也不能让这样的老实人吃亏。不然，他人随意繁殖，不交新品种保护费，也是一种不平等的竞争。如此下去，就会挫伤缴纳保护费人的积极性。

金叶榆的维权行动，从去年着手筹备，今年初正式开始。为此，河北省林业科学研究院和石家庄市绿缘达园林工程有限公司，专门成立了联合维权办公室。由十几个人组成，抽调的都是两个单位的精干力量。

院领导多次表态：“我们维权，重在提高人们的法律意识，尊重知识产权，树立正气，规范行为。通过维权，使尊重知识产权者得到实惠，不让他们吃亏。同时，决不能让那些明知违法却仍一意孤行者占到便宜。一年不成就两年，两年不成就三年，总之维权一定要进行下去。”

为何维权？石家庄市绿缘达园林工程有限公司一位负责人对我说：“维权，一是要保证我们公司的合法利益，同时，也是保护品种权人的利益，使其更有育种动力。二是规范金叶榆市场，使金叶榆产业的发展处于蓬勃发展的状态。三是通过维权，为在我国形成维护知识产权良好的社会氛围，尽我们一点力，最终成为全社会的一种自觉行动。”

通过这大半年的努力，他们的维权行动取得了较好的进展，已经和不少侵权企业达成了和解协议。有些单位主动缴纳授权费，取得了授权许可。其中，对一家单位进行了判决，维护了正义。

我想，这些真是值得称道的。我衷心地祝福他们，因为他们是为正义而战。

2011年10月15日，上午，于石家庄

发明“银杏组合大树”的土专家

在苏北邳州，我见到一棵银杏组合大树后，禁不住惊呆了。

车子穿过山东郯城红花乡，进入江苏邳州后，道路两旁的地里，全是4米多高的银杏，大约有二十多千米长。这样的场景，这么大规模的银杏，我没有见过。但我并不感到惊奇。因为，这里与郯城一样，都是全国著名的银杏之乡。就像走到山东济宁的李营，遍地看到的都是法桐；在江苏南京，遍地看到的都是雪松一样。

但到了邳州市铁富镇，在银杏博物馆一旁的银杏基地里，当我看到一棵人造组合大树后，一种强烈的震撼感油然而生。

那树有2米多粗，5米高。研究出这种特殊大树的主人叫赵华友，是一个近60岁的老者。他是邳州地区有名的“土专家”。

大树的外围，是个见方的脚手架，顶上有个塑料棚，好像带个大草帽。这个草帽，是为了遮挡雨雪的。5米高的大树是怎么组合而成的？我感到莫名其妙。

在四川温江，我见过用小桂花组合而成的大桂花。中间是个粗大的木桩，算是模具。在模具的外围，种上一圈小桂花，时间一长，小桂花长在一起，再把里面的模具拿掉，就是一棵漂亮的组合桂花树桩。但那种组合，充其量两米多高，是“小儿科”，与这棵银杏“巨无霸”无法相比。

我凑上前去，仔细观察，才大抵看个明白。原来，在地面上，种上的是一圈10厘米粗的银杏，五六十厘米高，抹过头的。然后，在上面嫁接两段细小的银杏。小银杏有五六十厘米长，然后，再在一段粗壮的银杏上，再嫁接两棵五六十米长的小银杏。就这么像蜘蛛网似地反复往上连接，直到二十多米高。

因此，它的结构是网状式。每一层离开地面的小树，都种在一圈金属槽里，这样植株可以避免大风的侵袭。此外，老赵在下面，还种了一圈小银杏，抹去头，与木桩连接，起到辅助补充营养的作用。

老赵告诉我，搞这样一棵景观大树，仅小银杏苗，就用了1000多株。从开始组合嫁接，到成形，一连进行了20多天。

他认为，他搞的这种组合银杏大树，可以实现“千古奇观”的目的。

是啊！银杏被列为中国四大长寿观赏树种（松、柏、槐、银杏）。其树高大挺拔，叶似扇形。冠大荫浓，姿态优美，春夏翠绿，深秋金黄，具有显著的降温纳凉作用，观赏性强，是著名的园林绿化树种。不仅果实是补品，叶子，也可以药用，还可做很好的饮用品。老赵称其为“上天赐给人类的万宝囊”。

记得十多年前的一个春日，我到北京西山大觉寺游览，见有数株大银杏。在无量寿佛殿的院里，有一棵银杏树王，30多米高，已有上千年的历史，浓荫遮满了大半个院子，甚为惊奇。对古银杏，乾隆帝有诗云：古柯不计数人围 ，叶茂枝孙绿荫肥 。世外沧桑阅如幻 ，开山大定记依稀 。”

现在，老赵搞的这棵特殊的大树，无需“世外沧桑阅如幻”，只需20余年，小树之间，即可全部连接一起，形成一棵真正的参天大树，且有很强的艺术性。而这棵大树，与大觉寺古银杏不同的是，其人工痕迹多少年后依稀可辨。这样，后人可以真切感受到我们这一代人的智慧。

老赵有今天的成果，也是去寺庙受的启发。因为，大银杏几乎都集中在古刹里，而在我们的都市里，却很难见到大银杏的踪影。由此，他在20年前就产生了强烈的念头：采用人工组合的办法，迅速造就银杏大树，供市民欣赏。

为了实现这一愿望，老赵摸索了10多年。他一次次的实验，一次次的失败，再一次次的实验，坚持不懈，大有愚公移山挖山不止的精神。今年，他终于美梦成真。但这么多年，他不仅付出了大量的心血，还搭上了销售银杏苗木的全部资金。

为此，我问老赵：“您付出这么多后悔不后悔?”

老赵笑道：“一点也不后悔。我掌握了一门为社会造福的技术，是享受之道，也是致富之道。不付出，哪来的回报啊?”

是的，付出才是回报的基础。凡是有显著成绩者，都不是轻而易举，随便可得的，必须坚定不移，经过一番辛勤劳动，废寝忘食，孜孜以求，咬定青山不放松才换来的。

老赵现在最大的愿望，是想先在北京造一棵这样奇特的银杏大树，供国内外贵宾欣赏。我想，其结果不论如何，他的付出，都将会有收获。

2011年10月21日，晨，于江苏邳州铁富镇

横看成岭侧成峰

“横看成岭侧成峰，远近高低各不同”。

这是苏轼《题西林壁》中有名的诗句。诗的表面意思是说，庐山从正面看，它是一道道连绵起伏的山岭；从侧面看，它是一座巍然耸立的险峰。从远处近处高处低处看，庐山呈现的是不同的形象。而更深一层，它表明的是同一种事物站在不同的角度看是不一样的，各有其妙趣之意境。

这一点，倘若我们在花木经营中运用得好，也可以找到一条顺畅的发展之路。今天来到山东临沂，走访山东临沂邦博园林绿化有限公司之后，我就有这样深刻的体会。

刘海彬精神抖擞地站在他的樟子松生产基地里

该公司的老板名叫刘海彬，30多岁。他中等个儿，圆脸盘，文质彬彬的，不知道的以为他是江南人，没有一点山东大汉的影子。其实，他还真不是山东人，也不是江南人，而是东北吉林省通化人，在东北“那疙瘩”长大的。但他的血管里确实流淌着山东的血脉，因为，他的老家是潍坊的。落叶归根，现在，他的父母就在潍坊老家安度晚年。

刘海彬从戎退伍后，2000年起，就来到山东临沂闯天下。他开过饭店，搞过交通监控器材，还搞过企业认证咨询。因此，他从事苗木经营，满打满算，不过两年的时间。可以说，刚跨入这个门槛儿。不过，刚进入这个行业，也不一定就比别人差。

我早上一下火车，刘海彬来接我，他说了一句话，我就感觉很好。他说：“进入任何一个行业，不是差在早和晚上，关键是根据行业发展的现状，如何找到一条适合自己的发展之路。”

在临沂市区之外80余千米的莒县，有一个叫洙边镇的地方，我看了他的苗圃。苗圃在一处地势起伏的丘陵地带。200多亩地，一水儿的松柏类针叶植物，主要是油松和樟子松，都是三四年生的苗子。浇水采用的是滴灌。一根根黑色的软塑料管铺设在其间，什么时候需要浇水施肥，一拧龙头即可。因此，这里的苗子都是郁郁葱葱的，长势非常之旺盛。这不禁让我想起了陈毅元帅有名的《咏松》：“大雪压青松，青松挺且直。要知松高洁，待到雪化时。”

这里的青松，虽说都还是些小苗子，但高大挺拔的树木，哪一棵不是由小苗而来的。

油松小苗，在这里生长自然是相安无事了。对于樟子松，刘海彬说他最初还真有点担心。因为，他是第一个在山东大批量引进种植樟子松的人。仅这一个品种，他就投资了上百万元。如果禁不起夏季的高温打击，损失可就大了。还好，经历一夏天，樟子松在这里平安无事。

刘海彬说：“这样一来，他就可以放心大胆地发展这些适应东北和西北地区的植物了。按说，油松和樟子松在他家乡搞育苗的人很多。他就是看到这一点，还有在夫人的大力支持下，才走上了这样一条道路的。

他发展油松、樟子松等，不是步别人的后尘了吗？还有什么好果子吃吗？没错，是步了别人的后尘。但好果子还是有得吃的。因为，他看清了这之间的差异。

同是一枝梅花，有人赞叹它风骨傲霜，有人则感慨它孤寂落寞；同是一块石头，有人觉得它冥顽不化，有人则欣赏它坚韧固守。这就是差异。他看清的差异，是气候上的差异。东北，无霜期比起山东鲁南地区要短得多。这里生长一年的苗木，在东北至少要生长一年半。于是乎，他在价格上就可以有比较强的竞争力。别人售1元的苗木，他则可以售7毛，之间相差3毛。

我从刘海彬的苗圃回来的路上，就有东北客户打来电话要他的苗子。显然，他在价格上是有优势的。

差异是魂，从某种意义上说是对的。看问题的角度不同，换一种思考方式，选择新的视角，找出彼此之间的差异，其结果大不相同。

2011年10月19日，傍晚，于山东临沂

刘海彬的诚信

刘海彬是山东邦博园林绿化工程有限公司总经理。眼下，他主要在临沂莒南县洙边镇生产油松、黑松、樟子松一类针叶植物，重点销往东北、内蒙古和西北地区。

油松和黑松，两者之间是一字之差，都有个“松”字，但彼此之间的生长习性却相差甚远。

油松原产中国，树姿雄伟，针叶繁茂，分布范围非常之广。北到吉林，南到四川北部，-25℃的气温下均能生长。我查了一下，我国古代对松树的记载。南北朝时期陶弘景的《本草经集注》，中云：“方书言松为五粒，字当读为鬣，音之误也。言每五鬣为一叶，或有两鬣、七鬣者。松岁久则实繁，中原虽有，然不及塞上者佳好也。”《本草纲目》还描绘了油松的特点：“松树，磊砢修耸多节，其皮粗厚有鳞形，其叶后雕。二三月抽蕤生花，长四五寸，采其花蕊为松黄。结实状如猪心，叠成鳞砌，秋老则子长鳞裂。”

黑松则是外来物种，原产在日本及朝鲜半岛。它葱葱茂茂，密密层层，树姿雄伟，是不用说的。现在，黑松主要在我国山东、江苏、安徽、浙江、福建等沿海诸省栽培。黑松又称白芽松，两针一束，刚强而粗，新芽白色，耐寒性较比油松相差很大。

但刘海彬在销售这两个品种时，是有一说一，有二说二。对此，我是感同身受。

前天，他开车送我到徐州的邳州。车子刚出临沂，就有客户打来电话。

“你好！我是刘海彬啊！”他戴起连接手机的耳麦：“你是哪里？哦，我们是东北老乡。你在山东胶东经营苗木啊。”

我就坐在刘海彬的身边。对方在电话里的声音我大概是听得到的。对方说，他想要一批油松，1米来高的，发到西北去。

“我的油松量最大，但规格比你要的要小一点。”

对方说，黑松有没有？

“有。六七十厘米高？没问题，我这里数量也很大。”

对方说，那就买你的黑松。

“话要先说在前面。黑松你拉到哪里？”

对方答：西北。

“你要把黑松当油松卖到西北，死定了。”他的态度极为鲜明。

对方问：为什么？

“黑松主要是种在沿海地区，防风和景观效果都不错。但黑松超过零下16℃就冻死了。兄弟，我不可能把黑松当油松卖。”

对方解释说：有人去年就把黑松销到西北去了。

刘海彬的脸上立即出现了一种凝重的表情：“你要是把黑松发到西北的话，一冬天就冻死了。这个结果我是知道的。客户买你的苗子不能活，这不是坑人嘛！来年，人家还会买你的苗子吗？”

对方一时无语。

刘海彬继续说：“黑松针叶直、硬而且扎手，生长点的头儿是白的。油松针叶毛儿软，生长点是红的。最大的区别是，一个适应西北和东北寒冷的气候；一个是不适应寒冷的气候。我要是把黑松当油松卖给你，刚搞苗子的看不出来。但它不耐寒啊！过一冬就现形了。我成啥人了？”

末了，刘海彬斩钉截铁地说：兄弟，你还是找别人问问有没有油松吧。咱都是老乡，坑人的事可不能做。为了一笔生意，赚几个钱，背个骂名不值！”

这就是刘海彬的经营处事原则。他在通话里，没有说出一个“诚信”的字眼，但每一句话里，都表明了诚信第一的原则。

说到诚信，不禁使我想起了曾子。曾子，是孔子的学生，16岁拜孔子为师，颇得孔子真传。著名的《大学》，就是出自曾子之手。曾子有个与杀猪相关的故事，这与刘海彬的做事原则很是相似。

有一天，曾子的妻子到市场上去，她的儿子要跟着一起去。小家伙一边走，一边哭。妈妈对他说：“你回家去，等我回来以后，杀猪给你吃。”

妻子从市场回来，曾子要抓猪来杀，妻子急忙拦住他说：“我说杀猪，只不过是跟小孩子说着玩的。你还当真？”

曾子说：“当然。决不可以跟小孩子说着玩。小孩子本来不懂事，要照父母的样子学，听父母的教导。现在你骗他，就是教孩子骗人。做妈妈的骗孩子，孩子不相信妈妈的话，那是不可能把孩子教好的。”

于是，曾子把猪给杀了。

诚信，说白了，就是说话算数，属于道德范畴，是公民的第二个“身份证”，更是我们花木经营者走向成功的通行证。诚信坚守的原则是：真诚，老实，讲信誉，言必信，行必果，一言九鼎，一诺千金。古今中外，莫不如此。

赚钱，靠的是智慧，靠的是紧紧抓住机会。靠欺诈，唯利是图，失信于客户，无异于丢了西瓜，捡芝麻，得不偿失。

“信用既是无形的力量，也是无形的财富。”刘海彬这样说。

2011年10月22日，下午，于江苏淮安

淮安的重点绿化工程为何任鲁宁干得多

任鲁宁先生是江苏省淮安市钵池山景区管理处主任。他也是我们中国花卉协会月季分会的常务理事，还是江苏省摄影家协会成员之一。近年出版的《中国淮安月季》一书，其上百幅精美照片，都出自他一人之手。近七八年，他不管是在淮安市月季园当主任，还是在钵池山景区主持工作，市里的不少重点园林绿化绿化工程，都是他领衔完成的。他为何有这样的优势？按小沈阳的话说："这是为什么呢?"

是啊，这是为什么呢?

前天，也就是2011年10月21日，我从邳州来到淮安市钵池山景区管理处，见到任鲁宁，就这个问题与他进行了沟通，让我感慨颇多。

近些年，淮安市应邀到外面参加过两次大的园林景点布置，也都是任鲁宁代表淮安去完成的。

从近处说，一次是今年，他刚刚完成了在重庆的园林景点布置任务。前几个月，我几次打电话给他，他都说在重庆忙着施工。在重庆施工，是因为11月份，将在重庆举办第八届世界园林博览会。主办方，特意邀请淮安参展。淮安，是国家级园林城市，也是周总理的故乡，而且周总理工作多年的地方就有重庆（1938年底至1946年5月，周总理在重庆南方局有将近9年的战斗生涯）。他们布置的景点，取名为"梅韵荷风"。淮安市和重庆市双方的领导均已看过，都很满意。"梅韵荷风"景点，占地面积不小，有3亩地之多，重点突出的是梅和荷。意为合合方圆。淮安，是周总理的老家。周总理从小就喜爱梅的品格，曾经在淮安老家种植一品梅。而荷，喻为合合之意。一树漂亮的梅花，是用铜精心制作的，镶嵌在玻璃墙上，形状像一本摊开的图书，展现在人们的面前。荷的表现也极富创意。在水里，用三瓣亭亭玉立的荷叶，组成一个亭子，材料也是铜的。同时，还把淮安作为古运河之都完好地体现出来。景点里，离不开植物配置。梅花，自然是必不可少的了。其他的每一种树木也不是随意栽之，都是含有寓意的。例如，种植的青枫，体现的是两袖清风。枝繁叶茂、秋季开花、芳香四溢的桂花，可谓"独占三秋压群芳"，在这个景点里，

任鲁宁先生近影

则体现的为大福大贵。富有创意的园林景点，不仅是任鲁宁代表钵池山风景管理处施工的，连设计也是他们完成的。

再往远点说，2005年10月，江苏省在南通市举办第四届园艺博览会，淮安市展示的园林景点，也是任鲁宁完成施工的，获得了造园艺术金奖，并且名列榜首。当然，那时候的任鲁宁是淮安市月季园的主任。他代表的，自然是淮安市月季园。

他在市里承接的绿化工程细数起来，就多了。仅去年，他就完成了台湾观光农业创意园的园林绿化施工，还有4个安居住宅小区景观绿化施工，以及完成了翔宇大道大树补植工程、淮海西路绿化改造工程等。这些活儿，都是市里的重点绿化工程。从2001年起，他在负责淮安市月季园期间，还连续八年承担了淮安市区重点地段的摆花美化工程。

干了这么多的活儿，争了那么多的光，添了那么多的彩，在我的一再追问下，他道出了4点体会。

一是负责。换句话说，就是责任重于泰山。他说，对于领导交办的任务，必须不折不扣地尽快完成。他承接的活儿，常常连图纸也没有，只能按领导的意思自己设计，然后精心组织施工。做到这一步，他说没有敬业精神不成。敬业，就要全神贯注，上午能做的事绝不拖到下午；今天能做的事，绝不拖到明天。否则，“明日复明日，明日何其多?”这样，势必虚度光阴，会误事的。倘若拖拖拉拉，还谈什么负责？还谈什么敬业？去年春，我在他这里时，正赶上在一个路段施工。晚上，他匆匆地吃了一点饭，就到施工工地去了。在现场，他整整盯了一夜。类似的情况，还有很多。

二是完美。完美，不是绝对的，只是相对的，就是尽自己最大所能，把事情做到尽善尽美，达到施工最为理想的状态。要做到这份儿上，就要用心做事。用心做事，不是把大架子搭好，人家猛地一看挺好，就大功告成了。而是要禁得起细品。因此，他说，做事一定要注重每一个细节。比如种植一株树，不仅树的冠径、树的粗度要符合条件，而且树干不直也不行。为此，每次采购苗木，他都要亲自参加。还有，花卉布置时，图案的选择，花色的搭配，都要非常协调。另外，草坪与树木，与水景，与园石的衔接，都要做到天衣无缝才行。总之，忽略哪一点，都会让完美打折扣。

三是时间观念要强。一个工程，都有一定的施工工期，有时，工期还很是紧张。作为总指挥，就要有很强的时间观念。施工的时间，还不能卡得太紧，还要留有余地。因为，总要给领导或者甲方留出检查的时间。不符合要求，还有改进的时间。否则，就会被动。仓促赶工期，活儿不会干得漂亮。因此，先期的土建和后期的绿化施工，就要做到环环相扣，紧密衔接，互不干扰。这周种什么，下周铺什么，计划的都要非常周密。

四是坚持不外包。这些年来，任鲁宁不论干的是小工程，还是大工程，一律不外包。谁找上门来也不行，都要以所在单位为施工方。他说，只有这样，亲自动手，才能保证工程尽量完美。不然，施工不好，你就要跟在外包商后面，求人家改进。因为，工程中标方是你。损害的是你的形象，甲方到时候要打你的屁股，追究你的责任。如此下去，谁还愿意把工程让你去完成。对客户负责，坚持不外包，是起码的条件之一。图省事，把活儿外包，倒是换了两钱花，但最终害的是自己。

任鲁宁的体会，其实就是经验，值得大家好好学习。谁做到了，谁在园林绿化工程方面，都会干出很棒的活儿。

2011年10月23日，晨，于江苏淮安

祝“江苏山水”新的十年稳步发展

前天，就是2011年10月22日，我正在江苏常州停留，偶然听说江苏山水建设集团有限公司迎来了它的十岁生日。我作为这家公司董事长姚锁坤先生的老朋友，感到非常的高兴。随即，给姚先生发去了一条恭贺短信。在短信的最后，我本想这样说：“祝江苏山水在新的十年稳步发展”。但一想，这样说显得不够给力，于是改成了“再创辉煌”。但仔细想想，一个企业的发展，哪儿来的那么多辉煌？还是实事求是一点，用“稳步发展”为好。

江苏山水过去十年的发展，我是知道一些的。这家公司，总部在江苏镇江管辖的句容市。2001年以前，该公司名为江苏省句容农业学校喷滴灌工程公司，主要从事草坪经营。随着城市园林绿化的崛起，姚锁坤先生顺应了社会发展潮流，在公司实行改制后，成立了现在这家以园林绿化设计、施工为主的公司。尔后，又逐渐扩展到园林绿化工程监理、道路、桥梁公用设施的施工。

过去的十年，该公司的业绩是骄人的。2009年秋，他们拿到了建设部颁发的“城市园林绿化一级施工资质证书”“园林设计甲级资质证书”，在市政、农林工程监理方面，也获得了甲级资格。

2009年年底，我去他们公司的时候，姚锁坤先生告诉我，那一年的园林绿化施工已经突破1亿元。今年，园林绿化施工会超过10亿元。

公司何以发展这么猛？

我想，他们的经验是多方面的。但我知道有两条是颇为重要的。

一条是公司的掌舵人姚锁坤先生始终有一种忧患意识。

记得五六年前他对我说，他看到国内一份比较权威的调查报告，说是我国的民营企业平均寿命只有5年。他吓了一跳。他觉得，如果他的公司也跳不出去这个圈子，倒闭了，自己日后养老是否有保障是小事，但坑了那些跟着他干的弟兄们。这样的话，他怎么对得起他们一家老小呢？压力变成了动力。为此，他不断地反省自己，不断地探索公司与社会发展的差距。找到了差距，就有了发展的方向和动力。

还有一条是鼓励员工在职学习，在全公司造成一种浓郁的学习气氛。

姚锁坤曾经告诉我，在公司成立初期，他就鼓励大家，参加建造师、工程监理师等国家认可的职业资格认证考试。有了这些资格证书，你就等于有了进入这些领域的通行证。为了鼓励大家学习的积极性，他带头学习，带头参加认证资格考试。此外，凡是参加学习，考试合格的，公司给予学费报销；此后，还可享受公司技术人员相应的工资待遇。总之，只要努力学习，好处是大大的。这些措施的跟进，效果很是显著。

现在，该公司拥有各种职业技术资格的员工超过了100名。真是不得了。这种情况，恐怕在全国都是数一数二的。如今，他们的企业有那么多挣钱的家伙什儿，自然与公司长期重视人才培养密切相关。

新的十年，总要有新的气象。

为此，我提出3条建议，核心是稳步发展。

一是继续树立忧患意识。只有具有忧患意识，才会不骄不躁。毛主席有句名言：“中国的革命是伟大的，但革命以后的路程更长，工作更伟大，更艰苦。这一点现在就必须向党内讲明白，务必使同志们继续地保持谦虚、谨慎、不骄、不躁的作风，务必使同志们继续地保持艰苦奋斗的作风。”

这里的“不骄、不躁”很重要。

不骄，就是不能对已经取得的成绩产生骄傲情绪。放开眼界，站在国际的视角，我们取得的这点成绩微不足道，离打造世界一流企业还相差甚远。

不躁，这一点同等重要。我们行业中有些人，总想一口吃个胖子，当行业老大。在这种思想的支配下，比赛扩项目，扩基地，大有无所不能，战无不胜的架势。照这个思路发展，有的企业，看似很大，但外强中干，经不起风吹草动。这样的企业，说是龙头企业，但实际上是空有其名，起不到龙头带动作用。所以，戒躁非常有之必要。还是踏踏实实，一个脚印一个脚印往前走为妙。

二是加强管理，明确责任，各就其位。这就是说，一个公司，上上下下，要在一个非常宽松的氛围里做事。老板做老板的事，总经理做总经理的事，部门经理做部门经理的事。互不干扰，互不越权，互不包办代替。只有这样，才能发挥每个人的专长，做到心情舒畅做事。许多例子证明，一个人在一个地方做事，人的心情愉悦是第一位的。跳槽的，往往不是待遇问题，而是不开心、郁闷缘故所致。一个人，不称职，可以批评，可以教育，甚至可以调离。但上级不能包办代替。明明是下级干的事，上级却插一杠子，让下级干也不是，不干还是不是。这种状况时间一久，人就会感到压抑，不开心。人在一种不开心的环境里做事，企业发展就难。反之，就和谐。和谐了，企业才能做到可持续发展。

三是精益求精，注重每一个细节。我们通过三十几年的发展，在各个方面，对品质、完美有了迅速的需求。当然，完美是没有的，只有更美。

因此，前几年风行一本书，即，《细节决定成败》。这话是对的。

就我们园林花木产业而言，我们现在差的，不是规模，不是摊子，不是植物品种。这些，西方有的，应该说我们哪一点都不缺。我们缺的是品质，缺的是尽善尽美。因此，同样的一盆花，一棵树，人家卖1元，我们也就卖5毛，甚至是3毛，差距很大。

好端端的一个花木基地，人家每一个角落都干干净净，整整齐齐，我们却随处可以看到废弃物。这还是看得见的。那些看不见的，不注重科学，在花木养护中的随意性就更多了，所以，注重每一个细节，把每个环节做到尽善尽美，显得尤为重要。

美国是世界上最发达的国家。但奥巴马总统上台的时候，他给女儿写了一封信，还这样写道：“你们的祖母使我懂得，美国之所以伟大，并不是因为这个国家完美无缺，而是因为这片土地的人们总能够使这个国家变得日益完善。现在，这个使命已经落到了我们的肩上。”

我想，这个责任也落在了我们的肩上。因为，我们只有如此，才能逐步缩小这方面同西方的差距。

借江苏山水成立十周年之机，我随意想到了这么3点，记录下来。既是对他们讲的，也是对所有园林花木企业讲的。不一定对，仅供大家参考而已。

2011年10月24日，晨，于江苏常州

潘光霞，精心打造美华秋枫花境品牌

石家庄市农林科学研究院蔬菜花卉研究所的白宵霞，从比利时学习回来没有多久。她告诉我，在比利时，以致整个西欧，经过百年的发展，花卉生产已经实现了系统化。一种盆花的推出，需要好几个环节。养成品花的只负责养成品花，而与此相关的环节，诸如种苗、水肥是否合格、病虫害如何防治、设施的维护等，都有专门的公司负责。

这种系统化、链条化生产的先进模式，在我们的花木行业里也已开始出现。比如，实施一个园林绿化工程，涉及花境部分的，就有专门经营花境的公司承担。

无锡美华秋枫园艺有限公司，就是专门干这个活儿的一家公司，而且干得非常漂亮。美华秋枫花境，已经成为华东地区一个响亮的品牌。

使美华秋枫花境成为品牌的人，是该公司的董事长潘光霞女士。

潘光霞，30多岁，高高的个子，人长得漂亮。第一眼，就会让人过目不忘，这与她精心营建的花境很是吻合。她的外表，很像个东北女孩儿，但接触之后，你就会发现，这是一个典型的江南才女。用“清艳脱俗、美丽贤淑、闲雅超逸，又不失坚毅”形容她，是比较恰如其分的。

昨天，我从常州来到无锡，见到了这位美女掌舵人。在她的办公室里，只见桌子上，摆了一大堆材料。此外我注意到，桌子上还摊着两本她正在看的新书；一本是《艺术哲学》，一本是《读点经典》，都是古今中外大家的作品。很显然，她读这些书，是为了提高自身艺术修养。

她告诉我，她是2004年一个偶然的机会，才干上花境经营这一行的。在此之前，她是经营苗圃的，主要种植美国红枫。美国红枫，属于一种彩叶植物。就因为是彩叶植物，引来江阴一个花境工程。具体点说，就是江阴的黄山湖公园。

花境一经推出，好评如潮，很多新闻媒体都做了集中报道。从此，她看到了花境的巨大商机，一发不可收拾，给公司重新定位，走上了专门从事花境设计和营建的道路。

“花境”这两个字我们中国人并不陌生。清康熙年间的陈淏子，著有一本书，其名就是《花境》。此书，专门谈的是园艺植物。而园林上所说的“花境”，则大不相同。它是将以宿根花卉为主的观赏植物，布置于室外的一种园林形式，追求的是“虽由人作，宛自天开”的意境。

“花境，与以前的宿根花卉种植有什么不同?”我还是要向她请教。

她说：“以前，花卉只是在绿化过程中的一种点缀。而花境，是对绿化环境的一种提升，体现的是美化环境、彩化环境，从而使城市更精彩，更亮丽。”

潘光霞认为：好的花境，要因地制宜，因势造景。高与低，色彩之间，植物的相生相克，都要考虑周到，和谐搭配，实现最佳的效果。

没等我有所反应，她又徐徐说道：“花境好似一幅中国的山水典藏雅画，讲究顺、连、变、比、衬。顺者，如小溪潺入江海，似绿意顺达花境，流心畅怀；连者，心心相连，一气呵成；变者，变幻莫测，层出不穷；比者，比比皆是，日月相映；衬者，主次分明，相辉成彰。”

我暗自感叹，有这等认识，没有丰富的花境经营经验是总结不出来的。

我问她：“你这7年，搞了多少个花境了?”

她说：“太多了，数不清了。”

“哪一个最经典呢?”

她很自信，笑道：“都很经典，都是精品。”

老子《道德经》云：“治大国，若烹小鲜”。炒出来的菜，小鲜是很嫩的，如果老是翻过来，翻过去，就会弄老了，因此，治理一个国家也不能来回折腾，需要细心对待。潘光霞制作的花境，敢于放言每一个都很经典，恰是她精心对待的结果。

但我不甘心到此为止，继续问道：“总有印象最深刻的花境作品吧?”

她笑了：“嗨。还是第一个，在江阴黄山湖那个。”

这种说法是不难理解的。因为第一个或者说第一次，属于开创性，刻骨铭心。

美华秋枫施工的花境

但好的产品，一定是由于有好的管理。这些年，她们公司制定了一系列的工作流程。设计的，有设计流程；制作的，有制作流程；花卉采购的，有采购流程。并且，各部门负责人严格把控，从而使花境工程实现了系统化、精细化。

她给我讲了最新营建的两

美华秋枫布置的花境一角

组好评如潮的花境。这两组花境，都是9月底在宿迁举办的江苏省第七届园艺博览会上亮相的。一个是“九曲花街”，用各种绚烂的鲜花，铺设一条长100米、宽20米的花街。花街里，点缀了高跟鞋、吉他、自行车等抽象艺术造型，表现的是一对现代年轻人浪漫的爱情故事。另外一个，是用花卉制作了一个巨大的盆景造型，颇为新颖别致。这两个花境，一经推出，便引来无数游人驻足观赏。

她说：“我们的花境，之所以取得这样的艺术效果，除了设计因素外，还有最为重要的因素是，我们制作时，在精细上不敢有半点懈怠。”

3年前，我采访潘光霞时，她就非常重视花境的精细化。在施工中，涉及的每个细节，她都力求做到精益求精。

她对员工总是说：“花是美丽的，我们创作出来的花境更要美丽。做到这一步，哪一点忽略了，都是对美的一种玷污，都会影响美华秋枫的形象。”

“莫道今年春将尽，明年春色倍还人。”在花境这个环节上，潘光霞已经精心做了7年。我想，只要她们毫不动摇地坚持下去，不断地学习，不断地创新，一年一年地做下去，“仗会越打越精的”，美华秋枫花境的品牌，一定会光耀中华大地，成为一道亮丽的风景线。

因为，她坚持的理念是：“赚钱不是目的。目的是使员工得到成长，让他们对人生有一种幸福感。目的是给社会奉献一点美，让我们的大地更加富有生机与活力。”

2011年10月25日，晨，于无锡

红叶石楠领先一步，给汪亚平带来什么

前几天，常州武进的汪亚平和夫人凌滎开车到淮安接我去常州。轮到凌滎开车的时候，我和汪亚平聊天。我们聊的，都是红叶石楠的经营话题。

他是搞红叶石楠的，大约有七八年了。其公司名称，就是常州红叶石楠园艺有限公司。现在，他的红叶石楠生产面积，从最初起步的2亩地达到了900余亩地。

今年，红叶石楠和其他苗木一样，都是畅销货，处于一种高潮状态。在他那里，没说的，也一样。他这两年，销售额都不少于100万元。仅仅是直径2厘米左右、分枝点在60厘米至80厘米高的红叶石楠，他就销了5万多棵。平均20元一株，也有上百万元了。

但有经验的人都知道，花木行情有高潮就有低潮。一个企业，如果没有什么巧妙之处，谁都希望好日子就这么过下去。但这又不符合客观现实。低潮总会到来的。于是，有人就担心低潮来了日子怎么过。而汪亚平就沉得住气，在经营上就可以任凭风浪起，稳坐钓鱼台。“为什么？他凭借什么?”有人会问。实际上，没那么多为什么，他凭借的，就是早早地在红叶石楠领域，领先了一步。他的领先，主要表现在两个方面。

一方面，六七年前，当秋、冬、春三季呈现红色，霜重色逾浓，低温色更佳的红叶石楠在国内刚刚兴起的时候，他就把自己的公司注册成了现在这个公司的名称：常州红叶石楠园艺有限公司。这样一来，别人经营红叶石楠，就不能再注册这个名称了。

把产品在公司名称上凸显出来，有利于产品的宣传，有利于知名度的迅速提升。不用解释，人们就知道这个人是搞什么的。不至于像笑话里说的，吃个包子，从这头都快咬到那头了，还不知是什么馅的。最终，还是不利于产品的销售。

同样是销售，效益可大不一样，你挣了2元，他就有可能挣了3元。

另一方面，当多数人还在忙于生产小苗的时候，他给企业的定位是：培养小乔木和大乔木。

金叶榆，可以用普通的榆树乔木做砧木，嫁接成金叶榆，迅速成为一种新的乔木。红叶石楠不成。

红叶石楠在园林绿化中用途广泛。一至二年生的红叶石楠，可修剪成矮小灌木，在园林绿地中片植，作为一种地被植物材料；它也可以培育成独干、丛生形的小乔木；还可以培育成独干、球形树冠的大乔木，在绿地中孤植，作行道树。

但嫁接，要想迅速使红叶石楠成为行道树，或者是小乔木，就要利用普通石楠做砧木。但普通石楠目前几乎没有培养成乔木的，都是球形，指望不上。因此，只能从小苗养起。

大家都处在一个平台上，就看谁走在前面了。谁目标明确，动手早，谁就占领市场先机。所以，汪亚平不怕低潮的到来。因为，苗木行情出现低潮时，也不是所有的苗木都卖不上价，都不好销。那些东西好的，市场急需的，还是俏货。大凡受冲击的，是大路货。

红叶石楠，在国外，特别是欧美和日本早已广泛应用，被誉为“红叶绿篱之王”。近年，它在国内也是红遍大江南北。但现在在园林绿化上，还是局限在绿篱和球形上，高篱和行道树几乎看不见。因此，目前的红叶石楠苗木还远远没能满足园林绿化快速发展的需要。其市场前景广阔，发展潜力巨大，是毫无疑问的。

生产红叶石楠，把目标锁定在乔木上，即使现在，也仍不失为一步好棋。

汪亚平经营红叶石楠，因为老早走了这一步好棋，就如鱼得水。现在，他每年向市场推广七八万株独干的红叶石楠（分枝点在60厘米至80厘米高）没有任何问题。再过几年，他向市场批量提供红叶石楠大乔木（分枝点在2.5米高、胸径在10多厘米的）也不会有什么问题。

做到这些，不提前生产，打有准备之仗行吗？

2011年10月26日，晨，于杭州西溪湿地

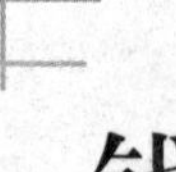

钱建法，养兰为何在绍兴名列第一

我在杭州组织完会议，绍兴的孙胜利先生邀请我，让我到他的家里看看。我们是20多年的老朋友，他乔迁新居不久，我自然乐意登门拜访。我答应之后，转念一想，去还不能

白去，可以顺道访问一个养兰大户。因为，孙胜利先生是绍兴多年的兰花秘书长，他对绍兴兰界之熟悉可想而知。

我把想法跟他一说，他说："好啊！这还不容易。"

兰花，是我国著名的十大花卉之一。兰花以它特有的叶、花、香、韵独具四清。这就是所谓的气清、色清、神清、韵清。因此，古今名人对它评价极高，被喻为花中君子。把其诗文之美喻为"兰章"，把友谊之真喻为"兰交"，把良友喻为"兰客"。

而绍兴，又是我国养兰最早的地方，还是兰花文化的发祥地，素称"中华兰花的故乡"。

2000多年前的春秋战国时期，越王勾践卧薪尝胆，就在这里种植兰花。南宋宝庆《会稽续志》载："兰，《越绝书》曰：句践种兰渚山。旧经曰：兰渚山，句践种兰之地。"兰渚山，在今漓渚、兰亭一带，以盛产春兰而驰名中外。

孙胜利先生带我去见的养兰大户，叫钱建法，1974年生，还没到"不惑"之年。他的家，就坐落在闻名遐迩的兰渚山脚下的漓诸镇。

绍兴养兰，名家辈出，比小钱年龄大的很多。但孙胜利向我介绍说："钱建法，别看年轻，在我们绍兴众多的养兰名家中，现今应该是名列第一的。"

他的话是客观、真实的。

2008年，在温州举办的全国兰花博览会上，他参展的兰花"绿之云"，获得"特金奖"。2009年，2010年，在浙江省的兰花博览会上，他参展的兰花"向天歌"和"熊猫"，分别获得"特金奖"。在绍兴，有这等荣誉的，只有他一人。

我到小钱家里的时候，他刚从台湾回来没有几天。

孙胜利先生告诉我："现在，台湾、香港、韩国等地的养兰名家，从绍兴引进的兰花老品种，例如"宋梅""楼梅""环球荷鼎""簪蝶"等，凡是吃不准的，都来找钱建法鉴别。"

想不到小钱如此之年轻，但在识别兰花老品种方面却独具慧眼，在国际上都很出名。后生可畏。

他的家里，挂有一幅珍贵的书法，是浙江著名书法家沈定庵老先生书写的。老先生恭录的，是陈毅元帅一首著名的咏兰诗："幽兰在山谷，本自无人识；只为馨香重，求者遍山隅。"这是体现兰花不屈的性格和刚毅的一首诗。

钱建法的养兰面积，日前在绍兴是最大的，设施数一数二。

在绍兴，他的养兰温室，总共有3000平方米，分两个地方。一个是他家的院里，有300平方米；一个是在他家的院外，隔那么几百米远。这里面积大，有2700平方米之多，分6个温室大棚。这些温室，钢架结构，全封闭式，像摆积木似的，纵横交错。兰花，全部养植在金属床架上，滴灌浇水施肥。一盆盆，一行行，极为整齐。其设施之精致，其环境之优美，比我在欧洲看到的养花基地毫不逊色。

更为奇妙的是，这里背靠的是好大一片桂花林。桂花正在怒放，散发出浓郁的香味，一群群鸟儿，飞来飞去，啾啾地叫着，欢喜的不行。这是近处。再远点，环拥的，是一座座起伏的山峦。一个字：美！

小钱的养兰基地不止这些。他在广东韶关，还有一个养兰基地，面积达到100余亩。这对兰花养植来说，真可谓规模甚大。此外，他在北京、杭州、广东、上海等地还辟有兰花专门销售门店。

这几年，兰花价格经历过一阵疯狂的扭曲之后，一落千丈。但小钱养的兰花，都是精品，价格依然不菲。但精品之中还是应该有高低之分的。

我问协助小钱养兰的一个小姑娘："在众多的春兰精品中，哪个品种最为贵重？"

她呵呵笑着，指着一盆兰花说："熊猫。"

我看上去，这种称为"熊猫"的兰花，叶片是纤细的，与其他的兰花并无任何区别。

小姑娘告诉我，其区别之处是在花朵上。"熊猫"的花，酷似一只熊猫的脸。这在兰花之中是极为罕见的。

"多少钱1株？"

"20万元。"

哇！一盆"熊猫"，我数了数，有5株，这就是说，一盆兰花，就是100万元。

小钱告诉我，"熊猫"是新品种。安徽芜湖一个人在山里发现的。安徽举办兰展，那人带着"熊猫"参展。我当时是展会的专家评委，一看就是好东西。当时就买了4株，50万元1株，总共花了200万元。"熊猫"评为金奖后，1株就涨了10万元。"

凭眼力，他就挣了40万元。

钱建法年纪轻轻，眼力为何这么厉害？又为何走在了绍兴养兰界的前列？

我提出这些问题后，孙胜利先生介绍说："这是钱建法长期实践的结果。他从十几岁开始，就挑着担子到处卖兰花，一直酷爱兰花。正因为他吃了很多苦，受了很多罪，才在识别兰花品种上，练就了一双火眼金睛。"

俗话说：艺高人胆大。小钱胆子就大，不管多远，谁请他去鉴定兰花品种，只要能脱得开身，他从不推辞。但他的"胆大"是有限度的。

这些年来，与他做兰花生意的越来越多，但在德与利面前，他是从来把德放在第一位的。

按小钱的话说："我是从来不买假的兰花品种。也从来不卖假的品种，以次充好的事也是不干的。总之，灭良心的钱，我是绝对不挣的。"

孔子曾说："芝兰生幽谷，不以无人而不芳，君子修道立德，不为穷困而改节"。

这种品德，无论过去贫穷时，还是现在富有时，钱建法一直牢记在心。

现在，他是绍兴县人大"优秀人大代表"，还是县"优秀青年"。

一个人，有今天的成就，支撑的，我看就两条：一是诚信、有德，还有，就是长期不间断的养兰、售兰实践。仅此而已。

2011年10月29日，晨，于浙江绍兴

萧山花协，助推企业向外拓展

昨天，我从绍兴来到萧山，见到杭州市萧山区花卉协会秘书长沈伟东先生。

我问他："萧山花木业这一两年发展有什么特点？"

他说："特点之一是，我们花卉协会正在全力以赴推动萧山花木企业向外拓展发展空间，而且是抱团发展。"

我听后说了一个字："好！"

萧山是我国改革开放之后，率先发展花木的地区之一。萧山，地处长江三角洲，紧邻著名的钱塘江，是每年秋季观潮最好的地方之一。这里，地理环境优越，土地肥沃，是我国最大的小灌木和地被植物基地。18万亩苗木中，有70%是小灌木和地被植物，另外30%为大乔木。

我刚到《中国花卉报》工作的时候，就赶上了"萧山龙柏烧狗肉"。20世纪80年代初期，萧山苗农大量发展龙柏，为了避免苗木被盗，很多人家都在苗圃里养了狗，作为防护之用。数年之后，龙柏苗严重过剩，价格暴跌。特别是1985年前后，龙柏卖不出去，臭了街，许多苗圃的龙柏苗都荒在了地里，最后，苗农不得不忍痛把龙柏拔掉，把狗杀掉，由此发生了"龙柏烧狗肉"惨剧。

但不惧怕失败的萧山人并没有倒下，一部分苗农咬紧牙关还是挺了过来，继续种苗。

这批弄潮儿，以新街镇、宁围镇苗农为主。随后，他们虽然又几经苗木价格冲击，但却屡败屡战，继而出现屡战屡胜、春水荡漾、泛出粼粼波光的大好局面，从而推动萧山苗木的大发展，成就了萧山苗木一大批龙头企业。

萧山，数年前还开办了浙江花木城。随之，利用这个平台，又年年举办萧山花木节，致使萧山花木的知名度和影响力更是如日中天，效益大增。

这一点，如果你乘飞机到杭州就会体会颇深。

因为，下了飞机之后，去杭州市区，首先经过的就是萧山地盘。这时你就会惊奇地发现，道路两旁，到处矗立的都是一栋栋非常精美的三四层小洋楼，保准有一种眼花缭乱的感觉，比欧洲并不逊色。

此时，你会不由自主地问身边的司机："哇！萧山人靠什么这么有钱？"

司机会淡淡地笑着告诉你："萧山人都是靠经营苗木挣的钞票。"

没有错。萧山人这么有钱，住这么好的房子，就是靠长期发展苗木赚来的钞票。

沈伟东先生告诉我，2011年，萧山花木是销售最好的一年，其标志是：今年发出去的苗木比去年增加24%，价格平均又增加了24%，这两项加在一起，就是今年比去年增长了48%。加上对外承揽园林绿化工程，以及网络销售和物流收入，实现100亿元经营额已经没有任何悬念。

在这形势一派大好的情况下，萧山人并没有满足现状，被胜利冲昏了头脑。

沈伟东说，在萧山花木经历"发展、失败、转折、飞跃、辉煌"的重要关头，为了实现可持续发展，我们必须实施走出去向外拓展的战略。

萧山花卉协会这个思路，我认为：高，实在是高！

这几年，萧山的工业化和城市化进程极快，花木种植受到极大的影响。在连续5年保持在15万亩的基础上，曾经下降了1万亩。今年，挖空心思，在低洼地又发展了3万亩，这已经是使出吃奶的劲了。再发展，就是"蜀道难，难于上青天"了。

在此情况之下，有些企业已经走了出去，向外省发展花木。据统计，到目前为止，萧山在外发展的花木在去年5万亩的基础上，又增加了3万亩，总数为8万亩。但这还远远不够，因此，还有广阔的对外拓展空间。

我以为，对外拓展，除了萧山发展空间不足、触角需要向外延伸的原因之外，起码还有3条原因需要拓展。

一是品牌的需要。萧山花木经过近30年的发展，知名度已经在全国树立起来。萧山花木，成了一张耀眼的品牌，已成定论，没有争议。为此，我们要充分的利用这个品牌，对外打好这张牌。

二是降低发展成本。萧山花木生产，处在工业化和城市化的漩涡中，土地和劳动力相当昂贵。虽然这里知名度高，种植条件好，但成本会越来越高。今后，这里的花木基地还会随时有被挤压的可能。反之，利用异地的土地、劳动力便宜的优势，在异地种植苗木，直接销到异地，从经济上也是划算的。

三是竞争的需要。现在是"海阔凭鱼跃，天高任鸟飞"的竞争时代，花木这块蛋糕，如此香喷喷的，你不去切，别人就会去切。早了，就能切大块，迟了，只能切小块，还要迟的话，连蛋糕渣有可能都吃不上。

因此，在经济发展重心，正在向中西部转移的过程中，各地都在重视绿化美化环境。萧山人就要牢牢抓住这个机会，捷足先登，向外拓展，再拓展。

对此，沈伟东先生看得很清楚。他说："过两天，湖南和江西的有关部门要来萧山考察花木，我们要大力宣传走出去的思路。下周，我们还要组织一批龙头企业，到安徽合肥对接，到那里开辟第二个萧山花木基地群。"

企业单枪匹马到外面发展，势单力薄，会遇到很多不好解决的棘手问题。协会出面，抱团出去，很多问题就容易解决。仅仅从这个意义上讲，我也要为萧山区花卉协会再次叫好！

2011年10月30日，晨，于杭州萧山

赵军，原本做事就该精细

昨晚，杭州赛石园林集团有限公司董事长郭柏峰先生在萧山见到我。我说我想见见他们公司的艺术总监赵军先生。他说，“你要见我们的赵大师，好啊！”

柏峰称赵军为“赵大师”，可见这个人不一般。

“赵大师”，说来是个奇人。拜访他，我早有此意。

2011年4月下旬，我离开赛石回京，司机送我到火车站。路上，与司机聊天，司机说，他们公司，有个叫赵军的人，简直是个奇人。

我说怎么个奇法？他说，举个例子给你听。赵军在加入赛石这个团队之前，他给人做园林景观工程，这事，还是别人找上门来的。他看过现场之后，一报价，就是500万元。人家和他商量，450万元行不行？价格，总是要商量的，属于正常现象。

他说，不行，口气很硬。最后，人家说490万元行不行?他还是说，一口价，就是500万元，没得商量，不然你们找别的人做。

如今，市场经济，竟有这样的人，这样的事，真是奇怪。因此，赵大师是怎样一个人，一直在我脑子里打转。这次来杭州，我自然想拜访这位“奇人”。

赵大师工作的地方，多数是在公司的杜鹃园。杜鹃园在临安于潜镇。于潜离杭州60多千米。那可不是一个普通的地方，那是当今苏东坡出任杭州通判时，与慧觉禅师经常谈佛论经的地方。苏东坡的名诗“宁可食无肉，不可居无竹。无肉令人瘦，无竹令人俗”，就是在这里写成的。

陪我去临安于潜的，是赛石的副总小潘，还有公司的小曹、小杜。

在去临安于潜的路上，我问小杜，赵大师是怎么样一个人？她说：“他这个人，会让人震撼；他做的事，也会让人震撼。”

她的话，越发的让人感到神秘了。

过了临安，就是山区。临安离于潜还有三十来千米。到了于潜，穿过镇子，下了一个陡坡，开车的小潘说："再有一两分钟，就到杜鹃园了。"

这里，真是别有天地。

园子下面，是一条弯曲的小河，缓缓地，伸到远处。

进了园子，需要爬上一个陡坡。园子里，路是石子路，蜿蜒而上，两边，各有一道绿篱。绿篱，是茶树，墨绿色，正在开花，空气中散着清香。这里，既是赵大师工作的地方，也是他生活的地方。

房子在坡顶上，门是敞开式的。还没进屋，便见横在眼前的，是一个长长的茶台。茶台上，各种精巧的茶具一应俱全。靠墙角，是个大书柜，里面摆满了书。茶台旁，还摞着一几堆书，是主人随手翻看的。再往左点儿，是一个大的画案，墙上，挂着许多表现自然山川的水墨画。画的创意，是赵大师的，画画的，是他的女弟子。透着有一股子浓郁的文化气息。

出了门，视野开阔极了。往左看，坡下种的是杜鹃树桩；往右看，坡下种的还是杜鹃树桩，真是连眉眼都是舒服的。到了春日，各色杜鹃花开，当有一番热闹的景象。

园子的背后，环拥的则是不尽的青山，绿的都要滴出水来。"万物静观皆自得"啊！

我离开时，已近黄昏。"山气日夕佳，飞鸟相与还"，此时，恰是鸟儿结伴飞返山林的时候。

"结庐在人境，而无车马喧"。哇！好一处远离喧闹，净化自我的人间仙境啊！

"采菊东篱下，悠然见南山"，显然，这里瞧不见菊花，但这里的一切，不就是苏东坡所描绘的地方嘛！论环境，论怡然自得，论超凡脱俗，赵大师与苏东坡该有一拼了。

"赵大师"这个人，虽不像小杜所说的那么震撼，但确实是与众不同。他中等个儿，圆脸庞，身体微微的有点发胖。最引人注目的，是他下巴颏的胡子，有半尺多长，非常漂亮，与当年越南胡志明主席的胡子很是相像。而他的岁数并不大，没到"知天命"的时候。他的这一派头，在现代社会里，是极少见的。

"赵大师"还有一处与众不同。他说起话来，总是慷慨激昂的，像是在演讲，像是在与谁辩论。我和他在一起，几个小时里，他讲园林，讲孔子，讲老子，讲庄子，头头是道，声音之高，好像把山谷都震动了。但即便额头上挂满了汗珠，他也仍是激情澎湃，看不出有疲倦的痕迹。

初见"赵大师"，会给人一种高傲的感觉。我没到园子时，他让夫人老早的就到坡下的大门口等候，而他自己，则坐在屋里的茶台前喝茶。我进了屋，他也是勉强站了一下，就又坐下喝起他的茶来。但熟悉了，他会不停地给你倒茶，一张口，就是"您"这个，"您"那个。坐车，还会把车门给你打开，很是热情。

赵大师的作品真是让人震撼。园子里的杜鹃树桩，就是他的作品之一。他已经精心养了十年。这些杜鹃树桩，几乎都是映山红亚属中的映山红。花开时，红的，粉的，黄的，白的，一起怒放，绚烂多彩。

最大的杜鹃，高4米，冠径7米；小一点的，冠径也有三四米。大也好，小也罢，都长得葱茏茂密，蓬勃奋发，似馒头的那么整齐。看上去，很自然，很舒展，但一枝一叉又都很有韵味。

我曾看过不少的杜鹃展，也曾去过贵州的百里杜鹃，但单株这么大且这么漂亮的杜鹃，还从未见过。“春路雨添花，花动一山春色”。我在他的电脑里，看到这些杜鹃花开的时候，一棵棵树桩绽放的花朵，密匝匝的，就是一片大的彩云。气象万千啊！

“赵大师”站在那棵冠径7米的大杜鹃前，双手比划着，感慨道：“什么叫花团锦簇？你只有到了这里，才真正体会到什么叫花团锦簇！”

赵大师的另外一些作品，是他的园林景观创意。我到赛石的这一天，赛石正在参加杭州市第二届菊花艺术节。这一届的主题是：菊花与家居。我到临安前，小曹等几个人都说，最好先到菊展看看他们的参展作品。我还说：“有什么好看的，菊展我看的多了。”但从临安回来，天黑了，借着灯光看过展品之后，方知赵大师的创意之厉害。

整个现场，是在一片洁白如云的白菊花映衬下，凸显的一种中外结合的园林艺术。青砖老瓦，天人合一，红丝绸伞，古琴吟唱、博古架等，与西方的摇椅、露营帐篷等融合，展现了人居美学的新概念。还有，前面提到的寸金不让的500万元的园林景观工程，最终还是选择了他。而他的这一作品，又受到了各方的一致好评。

他为什么养的每一丛树桩，每一个园林景观工程，哪怕只是一个园林小品，都能做到韵味十足？按小曹的话说，都是精品，而不是简单的栽一棵树，堆一堆山，植一片花草。为什么?都是源于他竭尽全力地做，一丝不苟地做。

“赵大师”告诉我，他过去搞汽车修理，现在搞园林，搞树木养植，不论干什么，都是成功的。原因很简单，就是一旦进入一个行当之后，他都会买一大摞书回来，除了吃饭，就是看书，翻来覆去地看，直到烂熟于心。此外，他

赛石园林承担的菊花展小品

还会到处找相关的人，虚心请教。他坚信，“种瓜得瓜，种豆得豆”，是永恒不变的道理。

他一经实践，一丝不苟，尽善尽美，是他所奉行的基本准则。

对此，他有一个观点，我是很赞赏的。他认为：我们做事，就是要一丝不苟，该做到十分的，就要做到十分，不能只做到九分八，甚至做到九分九，都是不可以的。我们说话，一就是一，二就是二。次序是不能颠倒的。不能夸张，也不能缩小。这些，都是本源，不是最高境界，理应如此。

“现在，郭总给我搭了这么一个宽广的舞台，我就要在这台上好好唱戏，尽我所能，为社会，为公司，奉献我的一份力量。”临离开“赵大师”，他扔下了这么一番话。

郭柏峰先生，难怪称他为“赵大师”。敢情，他在学习、认真、精细、敬业等方面，真的是年轻一辈学习的大师！

奇人，之所以很奇，恐怕也就奇在这里。

2011年10月31日，夜，于嘉兴海宁

虹越，为何广受称赞

7月中旬，我作为专家评委，参加了中国花卉协会主办的2011年年度中国十佳花木种植企业的评比工作。在那次会议上，浙江虹越花卉有限公司获得一致通过。

虹越的大名早已晓得，但一直没有去过。见到该公司的董事长江胜德先生，还是七八年前，我们报社组织的一次会议的时候。留在记忆里的，是这个公司美好的名称，还有江胜德这个长得很是帅气的人。仅此而已。

虹越运营总部在嘉兴海宁的长安镇。海宁在钱塘江畔，每年中秋，海宁是一个最佳的观潮的地方。这次有机会来到杭州，乘了40多分钟的车子，去了一次海宁长安，到了虹越在海宁的总部。我在整齐宽敞的公司大院转了一圈，又与江胜德和其他几位年轻的老总交谈一番，深感虹越蓬勃的朝气，以及虹越领先的现代经营理念。

我晚上回到客房，想了想，感到虹越起码有三点做法是值得称道的。

一是企业围绕发展转。虹越三四年前办公的地方不在海宁，是在杭州这个大都市。虹越起步和最初一些年的经营，都是以做花卉种子、种球、草种、资材等贸易为主，随之经营领域的拓宽，虹越引进了不少新的花木品种。引进来就要种植，这就涉及土地。而杭州的土地，又是寸土寸金，每亩地年租金要两三千元的钞票。花木毕竟属于农业种植范畴，利润是比较低的，很不划算。另外，花卉新品种试种也需要一定的实验地，种子、种球又需要有较大的冷藏空间。

在此情况下，江胜德和他的团队果断地做出了一个决定：走出杭州，走出大都市，向杭州的郊区转移。退一步，海阔天空，企业赢得了发展空间。

海宁，虽然与杭州只相隔了几十千米，但房子、土地，都较前者便宜了许多。

一个企业。在什么地方立足，其实是没有固定模式的。需要在乡镇，就在乡镇好了，需要在大城市，就在大城市好了。公司的所在地，与企业人数的多少是一样的，不在于是什么地方，不在于人员的多少，这些，都只是形式，而不是目的。目的是要始终围绕有利于企业的发展转。我们任何时候，都不要被面子和表象蒙住了双眼。

二是引进商品，也引进了理念。虹越从成立到现在，做花卉种子种球贸易，几乎做的都是国际贸易。今年公司的额销售额可以实现2.2亿元，主要靠的是贸易这一块。据浙江省花卉协会会长徐培金老先生介绍，浙江省的花卉贸易，虹越起码占了70%的份额。他们从引进种种球，到引进与花卉园艺相关的一切商品，至少有上万项。把西方好的东西引进来，使国人耳目一新，知道了什么是优质的园艺商品，由此有了奋斗目标。与此同时，虹越还重视了经营理念的引进。这其间，他们至少做了这么两个工作。

其一是注重宣传。虹越自上世纪末成立以来，每年都把相当一部分利润，投入到了宣传上。一个是在花卉报等专业媒体做了大量的广告。

其二是每两年搞一次大的品种展示会；每一年搞一次小型的展示会。此外，还经常承担或者参加省内外大型花卉展示活动。这些持续的不间断的宣传，有效地保证了虹越知名度的确立和提升。有了知名度，人家就会清楚，虹越经营的是高品质的商品。久而久之，虹越是高品质的代名词，也就不足为奇了。在宣传上，“寻常看不见，偶尔露峥嵘”，是绝对不行的。

还有，虹越参与的任何一项推介活动，从展厅到宣传册，都非常精美，比其销售的高端园艺产品毫不逊色。精美、高端，是体现在各个方面的。粗制滥造不属于虹越。

三是比别人多迈了一步。近两年，虹越有了一个大的动作，就是亮出了“虹越·园艺家”品牌。

江胜德告诉我，2008他们推出这个品牌后，就向国家工商总局商标局申请注册了这个品牌。前几天，注册商标已经批复下来。

虹越·园艺家，是虹越自2010年起推出的一个全新的平台式终端服务品牌，以 Garden Center为主的连锁经营模式出现，涵盖直营和加盟的花园中心和园艺店，以及园艺家杂志、论坛和网店等。园艺家花园中心采用的是类似超市的经营模式，客人在这个超市，可以自由选择。你喜欢什么样的商品，什么样档次的商品，这里应有尽有。国产的，一个直径二三十厘米的小花盆，花上十几元可以买到；同样规格的，花上近百元高端的进口小花盆也可以买到。

现在，“虹越·园艺家”花园中心，已经先后在海宁、无锡、杭州开办了4家。与此同时，还搞了16家加盟店。现在，“虹越·园艺家”的发展势头不错。按江总的话说，他们比同行是有一定的优势的，其原因在于，他们多年是做贸易的，走的是批发路线。现在，只不过是向零售延伸了一步。换句话说，就是比别人多走了一步。

成功，往往就是比你的竞争对手多走了一步。原地踏步不成，多走了两步，说不定也会不成的。

2011年11月1日，晨，于嘉兴海宁

创新，使昆山三维园艺巨变

我昨天是在昆山南站下的动车，之后在出站口看到一句话：昆山，这座充满灵气的江南水乡城市，就像镶嵌在上海与苏州之间一颗璀璨的明珠。

在我看来，江苏三维园艺有限公司，就是镶嵌在江南大地上的一颗璀璨的明珠。

江苏三维园艺，就是先前的昆山三维园艺。其公司董事长，是白手起家创业的胡艺春先生。在我认识的全国众多的园林花木企业老板中，他是我敬佩的一位。

大约十五六年前，胡艺春在江苏沭阳是穷小子一个，买件汗衫都囊中羞涩。但胡艺春是个天生不服输的人，骨子里就有一种超越的精神。什么叫胆怯，什么叫困难，他一直是不放在心里的。他在沭阳没做两三年苗木生意，就跳到苏州，做起了苗木销售，继而，从苏州又跳到了昆山。

昆山，是我国经济发展最为快速的县级市之一，连续多年被国家统计局评为全国百强县之首。近年，昆山凭借雄厚的综合实力，蝉联福布斯中国最佳县级城市第一名。胡艺春，就是在这片热土上，创建了三维园艺有限公司，开辟了他的事业。

3年，仅仅是3年，没到充满生机与活力的三维园艺，这里的巨大变化，便让我惊喜不已。况且这种巨变，还在继续猛烈地持续着。

与胡艺春先生聊过之后，深感这种巨变的动力，恰恰是来自于三维园艺的不断创新，再创新。

创新，意味着改变，是以新的思维、新的发明为特征，在旧的基础上向前的一种跨越。

1912年，美籍经济学家熊彼特出版了《经济发展概论》一书，这是世界上比较早的描述创新特征的一本书。他在书中写道："创新是指把一种新的生产要素和生产条件的"新结合"引入生产体系。它包括以下几种情况：引入一种新的产品，引入一种新的生产方法，开辟一个新的市场，获得原材料或半成品的一种新的供应来源"。

胡艺春先生，可能没有看过熊彼特先生所描绘的创新特征，但这些创新特征，在他这里都有了明显的体现。

例如，引入一种新的产品。

3年前，他的主打品种，吃饭的手段，除了草花，还是草花。从年产一二百万盆，逐步上升到1000万盆，继而达到1500万盆。可以说，他把草花做到了极致，但如今，草花正在三维园艺逐步退位，今年的生产量只有300万盆，取而代之的是年宵花的骨干品种：凤梨、红掌、蝴蝶兰。

这三大高档盆花，从零起步，现在已经发展到了30万盆。为了适应高档盆花的生产，他的温室，从3年前的1万平方米，拓展到了6万平方米。在未来3年，温室面积还会有一个更大的飞跃。

园林绿化工程，也是从零起步，今年，工程额已经实现了近3000万元，并且取得国家二级城市园林绿化施工资质证书。

例如，引进一种新的生产方法。

这方面，最为明显的改变是草花。草花，今年三维园艺虽然只生产了300万盆，比过去最高年生产量减少了5倍。但由于销售把单单的卖盆花、简单的组合布置，改变成了卖草花组合艺术，卖各种草花造型，从而使效益大为增加。比如，草花与古树结合，成为一种全新的花树；又如，草花与叠状塔的结合，形成一种全新的花塔。昆山南站出站口两侧，各有一排两米高的花塔，就是三维园艺的杰作，挺靓丽壮观的。胡艺春说："这些创新，是过去效益的10倍。"

例如，开辟一个新的市场。

三年前我到三维园艺时，这里只是一个生产销售矮牵牛、万寿菊、一串红等草花的基地。但如今，这里已经有了成熟的上万平方米温室的花卉市场。而且，最为重要的特点是，这个市场，已经不再是简单的花卉及相关的商品销售，而是在室内外融入了花园、河流、古董家具、古琴、工夫茶、赏石、养花图书、电子书、快乐舞台等多种园林和休闲文化的元素。可以说，这是一个被花园簇拥的市场，一个被浓浓艺术簇拥的休闲式市场。

为什么要注入这些元素？胡艺春说了一段话，让我记忆犹新。他说："现在，苏南地区已经从物质消费转为注重心情消费。我们从事的是一种美的事业，就要适应这种变化，满足消费者这种新的需求。”

适应社会新的变化，审时度势，开拓创新，三维园艺是实实在在的在做。创新，使三维园艺活力四射。

创新，是人类特有的认识能力和实践能力，是人类主观能动性的高级表现形式，是推动社会进步的不竭动力。

创新意味着打破陈旧。但创新需要的是魄力。不少人墨守成规，在创新上动作迟缓，是因为创新不一定都成功，意味有一定的风险。但创新的付出，迎来的是蓬勃生机，迎来的是企业大发展，却是毫无疑问的。

三维园艺，由于不断地创新，已经获得“农业产业化国家重点龙头企业”“江苏省院士工作站”等20多项荣誉，成为江南现代农业名副其实的方向标。

三维园艺，是镶嵌在江南大地现代农业中一颗璀璨的明珠，其原因也主要源于此。

离开三维园艺，我想到了这么许多。

2011年11月2日，于上海虹桥机场

莱州有个“龙柏造型王”

26年前，也就是1986年，我刚迈入花木业这个门槛儿，就赶上了“杭州萧山龙柏烧狗肉”的现象，新兴的花木业才冒尖，就被掐了回去。但由此，我这个门外汉也知晓了植物王国中有一种植物，它的名字叫龙柏。

龙柏，是一种名贵的庭园树木，树冠圆筒形，叶片常年翠绿。龙柏，本身是具有一定姿态的，宛若盘龙，形似定塔，在山东、江苏、河南、浙江等地随处可见。

但26年之后的今天，我在山东省莱州市平里店一个园子里，看到“龙柏造型王”所搞的龙柏造型，还是一下子被镇住了。

“龙柏造型王”，就是莱州市葵升苑风景园林的园主王志超先生。

王志超先生，60出头，目光炯炯，容光焕发，走起路来，像小伙子似的，快步如风。

人们之所以称他为“龙柏造型王”，一是他本身就姓王，名副其实，还有，他制作的龙柏造型，确实新颖别致，极不一般。

王先生的园子，在老的国道旁边，一扭头即可看见。100多亩地的园子，有好大一片龙爪槐，都是干径20来厘米粗的。他的龙龙爪槐与众不同。别处，树冠上，几乎都是垂下来1层龙爪，像个大草帽似的。他的龙爪槐不同，上面有好几层，分的并不清楚，很是随意，若移到公园里，保准留影的不断。

但这里，更多的，是造型龙柏，有好几片地。造型龙柏周围，有几株银杏，叶子被霜打了，金黄色。那些个造型龙柏，在萧瑟的秋色里，更显得墨绿墨绿的，富有盎然的生机。

龙柏造型，按说现在并不新鲜。倒退十多年前，我在山东好几个苗圃里都看过，所造型的，几乎都是猫，狗、狮子之类的动物造型。

但王先生的龙柏造型，与众不同。一棵棵，一株株，俨然就像栽在地里的苏派盆景。

这些不带盆子的树桩盆景，矮的不到两米，高的超过三米。

其布局，精细入微，取法自然，混同天生，绝少斧凿的痕迹，每一枝，每一片，都是用粉红色塑料绳一年一年精心绑扎出来的，极富艺术情趣。

看得出，主人在处理枝片的虚实，曲直、疏密、开合、明暗等关系上，脉理清晰，卓具匠心，是下过大工夫的。

苏派盆景代表人物朱子安老先生在世的时候，我曾亲眼目睹老先生制作的云片式盆景。一叶一枝，他都处理得非常到位，小中见大，景中有情，艺术效果强烈。

2012年初夏，王志超制作的造型龙柏用于人民大会堂绿化

作者与“龙柏造型王”王志超先生合影

但这些盆景，包括其他流派的盆景，只能从正面看，一个层次。而王先生搞的龙柏造型，可以从四面看。

整体树形，或三道弯，或两道半弯，气宇轩昂，特有精气神。近距离端详，每个侧面，伸出的枝条，都是高低错落，状若云朵，姿态优美，意味深长。

王先生说：“我的这些龙柏造型，按们莱州一句老话，就是八面子不空。”

确实如此。显然，这也是王先生的独创之处。

王先生从1983年分田到户开始，就在莱州湾从事花木培育，还曾一度去过东北，到现在已近30年。可以说，他在花木养护、艺术造型上，成功地摸索出了一整套的经验。

“具体点说，您搞龙柏造型有多长时间了？”我问王先生。

“2004年开始的，7年了。”他掰掰手指说。

“过去一直搞花木，搞盆景，怎么想起搞造型龙柏了？”

“呵呵。那是2003年年底。有一阵我就想，现在各个城市都非常重视绿化美化，水平总是要提高的，不可能总是停留在一个层次上。怎么提高？靠什么？肯定是精品了。所以，我就开始在龙柏上打主意。在龙柏上打主意，又不能走别人搞动物的路子。于是，我就想起了江南的树桩盆景，把那种手法用到了龙柏造型上。现在看来，效果非常好。”

王先生不等我搭话，还笑着向我介绍道：“前些天，我的这些龙柏造型，被蓬莱的一个公园看中了，买走了一大批。”

“价格怎么样？”

“好啊！1棵2米多高的龙柏造型，2500多元，大的还要贵。我这里要是再来一个大买主，园子里的成品造型龙柏就空了。”

“2米多高的龙柏，没有造型过的要多少钱一棵？”

“也就200多块钱吧。”

“哦。这么一深加工，一棵龙柏的身价就翻了10倍。”

他笑道：“有的还不止这些。”

可在与王先生的交谈时，他却说，他不懂经营，不懂销售。

其实，懂技术，能出好东西，这就是最好的经营，最好的销售。

2011年11月8日，下午于山东莱州

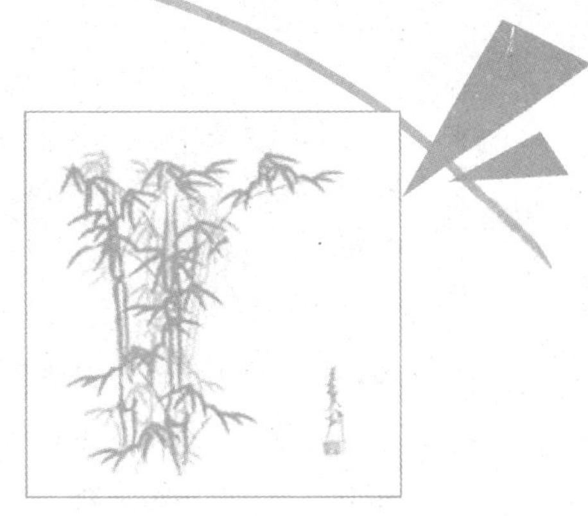

由王延庆当讲解员想到的

我这些年接触过很多主管园林花卉的局长，但极少看过对一个园子熟悉到细微之处的一局之长，这不能不让人敬佩。这个令我敬佩的局长，是山东省莱州市林业局局长王延庆先生。

2011年11月8日，世界月季联合会原主席杰拉德·梅兰先生到中国月季之乡莱州访问，我作为中国花卉协会月季分会副会长以陪同人员身份参加，亲眼看到梅兰先生在莱州参观中华月季园时，王局长的精彩讲解。

中华月季园位于莱州市云峰山的脚下。园子276亩地，1300多个月季品种，栽植了五大类、七个色系的月季，共20多万株，是我国目前占地规模最大，品种最多，具有浓郁中国园林特色的生态月季园。园子的布局，分为一轴、一环、四区。一轴，即由牌坊、二十四节气景观柱、月季仙子组成，一环，即为一朵含苞欲放的月季花型环路，使整个园子贯穿为一体。

梅兰先生一行来到大门口。大门，就是那个石牌坊，坐东朝西。站在下面，需仰视方可看见全貌。

王局长介绍说，这个石牌坊12.7米高，每个石柱4.7米高，跨度，也就是宽度，27米。此座石牌坊，相当的壮观。

园子为东西走向，走进园子里，对着石牌坊，可以看见园子对过的月季仙子。月季仙子也是石质材料的。两侧，各有12根石质的景观柱，共24根。

梅兰先生一边走，一边饶有兴致地观看。

王局长介绍道，这些景观柱，代表中国的24个节气，最里面的12根柱子是圆的，靠近大门的这些柱子，是方的，喻示天圆地方。整个园子，又称为凤园，因为，在莱州，我们还有一个龙园，即科技广场。彼此，是相对应的。”

此时恰逢深秋，已近寒冬。在萧瑟的天气里，园子里不少树木的叶子已经凋落，但不少月季还在盛开，有些甚至可以说是在怒放。这真的应了杨万里一首咏月季的诗：“别有香超桃李外，更同梅斗雪霜中，折来喜作新年看，忘却今晨是季冬。”

在园子看了一处又一处的月季。梅兰先生来到由汉白玉制作的月季仙子前，他停下了脚步。那月季仙子，手托盛满月季花的花篮，脚踏祥云，面带慈祥微笑。这个瑞士人，仰望东方这尊月季仙子，也许他此刻想到了他熟悉的女神。

王局长笑道，这是我们中国的月季女神。它高8.8米，基座2.8米，总共11.6米。这里面，有一个美好的传说故事，讲给梅兰先生听一听。

相传，王母娘娘生日那天，月季仙子奉命前去祝寿。她携带月季花篮，途径这里的文峰山，瞧下面山清水秀，景色宜人，随即下来玩耍，可巧碰上一个俊朗帅气的小伙儿。接触之后，两情相悦，随即月季仙子与小伙儿成亲。据说，莱州的月季，就是由这美丽善良的月季仙子亲自种下的。从此，莱州月季代代相传。

梅兰先生听了这个故事，忍不住笑了。

参观完毕，梅兰先生对中国这位官员的讲解非常满意，一连拍着王局长的肩膀，说了几次ok！

王局长在介绍情况时，涉及的有关数字，我有时记不下来，随之问园里的人，园里的人有时也说不上来。

莱州市林业局有好几十号人，身为一把手的王延庆先生需要面对和处理的事情又是如此之多，比如造林，比如郊区绿化，比如森林防火，比如花卉产业发展等。还有开不完的各种会议，以及各种各样的应酬等，我们是可以想象的。但他对月季园的一花一石如此烂熟于心，背得滚瓜烂熟，究其何因？是他的脑袋瓜比别人好使？不见得。这如同天上不会掉馅饼一样，是绝对不可能的。

我想，他能做到这个份上，完全是他整日深入基层，融入月季园实践的结果。

我记得去年5月份月季园建成时，我来参加开幕式。给莱州月季园当技术顾问的孟庆海对我说，“月季园在开工建设到建成开园，王局几乎每天都盯在工地上。别人吃饭休息，他还是到处转。说句不好听的话，王局被晒得就好像是从非洲乌干达来的一样，那叫一个黑！还有，我们施工时，有个晚上，一座山上发生火灾。王局立即离开月季园工地，又到现场忙了一夜的灭火工作。”

王延庆局长在莱州中华月季园里

我在写作此稿时，被烟台市林业局副局长司继跃先生看到。他也是来陪同梅兰先生的。他激动地告诉我说，王局是他最为佩服的领导之一。之所以如此，是因为王局从不脱离群众，关键时刻，总在第一线，总有一团火的精神！”。

他的话，使我想起在王延庆先生办公室里看到的4个书法大字：天道酬勤。

是啊！上天都会给勤奋的人以相应的酬劳。多一分耕耘，多一分收获.只要你付出了足够的努力，一定会得到相应的回报的。我想，我们的领导，我们的老板，都是领头的，事业要不断发展，更应如此。

王延庆先生，能够做出这样精细的讲解，是因为这些都是他亲身经历的，亲自指挥做的。这样的领导，在他人的心目中永远是受到尊重的。

2011年11月9日，于山东莱州

昌邑会展为何空前的好

我昨天到了山东昌邑。一个半月前，昌邑和《中国花卉报》社联合举办的中国北方绿化博览会和全国花木信息交流会我没能赶上参加。当时，我正在海南三亚。

昌邑市政府党组成员、市林业局局长李方明先生笑呵呵地向我介绍说，今年，昌邑举办的这届盛会空前的好，来参会参展的都爆了棚。

我听到这个消息，就像过年的孩子似的那么高兴。

昌邑是从2003年起举办中国北方绿化博览会的。从2004年起，那一届的绿博会我就开始参与。2006年起，昌邑绿博会与《中国花卉报》举办的全国花木信息交流会合并举办，我是策划者之一。昌邑的会展，融进了我的心血，能有今天的局面，我岂能不乐。

昌邑的苗木业，真可谓后来者居上。倒退八九年前，昌邑的苗木别说在全国排不上队，即便在山东也没什么名次。

我知道昌邑重视苗木业是在八九年前。那一年，《中国花卉报》报社在北京九华山庄举办全国花木信息交流会。昌邑市在市政协一位女副主席的带领下，组织了好几十号人到场。当时多数还不是去参会，好像只是观摩。由于当时他们统一上装，还印有“山东昌邑”几个字，因此印象深刻。但自从李方明在宋庄镇担任镇党委书记起，在市委市政府的大力支持下，每年组织这样一次盛会之后，知名度才“杠杠的”往起窜。

昌邑市林业局常务副局长冯瑞廷非常喜悦地向我介绍说，今年的展会火到什么程度？简单地介绍一下，你就清楚了。大棚里面的450个摊位全部爆满，外面露天自发的还有1000多个小摊位。而且这室内的450个展位，早在一个半月之前就已定光，并且全国各地参展的大企业居多。有的企业，为了突出参展效果，花了4万元装饰自己的展位，例如，日照市的“世丰农业”等。

在开幕式的这一天，昌邑花木场朱绍远的院里，门庭若市，比肩继踵，车水马龙。从上午9点到下午5点，就来过570多辆车子。仅这1个月的花木销售额，老朱就达到了300多万元。

由于昌邑的知名度高，昌邑这片热土，还吸引了国内不少大的花木企业的投资。北京的东方园林，近日已在昌邑订下5000亩土地，用来发展高档次苗木。其中，1500亩土地已经办好土地使用手续。

昌邑为何这么火爆？除了持续的坚持的因素，还有什么因素可以总结的？我问李方明先生。

他笑了笑，在解释之前给我写了一段老子的话：“圣人后其身而身先，外其身而身存，非以其无私耶，故能成其私。”

这话的大概意思是，圣人欲其身先就要置身于人后，要保存其身，就要置身事外，不是因为它没有私心，只是这样能成就它的私心。这意思，与老子的委屈可以保全，曲就反能伸展；低洼得以充盈，避旧才能得以生新的意思同理。

昌邑市政府党组成员、市林业局局长李方明先生

李方明先生解释说，“昌邑这些年的展会之所以越办越红火，除了你说的这些因素，还有，就是我们没有什么私利，始终是诚心诚意地为参加展会的客户服务，而不是总在考虑自己的利益。但慢慢地，也实现了自己的利益。这个利益，就是促进了昌邑花木产业的大发展，促进了昌邑在全国知名度的迅速提升。”

冯局长告诉我，这些年昌邑的会展为了让参展客户满意，他们不断地在开拓创新上下工夫。但这开拓，那创新，归根结底就在两个字上下工夫：服务。

原来举办会展时，招商只是登登广告，发发材料。

现在，客户只要有了参展意愿，就会

提前一个半月把“会展指南”寄给他。上面与参会相关的所有内容都一清二楚，什么昌邑的地图，昌邑的交通，昌邑的住宿，会展的日程安排等具体内容，都有详细的介绍。他看过介绍之后，很多事情通过电话就可以得到解决，来了之后，展品有人搬运。他只要有序地安排自己的活动罢了。

会展之后，会展的服务人员还会深入参展客户所在地区，登门征求大家对来年展会举办的意见。

冯局长说的好：“参展参会人员千里迢迢来一次不容易，我们就是要为他们搞好服务，尽可能地让他们多一些收获，少操一份心思。”

我这几年总是在我们行业的会议上讲，在全国花木之乡像雨后春笋般涌现的情况下，一个地区要想在全国有显著的知名度和竞争力，持续地举办大型展会，是不可或缺的手段之一。不然，偶尔搞那么一两次展会，就没了下文，要想影响力高是不大现实的。

昌邑会展的经验表明，吸引人气的核心，就是自己没有私利，一心为一方的花木产业服务，一心为各地参会参展的客户服务。

2011年11月10日，晨，于山东昌邑

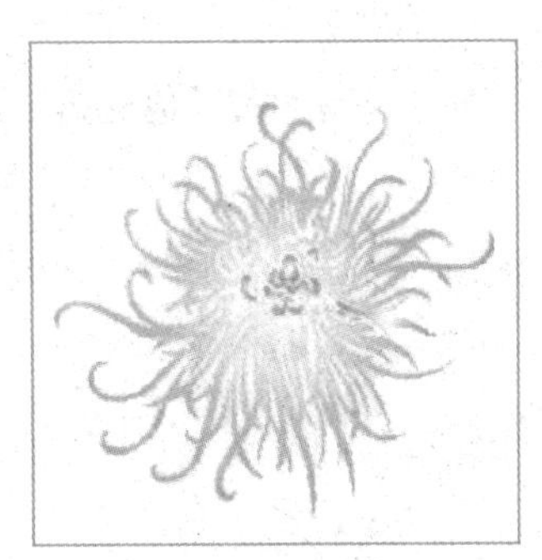

朱绍远持续走旺的两个原因

我前天到昌邑，昌邑市林业局常务副局长冯瑞廷先生告诉我，今年9月下旬昌邑举办的苗木盛会，不仅展会异常火爆，就连不少企业也是沾了大光的。最典型的，要数朱绍远的昌邑花木场。

冯先生介绍说，展会开幕式的这一天，昌邑花木场朱绍远的院里，门庭若市，从上午9点到下午5点，来了570多辆车子。仅那一个月的花木销售额，老朱就达到了300多万元。

朱绍远先生是我的老朋友，相识已近20年。他有这样的局面，真的为他高兴。

昨天上午，在昌邑翰林宾馆给他打电话，想上午到他场子转一转，感受一下他的企业最新变化。不巧，他上午有急事，我下午又要回京，此次只好作罢。但他在电话里还是简单地跟我说了几句话，感受依然深刻。

他说："方老师，我现在的场子，已经从苗木生产向园景艺术转变。各种造型苗木起码有六七千棵，植物材料有大叶女贞、小叶女贞、龙柏、桧柏、大叶黄杨、小叶朴等。呵呵！价格我说了算，我就是物价局。当然，咱也不能乱要价，是要掌握分寸的。其他的苗木，像七叶树、海棠、玉兰、樱花、北京丁香等，也是都有景观效果的。"

朱绍远的场子，现在有2800多亩，他是靠滚雪球滚大的。他持续走旺的原因，我是比较清楚的。依我的观察，他在两方面很值得称道。

一个值得称道的是生产。他的生产总是围绕新的东西变。

大约是十一二年前，他在地被石竹上大做文章。做这篇文章，他找的是山东农业大学的教授，与他们联手，推出了好几个新品种。有的品种，还在农业部注册，成为有自主知识产权的新品种。我记得四五年前，他还鉴定了一个石竹新品种，省级认可的。去他的会议室，鉴定会的横幅还在悬挂着。

在这之后，他又推广了另外一个宿根花卉品种：紫叶酢浆草。在推出地被石竹和紫叶酢浆草新品种的过程中，他的触角便伸到了苗木。先是推出黄金槐；几乎前后脚，又推出了美人梅、七叶树。现在你看，他又在造型植物上大做文章，而且效果显著。

你瞧吧。过一两年，他在乔木品种推广上还有大动作。我今年5月去他的场子里，有一件"秘密武器"他透露了给我。但现在还不到推出的时候，因此尚不能在此公布。

朱绍远在他的花木场与作者合影

总之，他在生产上总是有新道道，而且，一经生产，都是大批量的，进展神速，不像小脚女人走路，总是慢慢悠悠的。

他认为，市场经济，竞争激烈。做什么事，就要快，只有快了，才能占有市场主动权。

对此，在这个环节上，我给他总结为"两个拼命"。一个拼命是：当一个好东西落脚到他的场子里后，真有点金屋藏娇的意思，他是拼命地保护，尽可能地不露一点风声。另一个拼命是：一旦有了好东西，他总是拼命地繁殖，以最快的速度推向市场。

另外一个值得称道的是销售。

他在销售上其实很简单，并不像有些人想象的那么复杂，什么朱绍远有绝招，别人当柴火棍的苗子，到他手里都能销得出去。我听了之后，只是一笑而已。其实哪有那么玄奥。

他销售的法子其实很简单，就是当一个好的品种有相当一定数量之后，便大肆宣传，极尽宣传之能事。比如，在《中国花卉报》上刊登广告，像连珠炮似的，而且，就登一个要推广的品种，只用一个新品种招人。

其实，到他场子里采购的客户，何止买一个新品种，往往其他的品种也会随之带上。

还比如，当五六年前《中国花卉报》刚刚推出评选“全国十佳花木苗圃”的时候，他就抢先报名参加评选，自然，凭他的经营业绩很快就榜上有名。

但再好的苗圃，再好的公司，首先是老板要有争取荣誉的意识，否则，别人谁会提着猪头上门找你？

所以你瞧，朱绍远有了这个荣誉，他就想方设法把事做足，以此树立企业形象。每年9月，昌邑一开苗木盛会，昌邑花木场的大门口，还有他在展会的展台上，都会不失时机地亮出“全国十佳苗圃”的牌子。以此告诉观众，他的场子，不是一般的苗圃。不仅如此，他还利用手机宣传。不信，你拨通他的手机，手机里在出现一段轻松的音乐之后，传来的肯定是这样的声音：“您好! 全国十佳苗圃、昌邑花木场欢迎您……”

对此，我对他的宣传攻略总结为：“拼命宣传”。

拼命宣传，这是激烈的市场竞争的性质所决定的，谁忽略了这一点，谁就会吃亏。但宣传的前提是，你一定要有拿手的好东西才成。

总之，你从朱绍远的经营持续走旺的原因看，一个好的苗圃、花圃，光在生产上有让人称道之处是不够的，还要在销售上也有让人值得称道之处。两者旗鼓相当，才能珠联璧合。不然，缺了哪一点，经营都会逊色得多。

2011年11月11日，晨

昌邑的七叶树

近些年来，山东昌邑的花木产业在全国大名鼎鼎，已是众所周知的事情。在这个快速发展的产业中，七叶树的生产异军突起，已经成了这个地区的特色苗木之一。前几天在昌邑，昌邑市林业局常务副局长冯瑞廷先生介绍说，昌邑的七叶树经过多年的努力摸索，现在已有1000余亩的种植面积，而且这个势头还在快速发展。花木业发展讲究的是专业化，因此，这应该说是一件很好的事情。

七叶树（*Aesculus chinensis*），是无患子目七叶树科的落叶乔木。这个树种可不得了，它在世界上属于四大行道树之一，即法桐、七叶树、椴树和榆树。七叶树，不简单，排在第二。

七叶树，树形优美、花大秀丽，初夏繁花满树，硕大的白色花序，似一盏华丽的烛台，蔚然壮观。它是优良的行道树和园林观赏植物，可作街道、公园、广场绿化树种，可孤植，也可群植，或与常绿树和阔叶树混种。在欧美，七叶树的应用很是普及，到处可以看到它高大、魁梧的身影。

在我国，七叶树与佛教有着很深的渊源。因此很多的古刹名寺如北京潭柘寺、卧佛寺、大觉寺，杭州的灵隐寺等寺庙中，都有数百年以上的七叶树。因此，说七叶树是我国的乡土树种是名副其实的。

目前，七叶树在我国的园林绿化中应用极少。这与苗圃育苗数量不多有密切关联。改革开放之前，七叶树育苗是断了代的，街道庭园种植很少。受此株连，近20年来，这个树种的发展没有国槐、白蜡、法桐、栾树那么快，是一个很重要的原因，当然，七叶树小苗生长比较缓慢，也是原因之一。

据我所知，在七叶树表现良好的华东和华北地区，苗圃引进种植七叶树，昌邑是比较早的。引种者共有两位，他们都是昌邑花木产业的领跑者。一位是现在的市林业局局长李方明先生，另一位是昌邑花木场的老板朱绍远先生。两位引种七叶树，还是2000年，也就是11年前的事。

北京植物园正在开花的七叶树

那时候，李方明先生是昌邑市林业局的副局长，朱绍远先生创办的昌邑花木场，在花木业刚刚崭露头角。他们觉得，七叶树这么好的树种，显然是很有前途的，应该在城乡绿化美化中占有一席之地。为此，他们在当时交通不便的情况下，冒酷暑，跑了好几个省市，最后从山西买到了一批七叶树的种子。

提起七叶树，李方明很是感慨。

他对我说，在昌邑，第一棵七叶树的小苗，还是他育出来的。1粒种子1元钱，1个塑料袋种植1棵，大一点之后，就在大田里种植了一批，由此繁衍开来。

如今，朱绍远的苗圃里的拳头产品之一，就有七叶树。一提起当年他和李局长引种七叶树的事，也是感慨颇多。

由此我就想，既然七叶树已经成为昌邑一方花木产业的特色树种，再跃上一个新的台阶，快马加鞭，可劲儿发展。因为，中国适合种植七叶树的地方很多。

只有这样，我们在不久的将来，才能在昌邑这个秀美的城市，以及在其他各个城市，到处可以看到他们培育的漂亮的七叶树。按李方明的话说，种上七叶树，绿化的品位就可以大为提升。

我期待着！

2011年11月14日，晨

安双正的销售原则

昨天晚上到了大同，参加由长春梁永昌先生组织的三北地区苗木信息交流会。一到宾馆，就在大厅碰上了西安蓝田的小安。小安，就是西安市蓝田绿地白皮松苗木繁育基地总经理安双正先生。他是蓝田的“白皮松王”，全国著名的苗木经纪人。2010年，他被《中国花卉报》评为“全国十大苗木经纪人”。

2个月前，我到小安的家乡蓝田去过，他的白皮松，长得好极了。我在“老方侃经营”专栏里写过这样一段话：安双正的白皮松，每一棵都有五六米高；植株从上到下，都长满了浓密的针叶，你就是贴到跟前，也瞧不见它的树干；真可谓株株树形多姿，苍翠挺拔，英姿勃发，相映成趣。

2个月未见，小安见到我很是亲切，他一直把我送到房间。坐下来，我们聊天，没说上几句，话题就自然而然转到了苗木上。具体点说，谈论的是当下的苗木行情。习惯了，三句话离不开本行。

“方老师，我最近在河北定州和天津蓟县苗乡了解的情况是，今秋这两个地方的苗木销售有点冷清，销售量跌了20%。我在北京通州苗源发市场了解的情况也是这样，市场很冷淡，来定苗子的比起去年大为减少。”他说。

这种情况我是预料到的。前些日子，我在几篇文章里都谈过。今春，苗市是牛气冲天。但这样的好日子，在市场经济的情况下，不会总是风光依旧，跌下来，有点冷，也是正常情况，不值得我们惊小怪。

小安也是这样看。在此情况下，我赞成他的看法。他说：“苗子越是不好卖，越要把好销售关，绝不能失了原则。

小安销售白皮松的原则是：客户先看苗木，看中之后，双方谈好价格，签订购销合同，合同签完之后，客户预付一定的定金，起苗装车之后，客户付清全部款项。

他的话，按我们常说的一句老话就是：不见兔子不撒鹰。

这样做，也是必须的。只有见了兔子才可以撒鹰。不然，追着要苗款的滋味可不好受。生意倒是做了，而且是一大笔，但票子没有拿到手，这与赔了夫人又折兵没什么两样。有时候，我们即使见了兔子也不能撒鹰。因为，那兔子是关在笼子里的兔子，鹰看得见，就是吃不到。这与见不到鹰没什么两样。

我的这点认识小安是完全赞成的。所以他说：“在货款两清上，一定要严防死守”。

我想，我们吃苗木这碗饭的，光死守还不成，还要积极的开拓市场。小安就是这样做的。

小安说，他之所以来大同参加这次会议，就是要跟大同的同行多接触，开拓这里的苗

安双正（左三）正在向客人介绍他的白皮松苗圃

木市场。因为，现在整个山西的绿化力度很大。今年，新上任的省领导到任后，大力强调关掉中小煤窑的重要性，而改为绿化美化环境，再造秀美山川。大同是中国的煤炭之都，是山西再造秀美山川的重要地区，因此，未来几年绿化的力度肯定很大。白皮松在大同又很适合种植。去年，有大同的人还在他那里调过苗子，长势挺好。因此，他要抓住这个商机。

对的。我们就是要向小安那样，不放过每一次商机，力争抓住每一个商机。

昨天，我在来大同的火车上，碰上了北京花乡富邦通达园林科技有限公司总经理张卫红女士，她的商业嗅觉也很敏感。她是2011年年度的“全国十大苗木经纪人”。我们在餐车就餐，聊起了苗木，旁边一个陌生人扭过头问，“你们到大同来干什么？做苗木生意?”我说，“是去开会的。”张卫红马上搭话说：“也做苗木啊。”她的话，很是给力。

我们在开拓市场上，在培养苗木上，都应该很给力。再加上坚持销售原则，我们的企业就能抵御得住苗木的一时低潮。即使是“雪压竹枝低，低下欲沾泥”，只要“一朝红日起”，也会“依旧与天齐”。

2011年11月17日晨，于山西大同

刘安朝的“倒退”

一个企业在哪里发展？是往大地方跳跃，还是倒退回到小地方，其实这都不重要，这些只是一个载体，一种形式，重要的是哪里有利于发展，哪里有利于谋取利益。前两天，在山西大同三北信息交流会上，偶然见到河北绿之源的老板刘安朝后，我就闪现出这样一些想法。

刘安朝，河北威县人，今年刚到“不惑”之年，正是精力旺盛，事业上大展宏图的时候。别看他年龄不大，但在花木业这个圈子里，他也是“老革命”了。

我认识他，是在上世纪后期，至今已有十四五年之多。那时候，他还是二十多岁的小青年，刚结婚不久，就已经开始了草花经营。

做花卉生意刚起步，他和河北邯郸馆陶县的常金林等人一起组织冀南花木信息交流会，邀请我去参加，到邯郸火车站接我的正是他。

威县属于河北邢台，但与河北馆陶不远，相隔仅有几十千米的距离。他在会议期间，不停地为会务工作跑来跑去，不知疲倦，非常的勤劳，给我留下深刻印象。我当时就想，这个小伙子会有一个很好的未来的。因为勤奋的人能成功，能有智慧，老天爷都会恩赐这样的人。

这些年，我与刘安朝极少见面，好像只有那么两三次，也是在会上，都是擦肩而过。前几年，到河北，听说他的草花经营搞得有声有色。

这次见到他，他告诉我，草花他已经不生产了，但还没有丢下，每年都要到山东进一些货。因为现在草花的生产成本高，而销售价格却相当的低，自己生产，在经济上不大合算。

近些年，他的经营重点已经转向了园林绿化工程。2006年，他取得了二级城市园林绿化资质资格。这也是在威县唯一有这样资质的园林绿化企业。随后，他在邯郸设立了办事处。很显然，这是他进军邯郸这个地级市的一个大的举动。他的经营重心，也确实放在了邯郸。但近两三年，他的经营中心出现了“倒退”，又放回了威县老家的县城。

“这是为什么呢？邯郸是大地方，园林绿化工程总比威县要多得多吧？”我最初有点不解。

他说：“方老师。邯郸的活儿是比威县的活儿多。但邯郸竞争也激烈。在威县，没人跟我竞争，就我一个有园林绿化资质的企业，而且级别不低。更主要的是，这两年威县园林绿化工程的活儿也多了起来。去年，就有1个多亿的市政绿化工程，我干了2000多万。”

在未来几年，他的经营重点，起码还要放在老家威县。他的这个战略决策，我认为是很不错的。

县城比起邯郸市，名堂是小，但在这里，关键是有市场。过去，他离开这里，是因为当时这里的市场小，不利于企业的发展。现在，情况变了，他的经营思路也要随之而变。在县里，他人熟地熟，如鱼得水，可以自由游弋，梳理各种关系都比较容易。况且竞争压力不大。有这等好事，为啥不做？

什么都不是一成不变的。也许过几年，他的经营重心又回到了邯郸。也许，还会到一个更大的地方。

我们从事园林花木经营，任何时候，都要利在当头，易在当头。在大地方安营，还是在小地方扎寨，都可以根据这个灵活选择。

2011年11月20日，晨

苗木嫁接后可以成为“香饽饽”

前两天，我给邯郸七彩园林的王建明发短信，问他最近在忙些什么？王建明有1000多亩的苗木，几乎都是大规格的。忙了快一年了，现在入冬了，想想也该清闲清闲了。

但他却回复道：“呵呵！方老师，我哪闲得住。最近，我正从黑龙江调运大的大山丁子，嫁接大规格海棠。”

好啊！嫁接可以使我们的观赏植物焕然一新，提高观赏价值，成为市场的香饽饽。

嫁接，英文名称是：grafting。其定义是：把一株植物的枝或芽，嫁接到另一株植物的茎或者根上，使嫁接在一起的两个部分长成一个新的完整的植株。接上去的枝或芽，叫做接穗；被接的植物体，叫做砧木。接穗时一般选用具有2~4个芽的苗。嫁接后，使接穗成为植物体的上部或者顶部，而砧木成为植物体的茎干或根系。

依我的认识，通过嫁接方法，使一种植物的茎干上长出一种新的植物，这种方法，最初是在果树上采用的，使果树改变原有的品质，实现优质高产的目的。

我知道嫁接的厉害是在上初中一年级。

那时候，我每天上学，要走8里地（4千米）。没有自行车，更没有小汽车，就是走着，和村里几个同学走着。从村子到学校，要穿过一个苗圃。这个苗圃，那时候叫“红艺五七干校”。

所谓“红艺五七干校”，就是文艺界的人士响应毛主席的号召，下放劳动的地方。他们当中，有不少是从北京城里来的大腕名角儿。

记得那年，正是李清照所说的“暖日晴风初破冻，柳眼梅腮，已觉春心动”的时候。有一天放学后，一个同学悄悄跟我说，“干校去年秋天栽了一片怵头柿子，咱们弄它几棵?”我一听，心里乐开了花：“好，一人弄它一两棵。”

作者与王建明合影

因为，离我们村子七八千米，就是起伏的北山。山下面，好大一片林子，就是柿子林。那里的柿子，在北京最为有名，叫磨盘柿子，也有称大盖柿的。近来，看马未都先生的文章，称这种柿子为“磨盘大柿”。反正，这种柿子扁厚敦实，说方不方，说圆不圆，方中有圆，圆中带方，秋后，黄澄澄的，透着一股人生的圆熟。偶尔，大人会带回来几个磨盘柿子，让我们孩子饱饱口福。柿子黄澄澄的汁儿，还有那软软的籽儿，吸到嘴里，会从嘴里甜到嗓子眼。而我们村子，家家户户，几乎没有有柿子树的，有的，只是与柿子树同类的黑枣树。此时，听到有柿子树，还是什么怵头柿子，心里岂能不乐！

我们一路小跑，来到苗圃。在茂密的树林里，好不容易找到怵头柿子林。这些柿子苗不大，也就一米多高。我们到了地里，自然是做贼心虚，见到柿子苗，不管高矮，就用上吃奶的力气往起拔，生怕碰上大人。苗子拔出来，便赶紧往出跑。一边跑，还一边往回看，生怕从哪里蹿出来人，拦住我们。到了家，衣服湿透，喘着粗气，一屁股坐在了院里。由于兴奋，气儿没喘匀，爬了起来，挖坑，立刻把小苗种了下去。

大约1个月后，小苗长出了叶子，才知道哪是什么怵头柿子，分明是黑枣树。因为柿子叶肥大，而黑枣的叶子瘦小。我们几个同学大呼上当，心里顿时凉了半截。

但由此，我们从大人那里懂得了一个道理，黑枣必须通过嫁接，才可以成为柿子树。

实践证明，在观赏园艺植物中嫁接，最大的好处是可以使本属植物提高观赏价值。比如金叶榆，这是榆树的一个变种。对它进行扩繁，靠的就是与普通榆树的嫁接。

拥有了一个好的品种或变种的树木，要想让它快速生“钱”，必须要大量、快速地繁殖。光靠眼看着它本身在地里长大，肯定是不成。播种或扦插繁殖对草花来说可以，灌木用扦插还凑合，乔木就太慢了，得多少年才能长成10厘米的胸径啊，所以人们就发明了嫁接的方法。用嫁接的方法，把1棵本地乡土树种的上部截去，嫁接上新品种的枝条（这个枝条是从新品种的母树上取来的，或者是从母树插条繁殖的小树上取来的），一旦成活，就变成1棵新品种的大树了。呵呵，摇钱树就搞成了。

要注意的是，用来做砧木（树桩）的，必须是亲缘关系比较近的种类。同一个种的自然没有问题，不是同一个种，至少也得是同一个属的植物。比如山丁子可以接苹果或者海棠；黑枣可以接柿子。

今年9月份，我在王建明那里还看到，他在有30多厘米粗的老榆树的树干上嫁接金叶榆，成为别具一格的桩景。我问王建明，“嫁接成金叶榆后，老榆树身价提高了多少？”他说：“至少五六倍。”

还有，卫矛科的植物丝绵木，抗逆性强，适应范围广。这些年，它与其他卫矛科的植物嫁接，也取得了很好的效果，身价至少增加了数倍。如嫁接而成的北海道黄杨、胶东卫矛、大圆叶丝绵木等。

采用嫁接的方法，增加产品附加值，提高苗木市场竞争力，现在正在被越来越多的苗圃所重视。这应该不失为一步好棋。您也要加以重视啊！

2011年11月24日，晨

沈伟东的专业化

沈伟东是杭州市萧山区花卉协会秘书长。他四十出头，圆圆的脸庞，说起话来，声音不高，但话匣子打开，也是娓娓道来，特别是谈起花木业，更是似乎有说不完的内容。

萧山是全国著名的苗木产区。每年3月，萧山都要搞大型的花木节。沈伟东，身为萧山花协的秘书长，自然是核心人物之一，备受业内人士关注。

前些日子，我在萧山金马饭店住了一晚，与沈伟东聊了许久，这才知道，沈伟东不仅在萧山花木产业中是个举足轻重的人物，一直倡导花木产业的专业化，拳拳之心火热，殷殷之情染人。而且，他还身体力行，自己也有一个苗圃。他给苗圃注册的名称是：溢香苗圃。苗圃的面积不算小，有数百亩地之多。数百亩的面积，种植的苗木没几个品种，走的也是专业化的路子。

他说："现在搞花木生产，不能大而全，也不能小而全。因为现在的绿化工程，都是大工程，1个品种，一要至少1000棵。每个品种，一定要保证一定的数量才行。像我那个苗圃，几百亩地，就五六个品种，足够了。"

他的苗圃，多数都是小灌木或者地被植物，而且差不多都是新东西。如小丑火棘，他的数量就相当可观，1米高，球形的苗子，不少于100万株。小丑火棘的叶子，在春秋时节很是别致，像化过妆的小丑，非常的俏皮，即使冬季也不落叶。

他的另一个拳头产品，是地被植物黄金络石。这个品种是浙江虹越从国外引进的，推广的时间不长。我从萧山离开，到了钱塘江畔的虹越公司。在虹越，我特意让人带我看了黄金络石。见过之后，感觉黄金络石真是好东西。为此，我还带回北京1盆，放在了茶台上，谁见了都说好说妙。黄金络石是一种藤本植物，纤细的枝条，密密的，能垂下一两米长；叶子如雀舌一般小巧，颜色以金黄色为主，但边缘有绿色，在强光照射下，还带有玫瑰红色的斑点，非常之鲜亮。

这个观赏价值极高的好东西，沈伟东一见，就感觉出了它潜在的巨大的市场。3年前，虹越开始将黄金络石投放市场，3万多株穴盘苗（就是用种子繁殖出来的，种在营养钵里的幼苗），他几乎全部买下。第二年，虹越投放市场6万多株穴盘苗，他几乎又是全部买下。今年，虹越投放市场是20万株穴盘苗，他又几乎全部买下。他的目的很是明显，就是要将这个新东西控制在自己手里。今年，他向市场提供200万株黄金络石的苗子，已经销掉了大部分。

“黄金络石的价格由我来定。我可以说了算。”他自信心显得很是十足：“但价格也是适中的。”

“你真行。一年生的小苗多少钱1株？”

“2.8元一株。明年，随着繁殖数量的增加，价格还可以往下降一些。”他介绍说：“杭州一条高架桥上已经用上了黄金络石，效果很好，垂下来非常漂亮。”

沈伟东还告诉我，他经营苗圃，既知道搞苗圃的不易，也知道苗木市场往哪里走，因此搞起花协工作才更感到心明眼亮，得心应手。

2011年11月25日，晨

崔洪霞蹚路

崔洪霞女士在中科院北京植物园工作，是著名的丁香专家，属于丁香科研的领军人物。国家林业局颁发的丁香新品种测试指南，就是由她执笔的。昨天，我们相见，聊了许久。聊的，自然都与丁香有关。

小崔说得最多的一个词，便是“蹚路”。蹚路，词典解释的意思是从水里走过去，如蹚水过河。这中间，显然有试探的意思。她所说的蹚路，其中包含的就有试探往前走的意思。我听了，是极为赞赏的。这当然也是与丁香有关了。

崔洪霞，中等个儿，看上去总是那么精神抖擞，那么飒爽英姿。最让人难忘的，是她说话的声音，像是山涧泉水似的那么清亮，又似金铃似的那么悦耳，让人感到美妙无穷。

她是一个非常要强的人。大学本科毕业后来到了植物园，尔后，通过自己的努力，直接考取了中国科学院植物研究所的博士研究生。那些年，她一边工作，一边学习，其用功劲儿，不说“头悬梁锥刺骨”，也是掉了好几斤肉的。难怪丁香专家臧淑英研究员退休前，把小崔作为自己的接班人。而在此之前，小崔搞的是水生植物。从此，小崔与丁香结缘。

丁香的美誉是尽人皆知的。在我的印象中，它也总是那么的美妙。它姿态娉婷娴雅，花色素朴纯洁，馨香淡远怡人，属于中外著名的园林观赏植物。可丛植于路边、草坪或者向阳的坡地，或与其他花木搭配栽植，或者在庭前、窗下孤植。在污染的环境中，丁香的叶片能滞尘减噪，所以在化工厂和矿区等地种植，既净化了空气，又美化了环境，真是挺不错的。

按小崔的话说，“丁香是一种很经典的园林植物”。

丁香，古人写下的诗很多。我最为欣赏的是唐朝李商隐的诗句：“楼上黄昏欲望休，玉梯横绝月如钩。芭蕉不展丁香结，同向春风各自愁。”诗的表面意思很明显，讲的是没有舒展的芭蕉，还有这花蕾丛生如结的丁香，两者生长的地域是不尽相同的，但它们却一同面对春风，任春风吹拂着，任黄昏清冷的春风吹拂着。实际上，这首丁香诗的内涵，我们中国人是都清楚的，显然是在借物写人，以芭蕉、丁香比喻情人，比喻痴情的女子。其意境深刻，含蕴无穷，历来为人所称道。

但小崔刚接手丁香工作时，对其并没有多少感觉。是臧淑英老师对丁香的热爱感染了她。很快，她就成了丁香的行家里手，丁香也成了她的最爱。

她说，丁香主要分布在中国三北和西南高海拔地区。这些地方干旱寒冷，赋予了丁香耐寒、耐旱、耐贫瘠的禀性。

华北地区现在种植的丁香，大多是华北紫丁香，还有，就是它的变种：白丁香。在东北，哈尔滨的丁香很是普及，不少条大街上都有种植。这些丁香，主要是19世纪后期到20世纪初期沙俄在我国留下的。前些年，小崔引了不少种。在西北，内蒙古是丁香的主要种植区域。那里除了华北紫丁香，还有辽东丁香和暴马丁香。暴马丁香和北京丁香，这两个种在北方十分常见，属于乔木类的丁香。中科院北京植物园选育出来的‘北京黄’，也属于乔木类。近些年，‘北京黄’在东北地区有不少商品苗。

这是丁香的大的方面。从小的方面说，小崔这十几年，在丁香方面取得的成绩是骄人的。

对产业来说：一是育种。在前辈们的工作基础上，现在，她又选育出十来个丁香新品种，虽然有些还未公开发表，但不少都很有推广价值。再有，就是解决品种无性繁殖困难的问题。特别是‘罗蓝紫’和‘香雪’两个代表性品种，突破了繁殖的技术瓶颈，为实现商品化生产扫清了道路。

我们在交谈的过程中，小崔最为着急的是，丁香的新品种推广问题。一方面，她手里有好些好东西，就是实现不了商品化生产。没有商品化生产，绿化、美化上就得不到应用，这都是一环扣一环的问题。

为什么要急着推广？正如小崔所说，现在应用的这些丁香，几乎都是老化了的种类，种了好几辈子了，不断地进行播种繁殖，性状分离，观赏价值很低了，一串串的花儿，没了俊俏的模样。用小崔这位权威专家的话说，“现在种植的丁香，花色惨白惨白的，急需更新换代”。

2012年5月，崔红霞博士从内蒙古自治区发回的照片

而手里，又不是没有丁香新东西。这些新东西，不仅花色鲜艳，而且芬芳馥郁，令人愉悦，最主要的是它们依然适合北方寒冷、干燥的气候，丝毫没有水土不服的问题。

现在，做不到更新换代，是科研和生产两者之间缺了一个链条。

链条为什么接不上？我这里不想深入探究它，即使探清了，一时也解决不了实际问题，有什么用呢？我想，我们更加专注的是怎么尽快实现新陈代谢，或者说更加关注的是如何丰富品种，提升我们绿化美化的品质。这方面，不止丁香育种成果的转化迫在眉睫，其他不少花木科研上的成果也是如此。

衔接这个链条，我看我们的科研人员需要从我做起，需要放下“架子”，需要有一种大爱，主动向经营者靠拢，靠得越紧越好。

我记得前些年我看过一本讲爱情的书，书里有这样一句话：牛奶和咖啡融合，味道才会好极了。借用这句话就是：我们的科研人员，只有和生产者融合，你的成果才会得到广泛的应用。

现在是商品经济社会，我们的科研成果倘若变成不了大量的商品，仅仅靠开了成果鉴定会，制造了那么些束之高阁的东西，它的社会价值又有多大呢？你的人生价值又体现在什么地方呢？

我的这些想法，还好，恰恰与小崔的想法不谋而合。她要蹚的路子，就是这方面的路子。

我祝福她！祝她大胆地往前蹚！同时，也祝所有往商品化方向蹚路子的科研人员取得成效！

2011年11月30日，上午

科研更需要“接力棒”

2011年8月末，中国花卉网“老方侃经营”专栏刚开办的时候，我写过一篇文章，题目是：“花木产业需要接力棒”，讲的是成都市温江区之所以花木产业持续发展，知名度越来越高，就是因为历届政府始终把花木产业当成一件大事来抓，接力棒不断传接的结果。前天，跟中科院北京植物园崔洪霞博士聊过之后，脑海里便浮现出这样一句话：

我们的科研更需要接力棒。

小崔告诉我，去年，也就是2010年，她所在的研究所获得了国际丁香协会(International Lilac Society，ILS) 授予 的“President's Award”。这是国际丁香协会的最高奖，以表彰中国科学院植物研究所在丁香属植物育种、栽培、适应机制及品种分类研究方面的出色工作。

协会会员以美国、加拿大和欧洲成员为主要构成。以往ILS的奖项大多授予某一方面成绩突出的个人，而基于丁香属多层面、系统性工作的贡献，针对单位授奖，这在协会历史上还不很多见。

“这不是就等于在表彰你嘛!”我说。因为，10多年来在该所北京植物园专门领衔做丁香研究的，就是她本人。

她呵呵笑了：“是我在做工作。但这荣誉并不是授予我的，是授予我们这个团队的。”

“他们是怎么知道你所做的工作的?”

“因为在协会进行品种登录，因为丁香资源收集和育种的交流，也因为发表的丁香研究论文，他们对我们的系统性工作很感兴趣。”

中科院北京植物园，俗称“香山植物园”。这个植物园在丁香上，确实有很了不起的成绩。现在，该园已经保存了可观的丁香资源。

小崔一再强调，该园有这样的成绩，是植物园三代人努力的结果。

20世纪50年代，董保华先生为植物园所做的引种中就有丁香。当然，那时候植物园处在建设之中，需要的植物很多，引的东西很杂。

到了60年代初期，小崔的老师，也就是臧淑英先生到植物园工作后，在植物园主任俞

2012年5月27日，作者在中国科学院北京植物园拍摄的正在怒放的‘北京黄’丁香。一簇簇金黄色的丁香花格外醒目

德浚先生的支持下，在已有的基础上开始了丁香专属的资源收集和育种研究。可以说，臧老师从1962年到1996年退休前，这30多年，一直致力于丁香的科研工作，即使是动荡的“文革”期间，也从未间断过。臧老师为了使丁香的研究继续下去，在退休的前一年，又选择小崔做了她的接班人。

从1995年，小崔开始接手丁香这摊子事之后，这一干，又是十五六年。从对丁香没有概念，到现在丁香成了她的最爱，她和丁香就像人和影子的关系。因为，即便在她读博期间，她也没有断过一天的丁香科研。

丁香属植物的野生资源主要在我国，但众多园艺品种几百年来多为欧美国家选育和栽培，形成了源远流长、内涵丰富的丁香文化。中国科学院北京植物园之所以在丁香上有如此的成绩，被国际丁香协会赞誉，完全是几代接力的结果。这个链条，可以说是50多年没有间断过。

做成一件大事情，没有一代又一代的接力棒，三天打鱼，两天晒网，站在这山又望着那山高，被各种利益所诱惑，行吗？答案显然是否定的。

其实，不被各种利益所诱惑，干一行爱一行，最终，受益最多的，最出成绩的，还是坚守者，还是属于“一根筋”这样的人。

我这几年常说这样的话：一个人能做成一点事，一定要坚持，持续的坚持；因为，持续的坚持是成功的基石。实际上，如果干成一项事业，光靠一个人持续的坚持都不够，还需要几代人孜孜不倦的坚持，一棒接一棒的传承下去。

小崔她们所在丁香科研上取得的成绩，已经足以证明这一点了。

2011年12月2日，晨

从邓运川出书所想到的

近日，华北油田华美综合服务处的邓运川先生给我打来电话，告诉我一个好消息，说他要出版一本书，书名是：《华北地区园林树木栽培养护技术》。我听了之后，为之一振，真的为他高兴。

邓运川，高个子，圆脸庞，白净脸，一笑一个酒窝，说话做事总是快快的。他待谁都是那么客气，待谁都是那么热情。见人，总是笑呵呵地先打招呼。与众人在一起吃饭，他总是先紧着别人，给这个夹菜，给那个拿碟，再给另一个敬酒，忙前忙后的。见到年长的人，张嘴便是“您，您”的，透着有一股子真诚劲儿。他不是北方人，而是地道的四川人，但由于随父母来北方多年，他已讲一口纯正的普通话，非常的地道，找不到一点川音的影子了。

我认识邓运川先生，有些年了，特别是近几年，接触比较多。与他接触多，缘于他是我们报社的特约记者。虽然我没有到过他们油田，但这几年他没断了来北京，没断了来报社。每回他来北京，我们几乎都要见个面，聊聊天，随便的吃点什么，喝点什么，就像亲兄弟那样的融合。

邓云川先生是一个非常勤劳的人。他在单位负责绿化，在领导的大力支持下，一有空，就出来考察花木市场，考察苗木之乡，了解花木行情，看看有什么要引的东西没有。每次出来，他都是顺带着搂草打兔子，给花卉报抓点新闻，绝不空着手来。

他发现新闻，就拿出一个小本子，问这问那，记录下来，临走，拍下照片。回去，整理出来，次日就把照片连同文字一起发到了报社。干事，从不拖泥带水，那叫一个麻利快。“明日复明日，明日何其多”，是不属于他的。

因此，翻看过《中国花卉报》的人都会有印象，几乎隔上一两期的报纸，就有邓运川的新闻照片。还有的时候，一期报纸上能看到他的两张新闻照片。他的稿子不仅多，而且总是言之有物，让人耳目一新，给人带来一些启发。

我印象最深的是2011年4月，他在河北定州拍的一张新闻照片。他讲的是榆树小苗也畅销的事。要是前几年，榆树小苗谁看上眼？撒把种子就出一大片苗子。但近年大不相同了，榆树也成了苗圃育苗主要对象之一。榆树苗吃香，是由于金叶榆持续走俏的原因。金叶榆的砧木，是榆树苗。因此，榆树小苗子也就随之成了香饽饽。但这个变化，邓运川不写出来，不报道出来，读者是不会知道的。就连我这个跑东走西的人都感到新鲜，恐怕北方消息比较闭塞的苗农，更是不知道榆树育苗的重要性呢！

邓运川的书名也起得好，《华北地区园林树木栽培养护技术》，读者一看，就知道针对性强。换句话说，就知道这书是写给华北地区的人看的，而不是那种大而化之的书。那类书，现在很多，书名都很抽象。

但搞过花木栽培的人都知道，花木是有地域性的，一方水土养一方花木。不同的地区，有不同的植物，养护方法也不尽相同，“放之四海而皆准”是没有的。

记不清谁说过这样的话，我以为很好。他说：底线比境界重要。一个人可以没有境界，但不能没有底线。没有境界，顶多差劲一点；没了底线，就会出大问题。

我想，植物应用也是有底线的。植物应用的底线就是适地适树。

从全国来说，《华北地区园林树木栽培养护技术》这本书，自然讲的都是华北地区的观赏植物。但如果应用起来，华北地区的植物也不是每个省市都适应种植。近些年来，这类的教训挺多。

例如栾树。栾树常见的有北京栾和黄山栾。北京栾，在北京空旷的地方可以安全越冬，长势很好。而黄山栾在北京做行道树就不行，但在河北邯郸地区种植是完全没有问题的。同样，江南地区大量种植的广玉兰在邯郸可以种植，河南种植更是没问题。可广玉兰引到北京大范围种植却是不成的。有人将桂花大量引到北京，同样是不可以的，其结果碰一鼻子灰，损失惨重。红叶石楠，近些年红遍大江南北，确实是好东西。有人就大量的往北京引种，结果也是难以在街头绿地推开。大叶黄杨在北京现已广为种植，但这种常绿灌木引到大同却大不一样了。前些天我到大同，大同搞园林绿化的人就说，大叶黄杨在大同引种了好几年，都难以安全越冬，驯化不成。

说到驯化，一位园林专家这样认为，植物不是驯化出来的，而是选育出来的。是啊！如果它不适应这个地区的气候，经不起那两三度的低温，你再驯化，再加保护措施，最终也是徒劳的。白花银子，打打水漂而已。

邓运川近影

邓运川先生是忙中偷闲，悄没声儿地搞出这本书的，不容易。他有真才实学。上大学，他学的是园林专业，上研究生时学的是农业推广，工作之后，又一直跟园林植物打交道。要理论有理论，要实践有实践。哪些植物适合这个地区种植，哪些植物适合那个地区种植，他在书中都论述得非常清楚。

因此，读者看过此书之后，一定会受益匪浅，大有裨益！

2011年12月12日，晨

黄印冉、张均营为何配合那么默契

黄印冉先生和张均营先生都是河北省林科院的科研人员。谁都知道，两位先生这几年在园林花木业大名鼎鼎。什么原因?挺简单，还不是因为他们推出了一个金叶榆新品种。

金叶榆的最大特点是，耐寒、耐旱、耐瘠薄，填补了长城以北没有彩叶树种的空白。现在，在北方的苗圃里，差不多没有金叶榆的不多。有关部门统计过，按现在的金叶榆计算，起码超过了5亿元人民币的价值，这个数字，随着西北和东北绿化步伐的加快，还会迅速上升。

的的确确，金叶榆是个好东西，但这都是人做出来的。没有人的努力，恐怕什么事情都会大打折扣。这一点，在两位先生那儿得到了很好的印证。倘若没有他们的默契配合，全力推广，金叶榆也不可能像现在这么吃香，这么受人追捧，成为“一个越来越大的金疙瘩”。关于这一点，连河北林科院参加工作时间不长的闫淑芳都看得清清楚楚。小闫说：“黄工和张工的合作在花木业真是个典范，值得我们年轻人好好学习。”

他们为什么配合得这么默契?为此，我昨晚到了石家庄，特意跟两位聊了半天，算是咂么出一点滋味。

首先，是他们志同道合。所谓志同道合，就是彼此的志向，彼此的志趣相同。

两位都认为，人活在世上，能干成点事是最为快活的。因此他们觉得，经过好多年的育种，好不容易才选育出1个榆树变种，等于天赐良机，无论如何要把它推向社会，推向市场。因为，这个榆树变种，叶子是金灿灿的，似无数朵蜡梅花绽放枝头，娇嫩可爱，早早就能给大地带来春天的信息，在北方是极为难得的。北方，缺少的就是彩叶植物。为了尽快让圈子里的人认识到金叶榆，自六七年前开过鉴定会之后，仅我知道的，他们就马不停蹄，大大小小，参加了有30多个花木展销会。花木行业的展会大多集中在春秋，时间紧，常常是一个接着一个。为了多参加一个展会，他们今天还在山东，明天就有可能又到了沈阳。吃的苦，受的罪，可想而知。

他们说，印象最深的一次是在南京参加一个林木博览会，住的是一家小旅馆。刚一进屋，就有一股子发霉的味道刺鼻而来，让人不由得直打喷嚏。更别说屋里有雪白的墙，洁净卫生间，干净的被褥了。但这里有一样，离会场近。因此，也只能凑合住！退了房，为了参加在成都温江举办的中国花卉博览会，又乘火车到成都，在火车上受了两天两夜的罪。因走的匆忙，两位买的车票是无座票，卧铺票，想都别想。到了车上，两人几乎站了一整天。当时，张均营先生也是50开外的人了，下车时，双腿都麻木了。但这些，他们全不在乎。

曾国藩说：心安为福，心劳为祸；受不得屈，做不得事。这个道理他们懂。到了会场，当他们的金叶榆一亮相，看得人连眼睛都放光的时候，什么累啊，苦啊，就都一风吹了。为此，张先生说的好："我奉献，我快乐！"

黄印冉先生自豪地告诉我，这些年来，他们的金叶榆没有一棵苗子是通过行政手段推广出去的，完全走的是市场的路子。只有得到市场检验，才知道金叶榆的含金量如此之大。而这些，很显然，全是他们携手并肩，共同奋斗的结果。

还有，就是他们把利益都看得很淡。

利益有精神和物质的。先说精神的。这里主要体现在名利上。按照一般的情况，在名利面前，年纪大的人要排在年轻人的前面。而他们两位恰恰相反。他们搞出金叶榆的时候，是在林科院一个研究所共事，这就是生态所。在生态所，当时的所长是张均营先生，而黄印冉先生只是一个普通的工程师。当官的跟当兵的一起做事，对外自然当兵的要放在后面。况且，张先生还比黄先生长十几岁。当黄先生发表第一篇金叶榆文章的时候，他就把张先生的名字放在了前面。但以后，以至到现在，我们在网上和报刊上看到的所有与金叶榆的有关文章，都是黄先生在前，张先生在后。

黄印冉先生（左）和张均营先生（右）在美人榆实验基地里

关于这一点，我问张先生为什么？他说："名利是不值什么钱的。金叶榆需要推广，年轻人做的工作会多，他们要冲锋在前，理所当然要把年轻人的名字放在前面。"张先生坚持要把黄先生的署名放在前面，作为晚辈的黄先生也不好再说什么。

张先生的旷达，自然赢得了黄先生的尊重。这几年，随着张先生年龄的增长，凡是一人出差能做的事，黄先生总是一个人任劳任怨，不让张先生受累。

至于物质，他们都认为，物质的追求是无止境的。多一点，还是少一点，是无所谓的。心境平和、淡泊自然比什么都重要。当他们走出去，到一个陌生的城市，看到一片又一片金灿灿的金叶榆，增添一抹又一抹亮丽色彩的时候，比什么都愉悦。

两个人合作默契，不等于没有不同意见。因为阅历不同，有时看问题的角度自然有所不同。在这种情况之下，他们对待的办法是：坦诚相见，不憋在心里，谁对就听谁的。

例如，今年开展的维护金叶榆的合法权益的行动。最初，张先生就有点为难情绪，认为在尊重知识产权缺少氛围的情况下，这项工作很难开展下去。但黄先生不那么认为。黄先生认为：我们就是要理直气壮地维权，理直气壮地维出尊严来，不让交新品种保护费的企业吃亏。不然，就是不平等竞争。张先生说："既然小黄说的对，没说的，咱就要全力支持他！"

实践证明，这一年在院里全力支持下开展的维权行动，还是很有成效的。

黄先生和张先生的默契奥秘还有，我这里，仅仅是露了冰山一角。

2011年12月13日，晨，于石家庄

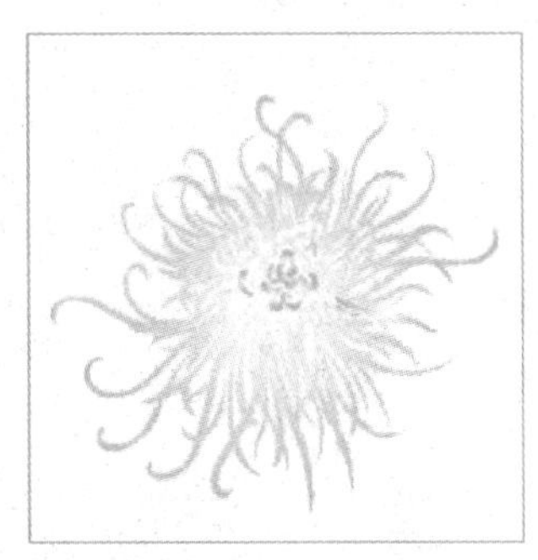

"西三教花市瘦身"魅力不减

西三教花卉市场，是石家庄市一张绚烂的名片。

年终岁尾，我沿着京广线南行，第一站就是石家庄。到石家庄，其中之一，就是奔着西三教花卉市场去的。因为这个市场新近搬迁了，10月18日重新开业，不到两个月，日子不长。市场运转得怎么样，是我牵挂的一件事。

"西三教花卉市场搬迁后，是大了还是小了？"市场的人一接上我，我就迫不及待地地问道。因为老市场，经营面积不小，有3.5万平方米。

按照西三教农业公司总经理赵志海的性格，新市场怎么着也要比老的大，还不干它4

万平方米。

然而那位兄弟的回答出乎我的意料。他告诉我："市场的营业面积比过去小多了，1万多平方米，也就是过去的三分之一。"

"这么小啊!"我听了很是吃惊："对市场的经营影响不小吧?"

他淡淡地一笑："一点也不受影响，跟您这么说，市场瘦身了吧，但魅力还在。在石家庄的影响力，还有我们市场的收入，都没有减少。"

西三教是石家庄市的一个村子，就靠南二环路的路边。当然，随着城市化的迅速扩张，西三教早已看不到农田的影子了，取而代之的是高楼大厦，村民已成了不是居民的居民。但村委会这个基层单位一直还在。

对西三教人，我是非常钦佩的。20世纪90年代中期，当石家庄市的老百姓对花卉刚一有消费需求的时候，他们就看到了这个苗头，看到了这种潜在的巨大的需求，把蔬菜农业种植调整到花卉上来，真可谓"春江水暖鸭先知"。也就在那时，我来到了西三教，从此认识了他们当时农业公司的当家人王全名，还有现在的总经理赵志海。

那时候，他们只是在种菜的一个院里建几个温室大棚。这几个大棚，那会儿在石家庄可是别有天地，新鲜着呢！棚子不小，一个有2亩地那么大。棚子里，养的都是观叶植物。里面，宽宽敞敞的，什么绿萝、发财树、巴西木、苏铁等时髦的花木，都有，一样不缺。这些观叶植物，都是从广州南海购进的。为了节省费用，他们把引进的植株作为母株，剪条子，自己扦插繁殖，长个一年半载的再卖，而且都摆放得整整齐齐。按赵志海的解释：

西三教新花市一 摊位

“这里既是养花的地方，也是市民赏花、买花的地方，说白了，就是一个市场。为了让人看着顺眼、舒服，不摆整齐了怎么行?”

后来，到西三教买花的市民越来越多，需求的种类也越来越多，光靠几个大棚的花应付不了局面，由此，西三教花卉市场便应运而生了。市场这么一建立，把石家庄地区的花卉种植也带动起来。现在，石家庄生产的仙客来、高山杜鹃、一品红等年宵花，在全国都是数一数二的。不仅如此，连石家庄的花卉市场也带动起来。据了解，现在石家庄大的花卉市场除了西三教，还有三家。这三家的规模，跟西三教花卉市场都有一拼。市场多，就意味有竞争。但赵志海说得好：“有竞争是好事。不是我们一家唱独角戏，我们才会有压力。有压力，才有动力啊!”

现在，新的西三教花卉市场，还在石家庄二环路的边上，准确地说，是在二环路的西南角，只是挪了挪窝儿。

花卉市场经理王立民告诉我，新市场的魅力不减，现在的商户，百分之九十五都是原来的老商户。他们愿意跟着咱，跟着这个市场，一个是看中西三教花卉市场这个老牌子，还有最重要的因素就是看中现在这个地理位置，还在市区，比那三家都近。这就有了优势。

为了这个优势，自打前年西三教老市场决定搬迁，作为市政府的重点开发项目，他们就做出一个重要的决策：新市场的位置一定要好，宁可地方小一点，租金高一点也认可。为了市场的长期稳定发展，新地址一租就是20年。

当然，现在新市场魅力不减，位置好是一个方面，还有，就是他们做了一系列的改进。例如市场温室的硬件建设。去年，石家庄遭遇了百年不见的大雪，老市场的大棚被大雪压塌了一大块儿，给商户经营带来极大的不便。因此，新市场建设时，他们不仅增加了铝合金的立柱密度，还加大了材料的规格。这样，温室的承重力好了，抗压力的能力就大为加强了。还有，为了使市场里的温度提高，新建温室时，老的锅炉尽管能用，但他们还是废弃掉，添置了两台新锅炉。这两项，费用肯定是增加了不少，但有利于商户经营啊!。凡是有利于商户的事，他们都乐意去做。

王立民还告诉我，新市场的商品分布也别老市场清晰多了，分A、B、C、D、E区。A、B、C区，都是卖盆花和盆景的，就在一楼大厅。D区在大厅外的门脸房，专售园林机械、瓷器、红木家具、古玩玉器等。E区，专售鲜切花，在大厅外专门一个地方。这样，市场的眉眼清楚了，便于消费者选购。

王立民说，尽管他们市场比起那三家市场在地理位置上占有优势，但人家再远，也要和你分一杯羹啊！怎么办?“独上高头，望尽天涯路”是不可能的。对此，王立民的应对措施很明确：“没招，只能在服务上下工夫呗!”

这话让我爱听。因为只有如此，西三教花卉市场这张名片才会越来越绚烂。

2011年12月14日，晨，于石家庄

杨家保，让女贞分外精彩

我昨天，来到河南新乡市七彩园林高干女贞种植专业合作社，见到了该合作社的总经理杨家保，对他这个人，对他的女贞拳头产品，都留下了极为深刻的印象。

他的女贞，有大叶女贞和小叶女贞之分。大叶女贞，都是高干的，树皮光滑，树干笔直，树冠圆圆的，树体高高的，定干都在2.5米，谁见了谁爱。如果说，他的大叶女贞是美男子，那么，他的小叶女贞艺术造型就是小巧玲珑的美女。那些造型过的小叶女贞，高的2米多，矮的1米来高，都是云片式的，既有直干的，也有卧干的，还有斜干的，姿态优美、形态各异。无论哪个桩子，装个紫砂盆，都是上等的盆景佳作。

什么叫精致，什么叫漂亮，只有到现场瞧过，你才能感触得到，你才会佩服得五体投地。

杨家保，五十开外，大个子，一米八三，留着分头，白白净净，一表人才，跟想象的农村苗木合作社带头人完全不是一回事。

他"不土"，他很洋气，文质彬彬，大学教授的派头十足。他虽然也一大把年纪了，但英姿不减，依然与俊小伙儿有一拼。

他的基地，有200余亩，分两个地方，一个是在老家，获嘉县的乡下，史庄镇；一个在获嘉县的县城，西环路立交桥南侧的路边上。那是一个岔路口，地理位置非常优越。距新乡20千米，离焦作35千米，到郑州也不过70千米。南来北往，凡是经过这里的，一眼就可以瞧见他的苗圃，瞧见他的一大片苗木。

因为种植的几乎都是大叶女贞、小叶女贞，属于常绿树种，因此即使这数九寒天，这里依旧还是浓绿浓绿的；若是春天来，瞧见那些艺术品，一定会有一番热闹的景象，让人迈不动步。

当然，靠县城边上这个基地，比起乡下那个基地，要小得多，也就60亩地。但这里位置好，适合接待四面八方的客户，他的女贞拳头产品，没说的，显然都是集中在这里了。

杨家保经营女贞有十一二年了。在此之前，他一门心思养菊花。养菊花，最多的时候，搞了有八九十个品种，好几千盆。他养的菊花，因为下工夫，最大的一朵花，直径有

28厘米，谁看了都赞不绝口。因为菊花销路窄，他忍痛割爱，毫不犹豫地放弃，改种了大叶女贞，瞄准园林绿化这个大市场。

他搞大叶女贞，接跟着又搞的小叶女贞，看中的，就是它们都是常绿阔叶树种。而北方，常见的国槐、白蜡、银杏、法桐、柳树，都是落叶树种，缺的，恰恰就是常绿阔叶树种。大叶女贞，分布范围广，南至广东，北至河南，甚至石家庄，市场占有率广。

他发展大叶女贞，一起步，就是12万棵。当时，种的都是小苗子。苗子扎下根，长了新叶，他就全部抹头，只剩下3厘米高，齐刷刷的，像面板一样平整。然后，就是大肥、大水伺候。一年之后，这些苗子就窜了1.8米以上，树干都笔直笔直的。他这样做，目的很明显，就是为了培养优质苗木、顶级苗木。

因为，从小不抹头，树干日后就长不直。不是疙疙瘩瘩，就是弯三扭四的。这样的苗子，即使是大规格，也是没有什么品质的。没有品质，明摆着，就没什么出息，卖不上好价钱。常言道："小树得修，小孩得说"，讲的就是这个道理。

按杨家保的话说："我从2000年起实施战略调整，一踏入苗木这个圈子，就坚持专业化、标准化、彩叶常绿化、树干笔直化，走科技发展之路"。

杨家保为何那么早就有这样的远见？还是很简单，都是他善于学习，眼观六路，耳听八方的结果。前些年，包括这几年，他只要一有空，就要参加各种苗木展会，还有信息交流会。一要，就是两个展位。再有，他每年都会订阅好几份专业报刊。

订了，可不是为了摆样子的，他都认真阅读，一网打尽。只要一点有用的，他还会剪下来，分类，装订成册。

我在他苗圃的办公室里，看到一个很大的铁皮柜子，里面，满满当当，装的，几乎都是那些成册子的东西资料。有信息类的，有苗木修剪类的，有营销经验类的，还有病虫害防治类的，一应俱全。

就在他的桌子上，我还注意到，有一张他刚剪下来的《中国花卉报》的文章，上面划了很多的红线，显然，都是一些重点句子。古人云："念良辰美景，休放虚过，人生百年有几"。这些道理，他还是懂得的。他就是要珍惜时光，不断地学习，只有不断地学习，才能干成事，才能把事情干出

杨家保与作者合影

杨家保为植物造型自制的卡子，使用效果非常好

档次来。

他还告诉我，前些年，为了学习，他有时候看书看得入迷，彻夜未眠。直到上班的工人敲他的门，他打开窗帘一看，明晃晃的太阳直刺眼睛，这才知道，敢情新的一天已经开始了。

他搞高干女贞种植专业合作社，是从2007年开始的。有100多户，都是周边县市的。大的农户有五六十亩，小的农户也有十几亩地，总面积有一千多亩。苗子，都是他提供的。施肥、浇水、打药，包括销售，都是统一步骤。挑头搞合作社，他的目的很明确，就是为了把高干女贞做强、做大，做出规模来。光靠他一个人，他总觉得势单力薄，还是众人拾柴火焰高。

只要肯于付出，再笨的人都会得到回报。更何况，他是获嘉有名的聪明人，回报显然是相当大的。

不说远的，就说今春。他卖给客户的高干女贞，胸径5厘米粗的，售价从60多元到85元不等，而别人同规格的，只有45元。另外，他的一株精品小叶女贞艺术造型，卖了1.6万元，还是忍痛割爱。他的产品与他人相差如此之大，并且还抢手，他凭的是什么？凭的还不是品质。

他的小叶女贞树桩艺术造型，别人都是按棵按规格卖，他不是，他按片子卖。一个云片300元，一棵有几个云片，数一数，相乘，就知道价格了。他为何卖这么高？很简单，还不是因为有艺术价值所致。由于在小叶女贞造型艺术方面成就突出，现在，他已是河南省盆景艺术家协会理事。

走高品质女贞苗木发展之路，这辈子，杨家保算是走定了。因为他知道，这是一条康庄大道，仗会越打越精的。

2011年12月15日，晨，于河南省获嘉县

彩叶新品种助王华明“腾飞”

花木业有两个叫华明的名人，只不过姓氏不同而已。一个是四川成都温江的林华明；一个是河南驻马店遂平的王华明。两个人，都堪称花木业的精英，都是我佩服的兄弟。这里单说河南遂平名品花木园林有限公司的王华明。

众所周知，入秋以来，各地的苗木销售有点冷，但王华明的彩叶苗木，却供不应求，火得不得了。而且，他现在的经营面积，比3年前的600亩翻了好几番，达到了4000余亩。

这么大面积的苗木，按王华明的话说，“我现在愁的不是销路，愁的是没有苗子供应。”

我认识王华明，是六七年前在北京的一次苗木信息交流会上。

我们俩人坐在一个桌前。他个子不高，瘦瘦的脸庞，最突出的特点是他的额头特别宽，特别亮，闪现出智慧的光芒。他不爱讲话，总是在静静地听别人说，聚精会神，生怕漏掉一个字。即使说话，也总是有几分腼腆，而且声音不高。我们接触，也是我先打破了沉寂。但自从我们相识，我才知道，这个看上去很不起眼，甚至有几分柔弱的汉子，非常了不起。

他的经营道路走得极不平凡。做苹果生意赔，做皮衣生意赔，做运输生意还是赔……一个中原乡村的小伙子，家里没有任何靠山，怎么禁得起这么来回折腾？他身无分文，因为屡战屡败，以致跟他相爱6年的恋人都无法结婚。

“衣带渐宽终不悔，为伊消得人憔悴”。但王华明骨子里有一种不服输的精神，他咬牙立志，他不惧怕失败，不怕跌跟头，不怕山穷水尽。终于，在苗木经营上实现了转机的曙光，开启了一条人生成功之路。

3年前，我到王华明的遂平去过一回。遂平，在京广铁路线上，驻马店的北面，20多千米远的样子。那时，他还没有成立公司，还是遂平县玉山镇名品花木园艺场。而今，一切都变了。那时，他接待客人，是在基地一间小平房里。现在，人强马壮，今非昔比，已经搬到了县城一所小别墅里。

我昨天，是从许昌的鄢陵赶到遂平县的。到遂平，天已经黑了，只剩下一点点亮光，

王华明（右一）在苗圃里向客户介绍苗木

但这一点点亮光也很快被夜色笼罩住了。即便如此，我还是决定先到一个基地看看。当时，王华明在驻马店开会正在往回赶。接我的公司副总经理孟宪旗先生摸黑带我到一个基地看了一下。因为，次日还要赶到郑州，已经没有时间再到基地了。

这个基地是王华明2009年建成的，有1000亩地，在朱屯，离县城四五千米，就在去嵖岈山自然风景区的路边上，地理位置非常之好。在苗圃，我是边走便乘车，即使是这样，转来转去，也有半个多小时。

我一边看，老孟一边介绍，这是红叶紫荆，这是紫叶合欢、金叶皂角、红叶皂角、金叶刺槐，那是红叶乔木紫薇、北美枫香、美国红枫、花叶木槿、金边马褂木、金叶复叶槭、粉叶复叶槭、花叶复叶槭、红国王挪威槭，反正都是新的彩叶树种，就连常见的银杏、白蜡，到了这里，通过嫁接，也变了一副模样，成了金叶银杏、金叶白蜡、金枝白蜡、红叶白蜡、花叶白蜡。开始，我还在本子上记，随着老孟介绍的品种越来越多，劲头越来越足，我已经招架不住了。

老孟说：“您别记了，您是记不过来的，我们的彩叶新品种，有八百多个，回去给您个产品目录好了。”我赶紧说：“好。”

回到城里吃饭，正赶上濮阳市林业局副局长毛兰军先生来采购苗木。在饭桌上，我问毛局长，看了王华明的基地有何感想？他激动地说：“那么多的彩叶新品种，从未看过，除了震撼，还是震撼！”

毛局长的评价，道出了王华明苗木畅销的秘密：这就是新的彩叶苗木，助王华明的“遂平花木”腾飞！因为，自从2001年3月15日园艺场成立，王华明从红千层和彩叶新品种捞了第一桶金，尝到了甜头，他就坚持走彩叶苗木新品种的路子，从而才使苗木经营这条路子越来越宽，市场竞争力越来越强。

我由衷地向王华明致敬！

2011年12月17日，晨，于河南驻马店市遂平县

潘慧英的人生观

前几天，我开始沿京广线南行，到郑州时，并没有停留，而是往东拐一个弯儿，去了一趟开封，准确地说，是去了汴京公园。接待我并唱主角的，就是这里的一园之长潘慧英主任。现在，离开汴京公园有两天了，但她的勤奋，她的快乐，她的外柔内刚，她管理园子的能耐，久久令我难忘，让我佩服。

我认识小潘，一晃，快20年了。那时，她是开封市园林处宣传科的科长。到了园林处，我说找小潘。看门的人说，干部都到龙亭公园劳动去了。虽然没有直说，显然小潘也在其中之内。我跟到了龙亭公园。公园里，有一个很宽的湖，波光粼粼的。她在岸这边，我在岸那边。彼此联系上之后，她就像一只快乐的小燕子飞奔了过来，这是一个圆脸蛋，有一双水灵灵的大眼睛的女孩子。她话未出口，两颊的酒窝已经闪现出来，令人感到亲切和甜蜜。

而今，虽然快20年过去了，但小潘依然像是当年快乐的小姑娘，还是那么年轻，还是那么漂亮，还是那么活泼。

其实，这些年来，她一直在奋发向上，从没有停歇过，

她是1986年参加工作的。但工作后，她并没有放弃学习，放弃深造。因为她深知，知识就是力量；“书中自有颜如玉，书中自有黄金屋”。她一边工作，一边学习，她学的是园林绿化专业，后来她又学习了行政管理、经济管理，最终取得了河南大学历史文化学院旅游管理专业在职研究生学历。她先在禹王台公园工作，后到园林处、铁塔公园、汴京公园工作。

她回到园林处后，担任党委副书记、开封市菊花协会副秘书长。2010年12月，因为市里机构改革，她又回到了汴京公园。这些年来，不论从事技术、人事工作，还是宣传和行政工作，可以说，她是干一行爱一行，就像一颗永不生锈的螺丝钉，拧到哪里哪里强。

开封的市花为菊花，历史悠久，风韵独特，成为开封古城的象征，至今在全国保持领先水平。据我所知，这中间，小潘是立了大功的。

这些年，她从事过菊花的组织培养工作、菊花品种的收集分类整理工作、菊花的养植

工作、菊花展会景点的设计和制作工作。其中，参加的菊花科研项目，即“菊花的收集分类整理和开发利用”，经鉴定，为全省领先水平。

前不久，我在杭州组织通联会议，见到小潘。小潘说，她参加完我组织的通联会议，就率领她的团队到嘉兴参加中国第四届菊花精品展赛。比赛结果出来后，她告诉我，汴京公园代表开封市参展的菊花，艳压群芳，一举夺得4项最佳奖。

这4项最佳奖分别是：大立菊最佳栽培奖、盆景菊最佳栽培奖、孔雀菊最佳栽培奖和最佳展台布置奖。在此之前，汴京公园代表开封，还参加了西安世界园艺博览会菊花大赛，荣获国际菊花竞赛银奖和国际菊花竞赛特别栽培奖。这一串串的荣誉，彰显了“开封菊花甲天下”的美誉。然而，这些荣誉的背后凝聚有多少她的心血，是不言而喻的。

在宣传开封菊花上，小潘也是不遗余力。她是《中国花卉报》的特约记者。每逢菊花盛开，她都要给报纸上写不少菊花文章。有时今天这篇稿子刚到，还没来得及安排上版，第二天又来了一篇，说不定到第三天，又来了一篇。像连珠炮似地，动力十足。读者从花卉报上了解的开封菊花，毫不夸张地说，几乎都出自小潘之手。

小潘对工作的责任心和敬业精神，我是亲眼目睹的。

这几年，她患了风湿病。但是她没有因为病痛而影响到自己的工作。上班前，身上的关节常常找她的麻烦，疼痛得厉害。有时候一变天，身上所有的关节和韧带都疼，疼起来甚至难以忍受。她咬紧牙，只是稍稍坐一会儿，便又离开了家门儿。她多少年如一日，始终坚持在工作岗位上。因为行业特点，她一年到头几乎没有休息日。她对我说过多次，因为责任，只有到了自己管理的园子心里才踏实。

我这次去开封，亲眼看到了她是如何带病坚持工作的。

在她的办公室里，我正津津有味地听她讲述公园是如何经营和管理的。突然，她的脸色煞白，坐在沙发上不停地揉着自己的脸颊和胸口，一副痛苦不堪的样子。我问她怎么了，她说“没事的，方老师，是老毛病了，风湿病，几乎每天都疼痛，忍一忍揉一揉就过去了。我说：“你怎么不去医院看一看呢？你还年轻，看一看不就减轻痛苦了吗？”她勉强一笑说：“看了，去了很多大地方看过呢，这个病就是这样了。在同类病人中，我这个病还算是好的呢。”实际如何呢？只有她自己知道。但她乐观向上，总是往好处想。

为了宣传开封，宣传爱心，她与疾病斗争，每晚雷打不动，坚持写作。短短两年多的时间，她写出的文章有900多篇，达100多万字。

小潘管理汴京公园也有一套。汴京公园，其实与原来的皇家公园沾不上边儿，与古都风貌也合不上辙。该园原来名为山东花园，是清末由在开封经商的山东商人建造的。1962年，开封市政府将山东花园改名为汴京公园。汴京公园由此成为开封市民休闲、娱乐的好去处。大门里，到现在还保留一尊毛主席的巨幅雕像。历经几十年的发展，目前，汴京公园是开封市唯一一家集休闲娱乐、动物观赏为一体的综合性公园。因此，到这个公园的游人，都是当地的市民。如何增加园子的收入？小潘的对策是：外塑形象，内抓管理，搞活经营。多搞有特色、有创意的游园活动，以此增加门票收入。一年来，她紧紧抓住经营管理不放松，开辟新的市场，增加新的项目，拓展新的发展空间。

作者与潘慧英合影

她的主要妙招之一就是不断地搞活动，以此吸引游客。掐指算来，她重新到汴京公园工作只有一年，但大大小小的活动已经举办了六七次。除了元旦、春节、五一、六一、十一、圣诞节等节日举办有开封地方特色的文化活动，如地方戏演唱、歌舞表演、诗歌朗诵、书画笔会和展览、各种艺术类比赛等。在此基础上，他还与有关单位联合，定期举办一些会展类活动。如小商品展销会、房地产交易会等。办好每年一届的菊会，更是增加园子吸引力的重点。

小潘常说，女人要“快乐工作，诗意生活”。她自己，首先就是一个“自己快乐，快乐他人”的女性。在她的办公室，空调上挂有这样一个牌子，上面写道：“快乐每一天”。

我看了，问她：“难道你有什么不快乐的事?”

她咯咯笑道：“没有啊！正因为这样，才写快乐每一天啊!”

站在一旁的财务科商玉清是个非常文雅的女士，她搭话说：“我们的潘领导啊，是希望快乐在我们园子里每一个角落都绽放。”

小潘的快乐，其实是从每天清晨开始的。在网上，我在她开设的“慧心花园”博客里，看了她写的这样一首诗，名为《清晨》。诗中写道：“一阵美妙的声音，把我唤醒，那是鸟儿在鸣叫，它在呼唤我迎接黎明。突然，一股醇香的气味飘来，甜甜的感觉，霎时醉满胸怀，那是早餐的味道，爱心牌早餐传递着爱的希冀。蓦地，美丽的早晨，鸟儿在欢笑，花儿在开起，爱意满满，关怀无限，在这冬日里享受春天的温暖。”

小潘有这样的诗性，不快乐都难。

因为她懂得，快乐是至高无上的，是人生经营的最终目标。

2011年12月18日，夜，于湖南长沙

浏阳，有这样一对周氏兄弟

我前日从郑州乘火车来到长沙，在著名的苗木之乡浏阳，拜访了搞苗木的周氏兄弟。兄弟俩亲密合作，另辟蹊径，走的是一条全新的苗木发展之路，成为浏阳花农的佼佼者，让我佩服极了。

浏阳，前些年以发展红花檵木名扬天下。它属于长沙的一个县级市。我一直以为，浏阳在长沙的西边，其实是在长沙的东边，约20多千米远。业内的人知道，长沙的跳马乡也是花木之乡。原来报纸上介绍跳马乡花木，以为跳马乡与浏阳并无任何关系，相差很远，实际上两者紧密相连。

我到的那天，乘车出了长沙，下了公路，沿着一条弯曲的狭窄小路驶去，两侧就是一个接着一个的苗圃。我以为，这就是浏阳的柏加镇，但接我的周治邦说，“这是跳马乡”。但车子开了也就十来分钟，一不留神，小周告诉我：“这就是我们浏阳的柏加镇了。”其实，跳马乡成为花木之乡，就是受浏阳柏加镇的影响。

在浏阳，柏加镇最早成为改革开放之后的花木之乡。受其影响的除了跳马乡，还有相邻的另一个镇，这就是黄兴镇。黄兴镇，是以辛亥革命时期的著名人物黄兴的名字命名的，那里是他的老家。

浏阳的花木核心区是柏加镇，柏加镇花木的核心区是渡头村。周氏兄弟就是渡头村土生土长的人。

兄弟俩，老大叫周志平，30多岁。老二就是周治邦，30刚出头。老大周志平，个子略高一点，长脸，戴一副眼镜，做事不急不慌的，性子比较温和。老二周治邦，圆脸，也戴一副眼镜。他说话快，做事也快，性子与兄长相反，比较急躁。在接我的路上，连他自己都说：“我的性子比较猛。”这一点，在一起吃饭时我就感觉到了。我向老大周志平请教一个品种名称，周志平说了这个品种名称，做弟弟的周治邦马上接过话茬：“不是”。他马上纠正，说了另外一个品种名称。但恰恰这样不同的性格，是可以互补的。

兄弟俩的苗圃叫日新苗圃，是2000年年底开办的，一晃11年了。最初，周志平25岁，周治邦才21岁。两个人都很年轻，都踌躇满志，都光棍儿一根。看到别人搞花木挣钱，发家致富，他们也不甘示弱，一起注册了一个苗圃。摽在一起干是应该的，也是必须的。两股绳拧在一起总比单股绳要强。问题是现在兄弟俩都已结婚，各自都有自己的小家庭。并且，老大已是两个孩子的父亲，老二离当爹也为期不远了。怎么还能在一起干呢？毕竟利益不同了嘛，谁都要想想自己的小九九。

6年前，我在浏阳见到这哥儿俩时，他们只有一台夏利车，而且是一辆旧车。现在，他们已经有了4辆车。苗圃从十几亩，增加到了200亩。大大小小，分十几个地方。这些苗圃，都是大规格的苗木桩景，含金量非常高。我看过他们的一个苗圃，这两年就投资了500余万元。现在家大业大了，但两兄弟并没有因为有各自的家庭使企业发生任何的变故，反而风风火火，干得更加带劲。

老二周治邦在接我的路上，我问他为何原因？小周淡淡一笑："结了婚了，也没人计较利益得失。方老师，你知道吗，到现在我们两个小家庭，都是和父母一起过，妯娌非常和睦。财政大臣，还是我母亲。"

"一家人和和睦睦，真让人羡慕。"我说："但毕竟你哥哥是有两个孩子了，消费比你们要高。利益怎么平衡？"

"呵呵。这没什么。谁多用一点钱，少用一点钱我们都无所谓。都在我母亲那里掌握。当然，个人开支都有个大概的账。其实，家庭开支是很少的，我们赚的钱几乎都用到了生意上。"

企业做大了，决策很重要。两个人在一起商量，总比一个人要智慧得多。"

和则兴，和则强，和则盛，是靠彼此支撑的。年纪轻轻的周氏兄弟，在一起摸爬滚打了这么多年，他们甚知其中的道理。

浏阳的主打花木是红花檵木。花红叶红，色彩绚丽，一年开三四次密集的红花。20世纪90年代，该品种就已经广泛用于色篱、模纹花坛等绿化美化。但周氏兄弟一起步，就没有搞红花檵木。他们懂得，吃别人嚼过的馍不香，跟在别人的后面是没有什么大发展的。因此，六七年前，当浙江森禾刚推出红叶石楠的时候，他们就把这个新的彩叶灌木引到了浏阳。可以说，他们是最早把红叶石楠引到浏阳苗乡的企业，然后大面积的扦插繁殖。

现在，他们的苗圃里，还保留两株老株红叶石楠。我在现场看了看，这两株红叶石楠已经长有3米多高，10厘米的干径，成为非常漂亮的乔木。通过红叶石楠这个新品种，他们足足赚了好几桶金。

新品种的力量，现在更是被兄弟俩推向了一个高潮。如今，当浏阳各个苗圃，几乎都有红叶石楠繁殖小苗的时候，他们已经掉转船头，大量发展红叶石楠嫁接老桩。

红叶石楠才发展起来，是没有老桩的。他们选择的是椤木石楠（*Photinia davidsoniae*）做砧木。椤木石楠，与红叶石楠一样，也是蔷薇科石楠属的植物，常绿乔木，高可达十五六米，属于当地资源 。用六七米高的老桩，嫁接成红叶石楠，使红叶石楠在3年内，就可以达到有大树景观的效果。从而，一下子缩短了培养红叶石楠大规格苗木的周期。

在日新苗圃双源村苗木基地，我看到好大一片椤木石楠老桩被遮阳网罩着，透过稀疏的网孔，可以看到，抹过头的树干上，已经嫁接成红叶石楠。一寸多长的嫩枝上，拱出鲜红的叶芽。虽然当时天是阴沉的，又隔着一层黑色的遮阳网，但满树还是鲜亮亮的，绚烂极了。

老大周志平介绍说，他们3年前实验成功的第一批老桩子，已经全部卖完了，这是第二批。现在已经定植了二三百棵，不够，还在继续购进椤木石楠。

用椤木石楠嫁接红叶石楠，是他们在浏阳另一个成功的创新。创新，是高效益的力量源泉。

“30厘米的椤木石楠，差不多要7000元，但嫁接成红叶石楠后，就会翻到3万元，是原来的5倍，还非常抢手。”周志平说。

其实，红叶石楠嫁接老桩，现在仅仅是日新苗圃的一个王牌产品。此外，周氏兄弟还有另外两个拿手的新品种，一个是多头大规格香樟，还有一个是大规格的四季红山茶。灵秀的姿态，均有古桩的效果，也是很不错的。

创新的产品倘若是硬实力，那么诚实守信便是软实力。周氏兄弟，两方面都做到了。可以说，这是他们不断发展壮大的根本所在。

在日新苗圃双源村的苗木基地，看到门口墙上写了有这样两行字，除了有一行字是苗圃的名称，还有一行字是他们的经营宗旨：

“诚诚恳恳做人，踏踏实实做事”。

他们是这么说的，也是这么做的。我离开长沙，继续南行，要去永州。永州零陵卷烟厂负责绿化的老吕问我：“你到浏阳谁那里了？”我说去的是日新苗圃周氏兄弟那里。他马上笑道：“那兄弟两做生意非常实在，我们厂从他们那里进过苗子。我有体会。”

是啊！一个企业，有好的产品，加之再有好的诚信口碑，就一定会把生意做好。

周氏兄弟，紧紧地拧成一股绳，就这么干下去吧！

2011年12月20日，上午，于湖南永州

周氏兄弟在他们嫁接的红叶石楠老桩前合影

零陵卷烟厂，湘南的一朵奇葩

零陵卷烟厂，用一个字概括：美。

零陵卷烟厂在湖南长沙正南的永州，也就是柳宗元当年写《捕蛇者说》的地方。这里，离长沙300千米，离桂林不到200千米。卷烟厂的绿化管理员吕雪生到长沙接我，乘同一辆车子的，还有厂办年轻漂亮的女主任曾玲。快到烟厂之前，曾主任听说我是《中国花卉报》的记者，便笑着介绍说："方老师，我们永州自古有八景，我们卷烟厂的绿化，可以自豪地说，称得上是永州的第九景了。"

我到了永州，来到厂子，才知曾主任说的没错。不知道内情的，初来乍到，经过市区单调的几行行道树木，到这里会感到豁然开朗，别有天地，以为来到一个高档园林会所，与卷烟厂的概念完全联系不上。从现代绿化角度看，毫不夸张地说，零陵卷烟厂的绿化美化，堪称永州第一。

零陵卷烟厂，具体一点说，是在川流不息的潇水河的西岸，坐西朝东。现在入冬了，潇水进入了枯水期，河床都露了出来，水不是很多。若是夏天雨季来，200多米宽的河床满是水，有的是瞧头，那才是"一条大河波浪宽"呢。

进了厂子，展现在眼前的，是一条横贯东西的马路，称"迎宾大道"。"迎宾大道"的路很宽，4车道，像街面似的，真规矩。路上都划有一道道白线，一直延伸到厂部大楼。路，没的说，既敞亮，又气派。对着大门的大楼，有16层，乳白色的。由于周围没有什么遮掩的东西，靠着大楼，只有一个比较矮的红豆宾馆，况且宾馆还在路的北侧，一眼瞧不见，因此大楼显得格外雄伟壮观。

进了大门，路两边的景色更是有的让人看。

一进门，路两侧，各有一排碧绿、碧绿的行道树。树与树之间，是一盏盏探出头来的漂亮的路灯。这都不算新鲜，许多地方都是这样。但树的下面，栽种的是一簇簇球形的茶花，1米多高，倒是有点意思，使行道树不那么单调。茶花的枝头，花芽已经鼓胀起来，再有1个月，临近春节，就会盛开。到时，茶花与高大的树木呼应，定会有一番绚烂的景象。说它是报春的使者并不过分。雪生介绍说，茶花在厂里有100多个品种，分布在各处，高的矮的，有1万多株。

往前走几步，北侧，有一大片树林，也有点意思。那树林，横看一条线，竖看一条线，而且树冠和树干都齐刷刷的，一眼看不到头，真像威武雄壮的军人方队。但你仔细看后就会发现，树下停放的都是小汽车。在路边走着走着，看见一个牌子才弄明白，敢情这里是企业的“生态停车场”，能停好几百辆车子。据说，由于烟厂的效益好，现在上千人的厂子，40%的员工都有自己的私家车。我上街出去两次，两次开车的司机，驾驶的都是自己的车子，而不是什么公车。真为他们高兴。

再往前走一会儿，南侧，最初看到的是一片茂密的林子，路边还竖着一块像卧牛似的大石头，上面写道：“和谐园”。这样的石头，靠北头也竖着一块。

“和谐园”挺大，有好几亩地之多。从南头往里走，钻进杂树林子里，你会瞧见有一个很长的亭廊，掩映在其中。上面是琉璃瓦，下面是红柱子，高大宽敞。隔一段，还有一个六角亭子。北京中山公园一进南门里，也有一个长廊，虽然雕梁画栋，够皇家气派，但周围缺少树，没有林子，夏天毒辣的阳光一照，跟烤面包似地，谁愿意在那儿待着。这里就不同了。夏天，坐在亭廊里纳凉的人很多。说的，笑的，闭目养神的。因为树影子多，整个一个清凉世界。虽然缺少皇家气派，但很有味道，更何况是以人为本呢。

“和谐园”里四季都有一个让人爱去的地儿，就是靠北侧的清水塘。如果南侧的林子是密的话，北侧的水塘就是疏，很符合中国山水画的原理。从路边上看，这水塘挺宽阔

吕雪生在厂区清水塘景区前

的，有两三亩大，南边小，北边大，呈现一个葫芦形。周围，是石板小路，再往外点，是一圈垂柳，婀娜多姿。一天到晚，总有人在塘边散步遛弯。清凉凉的水，绿绿的，乏着波纹。塘里，养了上万尾锦鲤，还有不少自生的鱼儿。一群一伙的，都喜欢在岸边游动。因为岸上的人总给吃的。这让湖面更有瞧头。

我晚上在塘边走走，还感觉到有点浪漫。靠岸边的水里，安了很多小喷头，在橙黄色的灯光照射下，汩汩的冒着，显示出清水塘的一股活力与俏皮劲儿。

在迎宾大道上两侧，我还看到3棵树，都是奇树。谁经过，说都要仔细端详端详。

一棵是小叶女贞。这株小叶女贞在红豆宾馆的前面。雪生说，至少有30多年了。3米多高，枝条、树冠，还有树干，都显得那么纤细精巧，不像别的树，粗胳膊粗腿似的，大男人一个。远远望去，碧绿的小叶间隙中，盛开着一朵朵黄色的“小花”，真是一景。走近了，才知道，那些所谓的“小花”，都是变黄的叶子。寒冬了，虽说这里冬天最低温度只有零度，但它不属于常绿树木，到时候也会凋零的。自然规律，不可抗拒，谁有再大的能耐，也改变不了。

另一棵树，是靠近清水塘的一棵朴树。五六十厘米粗，六七米高，据说有上百年了。最奇的是它的树冠，状态优美，枝条构成盘状，盘曲如龙，弯曲扭转，奇特苍古。大自然的造化，令人赞叹。

还有一棵香樟树，也让我驻足许久。这棵香樟，在清水塘西侧的一个小岛上。有一二百年了，但不高。一个3米左右的大树根，横卧着，上面伸出4根茎干，每根30多厘米粗，4米左右高。另外，夹在4根大茎干的中间，还长出2根小的细的茎干，六七厘米粗的样子。整个一个老少两代。这棵奇特的香樟，不近距离看，你是感觉不到它的妙处的。

零陵卷烟厂，有30万平方米的绿化，而且做到了细化。我问总务部的一个同志：“咱们厂还有没有没绿化的地方？”那人回答道：“有。就差拆房了。”因此，我这里只说了该厂绿化的一角。

烟厂的绿化能做到这个份儿上，跟零陵人的默默奉献有直接、密切的关系。在西大门内，我看到一个零陵卷烟厂的一段三字经，挺能说明问题的。上面写道：“零陵人，当自强，勇开拓，创辉煌，勤工作……讲效率，重奉献……”。

雪生就是这其中的一个人。他不爱讲话，只知道一天到晚在厂子里忙，瞧瞧这儿一棵树长势如何，看看那儿一株花开得怎样。为此，他获得不少荣誉。例如2010年，全厂上千号员工，评出“十佳首席员工”，其中就有他的大名。在此之前，他还获得“三湘绿化个人贡献奖”。这些荣誉，他并没有向我说，直到我问他，他才吐了口。

零陵卷烟厂的环境美，其实这里的员工更美。因为这美的环境是他们一点一点干出来的。

2011年12月22日，晨，于广西南宁

开封刘镇养菊

刘镇，是开封市汴京公园的副主任。他养的大立菊、小立菊，有一绝，全国闻名，为古都开封，为汴京公园，争了大光。

前不久，我在杭州西溪湿地组织会议，汴京公园主任潘慧英女士在场。随后，她率领她的团队到杭州附近的嘉兴参加中国第四届菊花精品展赛。比赛结果，汴京公园代表开封市参展的菊花，艳压群芳，一举夺得4项最佳奖，彰显了“开封菊花甲天下”的绝技。真是让人钦佩不已。

这4项最高佳奖分别是：大立菊最佳栽培奖、盆景菊最佳栽培奖、孔雀菊最佳栽培奖和最佳展台布置奖。这是继2011年10月中旬，汴京公园代表开封参加西安世界园艺博览会国际菊花大赛，荣获国际菊花竞赛银奖和国际菊花竞赛特别栽培奖之后，获得的又一次荣誉。此外，这个公园于2011年9月下旬，在全省花卉博览会插花花艺大赛中也荣获了金奖和银奖；在中国开封第29届菊花花会两项菊展赛中，分别荣获特等奖1个、一等奖20个、二等奖27个、三等奖40个。

汴京公园为开封获得这么高、这么多的荣誉，关键人物是谁呢？据说就是公园的养花高手刘镇。

“我很想拜见一下咱们公园养菊花的刘镇。”前几天还未到开封前，我在电话里，就对汴京公园潘慧英主任表明了我的观点。

我在想，汴京公园养菊花挑大梁的这个刘镇，一定是个老师傅。

但到了开封，到了汴京公园，小潘让我见的这个刘镇令我大吃一惊。因为出现在我眼前的刘镇，不是一个饱经风霜的老师傅，而是一个毛头小伙儿。

刘镇，三十几岁，中等个儿，圆圆的脸，留着时髦的板寸，说起话来，肩膀还不由自主地有一点晃。但接触多了，你会发现，这个赢得这么多荣誉的年轻人，没有任何的炫耀，非常的朴实，就像一个面团，跟谁都那么平和，跟谁都那么笑呵呵的。

刘镇，走出校门之后，先当了几年兵。复员之后，就被分配到了汴京公园工作。他说，到今年，来公园已经13个年头了，是养了整整13年的菊花。

刘镇很是荣幸。他一来，就摊上了一个好师傅。他的师傅，就是全国劳动模范单胜利师傅。单师傅获得全国劳模，显然是与他养菊花有突出贡献密切相关的。当然，还得有非常开明的领导了。

养菊花，是个又脏又累的活儿。但刘镇愿意干，他舍得吃苦，舍得受累。年轻，有的是力气，有的是精力。不过，跟着师傅养菊花、学技术，光凭这些不行，还得有心。什么事，什么地方，总是问师傅是不行的。白天干完了，回家，他就找出小本子，把师傅今天干的什么，怎么干的，包括为什么这么干的，都记录下来。

一开始，师傅也是在考验他，是不是学本事的料。七八月份，正是菊花长势旺盛的时候，每天都有新变化。要是塔菊，一晚上能长20多厘米长。浇水、施肥，不用心思学，就掌握不了关键技术。

该下班了，师傅有时候会对他说："到点了，你下班吧。"这时候，他就会对师傅说：您不是也没下班吗？我不急，我给您打点下手，省得您累着。"

这样的话，单师傅当然爱听。自然，单师傅也愿意把关键技术传给这样的年轻人。

培育一株大立菊，其艰辛是常人无法想象的，非常的不容易。每年，从阴历二月，一直要忙到阴历十月。这10个多月，一直离不开水肥管理、病虫害防治、技术处理，样样离不开。晴天一身汗，雨天一身泥，是常有的事。

下雨了，别人都往屋里跑，养菊花的就要往地里跑。不分上下班。即使在家，即使是休息日，也要及时赶到现场，检查四周的排水是否通畅。目的只有一个，不能让菊秧子被雨水淹了。不然，稍一马虎，菊秧子过两天就会耷拉脑袋，让你几个月白忙乎，辛苦白费。

夏季高温，对菊花生长不利，需白天搭棚用芦帘遮阳，晚上掀去，以得露水。除此之外，每天中午前后，还要喷水1~2次，给菊花降温。干旱季节，需在傍晚进行灌水抗旱，保持湿润。在梅雨季节，应设立塑料棚架避雨，及时开沟排除土壤积水，设立牢固支架，以防倒伏。

刘镇说，在汴京公园，养菊花什么类型的都要养，不能单打一。只会养大立菊，或者只会养独本菊，都是不行的。只有多面手，什么都拿得起来，才能满足社会的需要。

大立菊，养好了，该上场展示了，这布展也是一个关键

潘慧英主任在汴京公园刘镇养植的直径6.3米的大立菊前留影

环节。以今年参加开封菊花花会展为例。他们参展的大立菊，经过1个多小时候的搬运，被送到菊会主会场的龙亭公园。

为了给大立菊创造一个“小气候”，保持根部水分供应，他找了十几块砖头，围成一个圆圈，在圆圈内堆上泥土，用水把泥土洇湿，这才让工人小心地把大立菊放在上面，然后，轻轻地把竖起来的花枝放下来，捋直、摆平每一个花枝。

按照设计方案，他和技工们开始“放线”，用卷尺和绳子进行精细的测量，在结合点等重要位置留下记号，为接下来的捆扎工作做准备。绑扎时，中心是一个铁托盘，固定6根粗竹片，四周用竹篾围成30个圈，横着瞧，竖着瞧，所有的花朵要在一条条线上，这真是一门技术。

捆扎花架，手会变糙，有时还会受伤，但只能这样。如果戴上手套，绕花枝、捋花叶，手就会不利索，可能给花朵、花枝带来不必要的伤害。他们参展的大立菊，7个人捆扎，有上万朵菊花，整整捆扎了近3天时间，真是不易。

“单师傅在世的时候，一棵大立菊能养到5.5米的株丛，开封第一，全国第一。到了刘镇挑大梁后，大立菊的直径又有了新的突破。今年，他养的大立菊，达到6.2米。其伟岸、壮观，繁花之密集，可想而知。

2005年，刘镇获得河南省劳动和保障厅颁发的“高级技能”职业资格证书。2006年，他荣获了开封市“五一劳动奖章”。

刘镇，从一个菊花门外汉成为一个养菊大师，到今年只有13年的时间。其成就之丰伟，究其原因，我看就六个字：

虚心，精心，用心。

2011年12月23日，晨，于广西南宁

造访鑫源植树袋厂张胜均

在市场经济的情况下，任何一种商品，只要有需求，就有市场；有市场，就有竞争。植树袋也同样如此。在我国，植树袋应用于种植苗木花卉等植物，虽然是近几年才刚刚开始，但仅广州，现在就有一二十家跟进，竞争已经趋向白热化。然而，在这种“山雨欲来风满楼”的情况之下，广州鑫源植树袋厂的生意却特别红火，这里生产的植树袋非常抢手，每日订单不断。我前两天飞到广州后，去的第一家企业就是广州鑫源植树袋厂，造访后果然如此。

广州鑫源植树袋厂在珠江南岸的芳村，很好找，就在广州花卉博览园园区内。我去时，天已经快黑了，按说已经到了下班的时间，但这里的工人却没有下班的迹象，还在紧张地忙碌着。在这里，听不到人说话的声音，听到的只是工人操作机械的嗒嗒声。

厂子虽然不是很大，但错落有致，很井然。它坐落在广州花卉博览园园区内一条横贯东西的海中北路边。大门敞开，上下两层楼，东西窄，南北长。上下层，各有一排排制作的机械，周围有序地堆放着白色的无纺布料，俨然像一个制衣厂。工人们在忙碌地生产制造着一个个圆形的植树袋成品。厂长张胜均先生拿着单子，楼上楼下跑个不停，一边查看生产的情况，一边用电话与远方客户联系，安排交货时间事宜。

张胜均，广州鑫源植树袋厂的厂长，40多岁，高个头，宽肩膀，黑眉亮眼，英俊潇洒，走起路来浑身是劲儿。他那略显宽厚的双唇，笑起来，总是给人一种诚恳并且可信赖的感觉。20年前，他从老家跑出来，只揣着一点路费来到东莞打工。而后，自己创业当起了老板。

我认识张胜均先生之前，在客户那里就已经知道他的大名了。第一次是今年9年初，我到东北长春讲课。

听我讲课的许多苗木种植老板当中，长春郊区有个花木种植大户叫潘立军的经营者。课后，他让我去看一下他的苗木基地。他最为自豪的是，他的苗木不是种在土地里，而是全部种在植树袋里面。我在地里一看，果然一株株苗子底下，用手一扒，就露出一圈白色的无纺布袋。好几年了，他用的都是鑫源牌植树袋。他说，这样种植苗木好极了，用不了一年，大量毛细根就会透出无纺布袋，伸到外面，吸取泥土中的营养成分。并且很快，如头发丝那么细的毛细根就会在无纺布袋里外包成一圈，而主根则团缩在容器袋里。日后起苗销售时，连着容器袋一起挖，苗子很容易起出。由于没有搞伤主根，移植成活率可达到100%。

潘立军说，使用鑫源牌植树袋种植苗木，最明显的有三大好处：一是苗木长势均匀；二是大大节省劳动力起苗的成本；三是起苗因需要时间而定，不受季节限制，没有伤亡，更没有缓苗一说。

我问过潘立军：“这些鑫源植树袋是哪里生产的？”

潘立军说：“广州鑫源植树袋厂生产的。”

说着，潘立军向我介绍了该厂的厂长张胜均。由此，张胜均给我留下了初步的印象。

1个多月之后，也就是10月份，我到河北邯郸七彩园林王建明那里去采访，再次听说了张胜均。

王建明有1000多亩苗木，今年特别畅销，从春到秋，一直拉苗的不断，让其他的苗木企业很眼馋。其实，王建明苗木畅销的原因主要是两条：一条是他的苗木都是绿化工程上所需要的大规格的乡土树种；还有一条，就是他选择鑫源植树袋来种植培养苗木，在绿化工程上应用之后，立马就成活，几乎瞧不见缓苗的迹象。

王建明很自豪、详细地向我介绍后，我问了他同一个问题："你用于种植苗木的植树袋是哪里生产的？"他说："哦，是广州鑫源植树袋厂张胜均那儿生产的。"

又是广州鑫源植树袋厂，又是张胜均。因此，我自然很想早日飞到广州去，早日到鑫源植树袋厂，见一见这个叫张胜均的老板。

张胜均带我进了他的办公室，开始给我介绍植树袋的好处：

这第一大好处就是移植成活率极高。由于植树袋透水、透气、通透性好，使苗木长势旺盛。不需换盆，种植各种园林绿化工程苗木，使用"鑫源R植树袋"，容器内的泥土不会流失，苗木的主要根系生长完整不受伤害，细根像头发丝一样可穿透过植树袋伸出袋外吸收养分，喷淋的水分自由渗透，施放泥炭土及肥料，农药的保留时间均较长，具有节省水源、保湿、保肥、保温的良好性能。袋苗运输不受季节限制，根系完好；针对不耐移植的苗木更是特别有利。

第二大好处是降低成本。主要体现在原材料和运输成本方面。"鑫源R植树袋"选用物美价廉的无纺布原材料制作，比起传统塑胶盆和昂贵的陶瓷花盆的价格，成本大大地降低；由于植树袋可折叠，可使用专门机器打包运输，数量及装载量大大提高，购买植树袋比买传统花盆托运物流成本大幅度降低；袋苗自身带有土球不易松散不需修整，土球减小到传统种植苗木的25%，降低了苗木在苗圃内搬运及外销时的运输成本。

第三大好处是坚固耐用、环保。"鑫源R植树袋"布料制作配方合理，布料一般克重在220~260克之间，拉力强，表面平整光滑不起毛，坚固耐用，有效时间长达5~7年；种植后随着年限自动降解，解决了塑料花盆营养钵容器易老化、易变脆及换盆根系脱落、用后不易降解等问题。

用"鑫源R植树袋"种植的袋苗，全年任何时间均可移植，不会受到气候及季节的影响，保证移植成活率高达98%，提高了袋苗的竞争力，从而发挥了买卖之间较大的优势。所以，目前袋苗的市场需求量大于地苗。

张胜均转过身，从桌上拿起一叠信封给我看。那上面写着今日发往各地植树袋的单位和数量，我数了数，有十几份。这些订单，有来自江苏南京、湖南怀化、湖北仙桃、河南郑州、江西赣州、宁夏银川、吉林长春……全国各地，南北东西都有。

植树袋的规格，直径从20厘米到80厘米不等，都是依照客户订单需求而定。全厂开足马力，一天可以生产2万多条植树袋产品。

"近来，最大的一个客户是辽宁盘锦的，一下子订购了100万个袋子。每次让我发货10万个。"张胜均介绍说。

省外不少苗木企业使用广州鑫源植树袋厂的产品，就连广州花卉博览园之内也有不少企业使用的是鑫源牌的植树袋。

我在广州鑫源植树袋厂停留时，适逢广州花卉博览园的张经理也在。他是带一个客户到该厂找张胜均老板来订植树袋的。张经理指着附近的一个苗木种植园说，“方老师，那家种植的那些高大的棕榈植物，使用的植树袋，也是张胜均这里生产的。”

广州鑫源植树袋厂生产的容器袋为何那么抢手？经过我了解和实地考察之后，归纳了一下，大概有这样几条：

一是他们生产植树袋时间早，在全国各地已经形成一种品牌效应。

说起植树袋来，真的还有一个道不完的故事。据了解， 无纺布容器袋，是大洋洲人在20世纪70年代末为环保而淘汰种植绿化苗木的塑料钵花盆而发明的一种新型容器袋。20世纪80年代初进入台湾市场。当时，花卉种植者并没有普及使用无纺布容器袋，只是小面积试验种植。

2002年初，台商吴成戊先生带着一些小规格容器袋样品来到广东省东莞市，寻找制造商生产容器袋。经在东莞的其他台商介绍，找到了在厚街镇做鞋材生意的张胜均先生。张胜均先生不负吴成戊先生的重托，利用制鞋原材料无纺布和自有的设备及技术力量，为他制作了2000多个不同规格的无纺布容器袋，之后取名为“植树袋·美植袋”产品。吴成戊先生在广东省从化市用植树袋试验种植苗木后，感觉效果极佳，各种绿化苗木长势茁壮，这就是“鑫源[R]植树袋”的前身。“鑫源[R]植树袋”的诞生，为中国园林绿化苗木种植变革中填补了一项重大的空白。

广州鑫源植树袋厂是国内最早生产植树袋的企业之一。2004年4月18日，张胜均先生为了变革传统的塑料、陶瓷花盆及营养钵花盆种植苗木的方式，在全国各大园林绿化苗木展览会中，大力推广无纺布容器“植树袋”，并选择在中国具有广泛知名度的大型园林绿化种植苗木专业市场——广州花卉博览园作为对外窗口的生产厂地，建立了中国最早的植树袋生产厂家——广州鑫源植树袋厂，植树袋商标取名为“鑫源[R]植树袋”。鑫源植树袋厂为了树立自己的品牌形象，特将企业营业执照刊登在网站上。为打假和维护自己的品牌，还特意把所在地派出所的电话也刊登在了网站上。

二是严把质量第一关。广州鑫源植树袋厂自从生产植树袋后，一直恪守精益求精、质量第一的服务原则。他们厂使用的原材料，是一种克重上乘的无纺布。从企业创建、生产到现在，一直使用的是台资生产的无纺布。这些无纺布，都是制作品牌鞋子的材料，质量之好可想而知。鑫源植树袋厂为了确保品质，在原材料大幅

度上涨的情况下，没有选择价格低劣、质量较差的原材料，他们坚信使用劣质材料和偷工减料，是迎不来消费者的。张胜均有一句很普通、但耐人寻味的话："谁跟消费者过意不去，消费者也会让谁过不去"。经过8年的经营实践，"鑫源[R]植树袋"受到了国内外园林绿化企业的青睐，畅销全国各地区和东南亚、日本、韩国、美国以及非洲、中东的一些国家。

三是薄利多销。生产植树袋的原材料，最初是8千多元一吨，现在每吨上涨到1.3万多元。我在与张胜均的接触中，他总是说，"现在做植树袋的利润非常低，我走的就是一条薄利多销的路子。"我问他："薄利到什么程度?"他脱口便出："一个袋子，就赚1毛钱，也只能赚1毛钱。"我叮问道："可以对外公开说吗?"他说："怎么不能说？我就是想让全国人民都知道嘛。价格是很透明化的嘛!"

四是运输成本低。直径50厘米的植树袋，一个货柜车可以拉2万个。如果拉用塑料盆定植的花木，一车只能装2千个左右。而一车货拉到北京，运费则要1.6万元至1.8万元不等。差距之大，显而易见。

五是诚信守则。人而不信不知其可也。当广州鑫源植树袋厂迈出经营第一步的时候，张胜均就懂得这个道理。这也是任何一个打工仔到经营者成功转型，以致可持续发展的一大奥秘。因此，客户说什么时候要货，不管自己有多大困难，张胜均从来二话不说，总是让自己和团队一起克服。就以我去的那一天为例，他忙完后，已是子夜。

植树袋用于种植花木，目前在我国尚处于起步阶段，应用前景极为广阔!

我相信，广州鑫源植树袋厂张胜均先生按照现在的路子大步走下去，他的经营之路一定会越走越宽广!

2011年12月25日，于广州番禺初稿，27日上午于北京改就

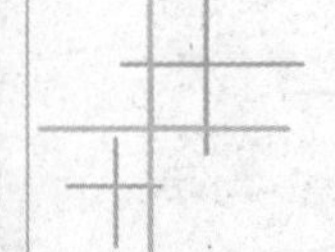

在广州，看程德成运作绿萝

程德成先生是广州绿航农业科技有限公司董事长。他说话的声音细细的，柔柔的，反正铿锵有力、慷慨激昂与他是沾不上边儿的。但与此相反的是，他做起事来却大得不得了。前几天，也就是年终岁尾，我到他的公司转一圈，其感受，除了震撼，还是震撼！因

为，一个小小的心叶绿萝，挺普通的一种观叶植物，挺瞧不上眼的一种盆栽植物，竟让他运作得气壮山河。

据绿航销售部经理房涛介绍说：2011年，绿航全年的绿萝销售额可以突破1亿元，现在已经没有悬念。

程德成的绿航公司分布在广州珠江沿岸的3个区，一个是番禺区，一个是萝岗区，一个是南沙区；分4个基地（其中南沙有两个基地），每一个基地都600多亩，总共2500多亩。这2500多亩，可不是露天的，也不是仅仅有点遮阳网，而都是保护地。一排排，一栋栋，整齐划一，一水儿的温室大棚。里面，就生产一个品种：绿萝。

绿萝生产，有这么大的规模，有这么多的温室面积，中国没有，可能全世界也找不到第二家。

那天，我看的是南沙一个基地。本想南沙两个基地都瞧一瞧，感受感受，但看一个，就用了一个多小时，已经让我大开眼界了。这一个多小时，可不是腿儿着走，而是坐着摩托车，在一个个温室里穿梭，走马观花地看，不然，一天也走不完，也瞧不完。

每个温室，有10亩地那么大，非常的宽敞。中间有条甬道。两侧，一排排一米多高的苗床架上，全是一盆盆绿萝。苗床之间，只隔着员工操作走道的地儿。别看温室这么大，利用率却相当的高。不仅苗床架上都是一盆挨一盆的绿萝，上空，还悬挂着一层大绿萝。甬道的上空，也没闲着，上面也挂满了绿萝。这就是说，一个温室，绿萝生产是分3个层次的。空间得到了充分的利用。

虽然是一个绿萝，但也作出许多花样来。从品种的形态上说，有大叶绿萝、小叶绿萝，还有金边绿萝、黄金绿萝。从规格上说，有10多厘米直径的小盆栽，也有60多厘米直径的大盆栽。从形状上说，既有中间绕立柱盆栽的，也有垂挂盆栽的；除了各种圆形盆，还有适合放在办公桌上的长方形盆的。

程德成在他的温室大棚里

程德成的绿航公司，3年前我去过一次。那时候，他有900多亩地，分两个基地，生产的就是绿萝一个品种。当时那个规模，就让我惊讶得不得了。熟悉他的人都知道，在此之前，他就搞观叶植物，有几百个品种，真可谓五花八门，琳琅满目。公司的名称是绿之恋，不是绿航。绿航是他改制之后新注册的。当时，绿之恋的产品畅销全国，名声大噪。

"当初好好的，观叶植物品种那么多，为什么要来个180度大转弯，压缩到绿萝一个品种呢?"我问程德成。

他呵呵笑道："这主要是从企业定位考虑。一个企业，要想做到可持续发展，没有定位不行。定位模糊也不行。"

"那么，定位是什么呢？你是怎么理解定位的呢?"

"呵呵。定位就是企业发展大方向。这就是西方的特劳特理论。我们的企业就是要贯彻这一理论，然后在实践中实施。那么，定位在什么产品上呢？我们通过多年经营观叶植物和市场调查，就锁定在了绿萝上。"

"为什么是绿萝，而不是别的什么观叶植物品种呢?"

他淡淡地笑道："因为绿萝最好养，养的人也最多。养的最多，说明市场空间最大。你把市场空间最大的品种做好了，做精了，市场还不是你的!"

程德成说的极是。

但程德成在形成这个重大决策之初，还是遭到了众人的反对。我从广州芳村去绿航的南沙基地，是房涛开车接我去的。在路上，我问房涛："你们程老板在决定放弃其他观叶植物，只发展绿萝一个产品时，你们是什么态度?"

房涛很是直爽："我们都反对，我们都不理解。总觉得一个绿萝太单一了。要是多几个品种也好啊。"

我说："东方不亮西方亮。东边日出西边雨。这个品种不好销，还有那个顶着呢。"

他说："是啊。就是这个意思。大家都担心，万一决策失误了，就麻烦大了。呵呵，事实证明还是我们老板对了。现在，很多企业还没纳过这个闷而来。总觉得品种越多越好。其实看来是行不通的，难怪人家西方都走专业化生产的路子。"

绿航做到了专业化生产，而且年生产绿萝达上千万盆之多，但仍满足不了市场的需求。房涛说："绿航在北京、上海、成都、郑州、沈阳、深圳、青州等地都有分公司，都有直销点。但去年开春的时候，直销点没有货源后，很多批发商就直接找到绿航来，直接找我要货。我手里没有那么多货，大家都你争我夺的。弄得我一时都不敢开手机。"

程德成告诉我，这种局面明年就可以改变。他还非常自信地向我介绍说："2012年，绿航的绿萝销售额可以实现3个亿。

他的这番话，使我想起了昔日一句有名的话：路线对了头，一步一层楼。

其实，程德成的绿航公司，航程已经开始。他跃上的何止是一层楼啊！

2011年12月29日，上午，雪

三亚国际玫瑰谷，打造大平台

三亚国际玫瑰谷，3000来亩地，上千万株月季，1000多个品种，是近年崛起的，非常的壮观。就坐落在海南黎族村寨的亚龙湾里。翻过一座山，最和煦的阳光、最湛蓝的海水、最柔和的沙滩，还有云集三亚最多的高级酒店，就会立即呈现在你的眼前，用心旷神怡这几个字形容，再合适不过了。打造这一胜地的，是三亚圣兰德花卉文化产业有限公司。

应公司邀请，昨天晚上，我和中国花卉协会月季分会会长张佐双先生，从北京来到三亚。吃晚饭，是在一个弯弯的沙滩边，特别的惬意。餐桌上空，是一个高大的竹棚，四周露天。一棵高大的树木，靠在棚子一旁。公司办公室主任，是当地黎族人。他说这是芭蕉树。芭蕉树肥大的叶子，椭圆形的，跟在浙江看到的不同，透着有一股子热带植物劲儿。餐桌上，都是海鲜，不是鱼类，就是贝壳类，都是当天从海里打捞上来的。借着灯光，可以看清，沙滩是银白色的，像是广西北海的银滩，细碎、柔软。远方来三亚的游人，漫步在沙滩上，三三两两，轻声细语，悠闲极了。海水，像一个睡熟了的孩子，静静的，不露一点声响，非常的乖巧。

公司董事长杨莹女士，一身夏装，飒爽英姿，意气风发。她和公司常务总经理乔顺法先生，自然一边陪客人就餐，一边介绍国际玫瑰谷的最新进展情

杨莹近影

况。

他们给我印象最深的是：国际玫瑰谷，正在全力以赴，打造一个与月季和玫瑰产业对接的大平台。这个平台，是要顺应三亚这个更大的平台，资源共享。因为，三亚是全中国最美的热带旅游城市，也是国务院批复的国际旅游岛。这个条件，三亚得天独厚。

这个定位，好啊！具有战略眼光，我举双手拥护。

他们，怎么想起要在国际玫瑰谷创建这样一个平台？

杨莹和乔顺法介绍说，这与原世界月季联合会主席梅兰先生有关。

2010年年初，梅兰来到三亚。主人向这位瑞士人介绍情况。他们说：国际玫瑰谷力争做到亚洲最大。因为保加利亚的玫瑰面积做的最大，他们不敢说是世界最大。

梅兰先生摇了摇头。他说：NO！不对！

他们反问：难道不是吗？梅兰先生笑了：是世界最大。

为什么？因为你们把所有的与玫瑰相关的产业都涵盖进去了，难道不是吗？做到了，这就是最大。

听君一席话，他们更加坚定了信心，一定要打造好这个平台。

但这个平台，内容太多，涵盖的范围太广，不仅是玫瑰切花产品本身，还有玫瑰油、玫瑰酱、玫瑰茶、玫瑰果、玫瑰酒、玫瑰工艺品，玫瑰服饰等。林林总总，这么多的内容，他们自己怎么做得过来呢？一个公司，力量再大，也不可能做得过来。手大捂不过天。

专业的产品，找专业的人做，这是必须的。他们要做的，就是打造好这个平台，让相关的产品尽可能地延伸，再延伸。让玫瑰谷的环境尽可能地美好，再美好。

大家在一起做事，把最大的利益让给对方。商家第一要务是利益，是要赚钱的。他们也是商家，这个道理他们是懂得的。利益保证了，谁能不看好这个平台？谁能不抓住这个机会。他们，就是要让别人赚到钱，赚足钱。这个能力，三亚完全具备。圣兰德完全具备。

我特别真切地记得，乔总说：去年，三亚的旅游是900万人次。今年，这个数字大大突破，到6月15日止，旅游人次是600万，到年底，突破1000万人次没有任何悬念。

随着时间的推移，这个数字还会大量增加。玫瑰谷，从中分1杯羹足够了。

这，就是圣兰德花卉文化有限公司打造这个大平台的可靠保障。

2011年9月20日，晨，于三亚

在南宁，看盘青山打造广西民族村

“可上九天揽月，可下五洋捉鳖”，这是毛主席一句很有名的诗，讲的是做事的豪迈气概。广西奇林风景园林有限公司董事长盘青山先生就有这样的气概。前几天，我刚一到南宁，老盘就对我说，他在南宁搞了一个广西民族村，建了有一年多了，已经初具规模。“建广西民族村，好大的气概，做事真有气魄！”我惊喜地说。他呵呵笑笑：“广西和云南在西南都是多民族地区，昆明就建有一个云南民族村，我们广西没有，所以我就做这个事了。”他说得非常平淡，话也很轻，但这件事的分量可不轻，绝对是大手笔。看得出，他对家乡有一种浓浓的赤子之心。

我与盘先生相识一晃快20年了。他是广西桂林兴安县人，说话和走路都是轻轻的，但做事出手极快。今晚上想到的事，明天就会开始付出实施，绝不会拖泥带水。他在兴安当过老师，干过两所中学的校长，后到长征突破湘江烈士纪念碑园当过法人代表。后来，他还干过一家旅游公司的总经理。我认识他时，他已经开始从事花木经营了。20世纪90年代中期，为了掌握全国花木发展的最新信息，他每年都到北京参加全国花木信息交流会。那个时候，凡是认识他的人，都叫他盘老师。他也乐意人家叫他盘老师。有人称呼他盘老板，他会呵呵笑道：“哦，还是叫我盘老师的好。”在广西，应该说，在发展花木产业和承揽园林绿化工程方面，他是领了先的。

广西民族村，坐落在南宁美丽的邕江江畔，属于青秀山风景区范围。游人到了青环路，看到青秀山，瞧见山顶上有一个很高的塔，差不多就到民族博物馆了。到了民族博物馆，也就到了民族村。因为，民族村就在博物馆的院里。

广西民族村，有70多亩的面积，几乎围了民族博物馆多半个圈儿。老盘是2010年6月29日签的合同，然后立马开建，现在，他已经投进一两千万元了，还要投资那么多。其实，如果整个村子从平地起，再投进上千万元也不够。因为在他来之前，这里已经有一定的底子了。这个底子是不可缺少的，那就是与民族博物馆配套的一些少数民族建筑。

广西的少数民族不少，主要有：壮族、瑶族、苗族、侗族、仫佬族、毛南族、回族、京族、彝族、水族、仡佬族等。这里，少数民族的房子，最突出的是苗族、侗族和壮族的房子。

说房子，先要说民族村里一个湖。穿过一座假山，就是一个椭圆形的湖。滩上，散落着一些好看的石头。因为是冬季，水不太深，但水面上是绿的。走近点，可以看到一群群的鱼儿在水里游动。在一簇芦苇的水边，还有一群鸭子在嬉戏。鱼也好，鸭也好，都是一种怡然自得的样子，好像是在仙境里。

湖的对岸，环拥的就是一座座少数民族建筑。有了这湖，那一座座依坡而建的房子才显示出灵性，才显示出味道来。最为壮观的是两组侗族建筑。一个是3组连成一片的。像叠积木似地，一个顶子落一个顶子。下面大，上面小。总共3层，一水儿的木质结构，翘檐儿，青色小瓦，庄严华美。走近了，你会发现，每一层都是透天的。在湖的衬托下，那叫一个优雅。北方人乍看，会像看心仪的情人似地，不错眼珠地瞧。若是夏景天儿，即使是酷暑，坐在里面，小风一吹，保准也是凉丝丝的。还有一组，是侗族的“鼓楼”和“风雨桥”，也挺壮观的。据说，这些建筑在侗族建筑中最为有名，桥梁和鼓楼都不用一颗钉子，衔接的地方，都是在柱子上凿通无数大小的孔，然后斜穿直套，纵横交错，衔接在一起，相当的精密结实，三四百年不会变形。按我们北方话说，这是“榫子活”。做“榫子活”，没有一定高超的手艺是不行的。

吃饭的时候，老盘没有带我到街上吃，而是选择在民族村里一座两层的吊脚楼里。吊脚楼是苗族传统建筑，是中国南方特有的古老建筑形式之一。有两层的，也有3层的。楼上住人，楼下架空，置放工具及饲养家畜之用，被现代建筑学家称为是最佳的生态建筑形式。吊脚楼是苗族的建筑一绝，它依山傍水，鳞次栉比，层叠而上。楼顶，也是一水儿的小青瓦。此外，从里到外，都是自然界林子的材料，除了圆木，就是竹子，瞧不见钢筋水泥的影子，原始味儿那叫一个浓。这里吃的菜肉，也都是无公害的，其滋味香浓是不必说的。

作者与民族村少数民族演员合影

还有，民族村刚刚成立了表演队。几个身穿侗族服装的姑娘，在一个小伙子的带领下，咯咯地笑着，为我们唱起了一首首侗族的民歌，真是纯正的原生态。歌词我是听不懂的，但透过嘹亮的歌声，透过那毫无雕琢的神情，足以让人感到人间的美好了。但我不甘心，还是问小伙子，你能不能用汉语唱一首《浏阳河》 因为，我前几日曾在湖南的浏阳河畔停留。他笑了，操着普通话说，“那个太一般了。”说着，他拿出一片树叶，吹起了《浏阳河》，其音节之准，音色之美，不亚于央视舞台上的表演，让我大为赞叹。

作者与盘青山先生合影

老盘是搞园林植物生产和施工的，这是他的强项。因此，民族村自然是少不得高档植物的。可以说，他把他多年在广西搜集到的奇特植物都云集到了这里。

进民族博物馆大门，往右走，在一尊用一块巨石写有“广西民族村”大字的旁边，就有一株奇木。肥厚的叶子，墨绿墨绿的，足有七八米高。他说这叫“苹婆”。树体呈筒形，威武挺拔，像个高大的绿柱子。据说，这种植物花开之后，果实有点像板栗。裂开时，露出黑色的种子，像美女的眼睛。因此，该树还有一个好听的名字：“丹凤眼”。再往右走，种在路边的，还有一棵“苹婆”。但这棵树与刚才那棵树完全不同。前者是以高制胜，后者则以树根为妙。树根粗处须两人合抱。整个树根，动感十足，酷似一匹昂首奔驰的骏马。再往里走，可以看到一棵朴树，可不矮，差不多有15米高。整个树干，弯弯曲曲的，真是鬼斧神工，不知是怎么形成的。说其是一盆放大了的精美盆景，是毫不为过的。这样自然有趣的老树，民族村里不少于六七十棵。

更让我吃惊的，还有他培育的两大排小叶榕，就定植在一条甬路的两侧。这些小叶榕，是他从小苗培养的，现在都有五六米高了。他说再过一两年，枝叶长大了，伸开了，树冠与树冠之间就会交织在一起，形成一个天然的大帐篷。

说来，这不算什么奇的。行道树大了，都会交融在一起。奇的，是那树干。一棵棵，都是网状，有七八十厘米粗，网眼都是棱形，特别均匀。老盘说，这种人为的奇树，是栽一棵棵小苗后养大的。最初，中间有一个木磨具，编织和养护的技术要求很高，而且要像伺候小孩一样认真，稍微一马虎，小树交叉处就会枯死。1棵小树枯死，就会牵动“全身”，整个造型就失败了。但成功了，价值也是相当高的。像现在这样的1棵树，至少售价在3万元左右，而且很抢手。

现在，老盘为了方便游客尽兴，这里不光有吃的，喝的，玩的，乐的，还有住的——一座具有民族风格的宾馆已经落成。

2011年12月31日，上午

王华明自解2011年的5个喜

王华明是河南驻马店遂平名品花木园林有限公司董事长。自2001年3月走上花木经营之路以来，他专门从事彩叶苗木新品种经营，企业一直处在快车道上行驶。3年前，我到他的公司的时候，他的基地面积只有606亩，如今几乎翻了4番，达到2000余亩。这么大的经营面积，在2011年入秋以来各地苗木生意普遍感到有点冷清的时候，他的彩叶苗木却供不应求。为了适应市场的需求，12月份又征了2000亩地。基地总面积达到了4000余亩。

年终岁尾，我到他的公司的时候，夜幕已经降落。王华明到驻马店市参加高级管理人员培训还没有回来。提到公司的经营，副总经理孟宪旗先生显得很是自豪。他笑呵呵地介绍说："2011年，我们遂平名品花木园林有限公司有5个喜。"

我让老孟介绍，他说："还是等王总回来给你介绍，他最清楚，也理解得最为透彻。"

王华明回到公司，已经是晚上9点钟。他从早上6点钟离开家门后，就一直没得空闲，但向我解读起公司这一年的5个喜，他还是那么精神抖擞，看不出一点疲惫的痕迹。

"第一喜，从606亩跨越到2000亩。

这是一个巨大的跨越。最初，我们公司有些人还担心苗子销不出去。我对他们说，没问题。现在苗木种植，拓展苗木发展的路子，还离不开新品种，特别是适合地域广泛的彩叶新品种。实践证明，我们的决策是对的。市场对新东西的需求量很大。我这里，有好几个苗圃，客户不论去哪个苗圃，看到的都是让他们感到惊喜的新东西，什么红叶紫荆、紫叶合欢、金叶皂角、红叶皂角、金叶刺槐啦，还有红叶乔木紫薇、北美枫香、花叶木槿、金边马褂木、金叶复叶槭、粉叶复叶槭、花叶复叶槭、红国王挪威槭，反正都是新的彩叶树种。就连常见的银杏、白蜡，到了我这里，通过嫁接，也变了一副全新的模样，成了金叶银杏、金叶白蜡、金枝白蜡、红叶白蜡、花叶白蜡……每一种，数量至少都在5万株以上。尽管如此，还都被订购一空。我们还自育成功了红伞寿星桃和红云紫薇。国家新品种保护办公室已经在网上公示。我们自育的品种还有花叶构树、花叶五角枫、花叶紫荆，正处在观察阶段。总而言之，新品种是我们企业发展的不竭动力。

第二喜，建成驻马店市彩叶工程技术中心。

我们的企业要想做到可持续发展，离不开科技的支撑。科技支撑，就要有实实在在的内容，从而加大自主研发力度。我们在驻马店市有关部门的支持下，与省农科院园艺研究所紧密合作，建立驻马店市彩叶工程技术中心，就是出于这样一种目的。中心成立以后，在加紧自主创新、培育彩叶木本新品种的同时，建立组培实验室，开展彩叶花木组培研究。先从草本植物组培入手。为此，我们引进了60多种草本植物，就是为了在最短的时间内，把这些草本植物新品种成批量地推向市场。什么东西，再好，没有量也是不行的。然后，通过组培手段，逐步拓展到木本植物繁殖。因为木本植物组培，较比草本是有一定难度的。

第三喜，我（王华明）被驻马店市授予优秀青年科技人才。

我要感谢政府给我的这份荣誉。我想，我之所以被驻马店市委组织部、市人事局、市科协联合授予“优秀青年科技人才”，是因为对我多年走新品种经营之路的一种肯定。我哥哥一直在我公司工作，2008年，他被评为省劳动模范。得到这个荣誉不容易，因为全县就一个省劳动模范名额。实际上，他得到这份殊荣，也是对我们走科技发展之路的一种肯定。我想，这些荣誉已经成为过去。我们会坚定不移地沿着科技发展之路一直走下去。因为，这是企业立于不败之地最为有效的秘诀。

第四喜，团中央到公司调研。

团中央的有关领导到我们公司调研，是我们的荣耀。他们之所以到我们这里调研，是因为我们在发挥团组织的作用方面做了一点工作。我们在这方面做工作，源于2009年12月份组织周边地区的农民，成立了一个花木农民专业合作社。合作社成立之后，鉴于年轻人居多的特点，我们成立了团支部，在青年农民中发展团员，壮大团组织，并且在学科学、用科学方面充分发挥团员的先锋模范作用。为此，我们专门拿出一个基地，作为共青团种植培训基地。培训采用授课和现场演示相结合的办法，使他们种植的苗木更具有科学性。实践证明，效果良好。为此，2011年9月，驻马店团市委在我们公司召开了全市各乡团委书记现场观摩会。有了这次观摩会，才有了团中央领导的到来。

第五喜，7月，省农科院在公司召开了友好合作单位现场展示会

河南省农科院与我们公司具体合作的是该院的园艺研究所。双方合作是从2007年春季开始的。我们提供场地，提供植物材料，他们出人，出技术。通过几年来的合作，我们在新品种引进的试种、新品种研发上，都有了明显的进展。可以说，这是一种双赢。科研人员搞科研，不是单方面的从自我出发，而是从公司的生产实际出发。公司经营需要什么，他们就搞什么，科研成果实现了最大化的推广。反之，公司在科技支撑上也有了可靠的保证。现在，我们合作组培的金叶复叶槭、粉叶复叶槭，已处在扩繁阶段，红叶樱花组培正在研究中，市场前景非常广阔。现在，我们不仅与省园艺研究所有合作关系，还与黄淮学院、省农大、省林科院等科研院校也有一定的科技合作关系。”

2012年1月7日，雪

有感于王茂春的《感动二十年》

年前，从外地采访回来，翻看近期的《中国花卉报》，忽然被王茂春先生写的一篇文章吸引住了。这篇文章，就是他写的《感动二十年》。

王茂春是北京花乡草桥村党委书记、草桥实业总公司董事长，也是我20多年的老朋友。草桥这些年来，可以用两个字概括：巨变。因此，他才由此感慨。感慨是触景生情的产物。对此，文里写得很清楚："透过车窗看着高楼林立，绿树繁花的草桥村，不由得心中感慨万千。恍然间，20年前的情景仿佛又浮现在眼前。那天清晨，我怀着激动而又忐忑的心情，骑着自行车来到草桥农工商联合公司出任总经理。那时的我才30多岁，而草桥村的经济现状也如同我的年龄一样青涩而淡薄。由于经济基础差，村里民房破旧，街道脏乱不堪，村民过着清贫而拮据的日子。"

王茂春入选为2008年北京奥运会火炬手

这里透出了两个信息：一是他感慨，源于他到草桥做当家人已有20个年头了。还有一个信息，是草桥发生了巨变。他上任时，草桥是"经济基础差，村里民房破旧，街道脏乱不堪，村民过着清贫而拮据的日子"。如今，草桥是"高楼林立，绿树繁花"，老百姓过的是富足安康、跟城里人没有任何差别的日子。

那么，草桥是如何发生巨变的？他在文中说，是"彻底改变"的结果！

他说，他们生在花乡，长在花乡，就该过着花一样的生活。他是从草桥绿化队队长这一职务走上草桥领导岗位的，他的切入点，就从花卉产业抓起，让美丽的花卉事业来改变他们的生活现状！他捋清思路后，开始带着公司和全村的人种花、养花、卖花。没想到，经过几年的引领和带动，越来越多的草桥人加入到花卉产业中来。草桥种花的名气越来越大，不仅成了引领花乡花卉产业发展的一面旗帜，而且也让草桥人的日子一天天富裕起来。有了资金积累后，他又成立了花乡花木集团公司，建设了世界花卉大观园，盖起了一栋又一栋现代化温室，开辟了北京市第一家花园中心，继而又成为国内首家把鲜花送上奥运会领奖台的花卉企业。

然而，他道出的只是一个改变过程。其实，据我所知，在每一个改变的过程之中，都是他带领他的团队，弘扬北京精神的结果。

北京精神就8个字：爱国、创新、包容、厚德。

爱国，首先是爱家乡。在这一点上，王茂春有个细节，一直给我留下深刻的印象。那是20多年前，他还当草桥绿化队队长的时候。当时，草桥的玉泉营还没有立交桥，正在修转盘。而绿化队就紧靠转盘的一边。因为道路扩建施工，绿化队受到影响，一时间没遮没挡的。为了使集体的财产不受损失，他晚上在路边支起一个折叠床值班。当时正值夏日，他手持一把扇子，在黑乎乎的露天，一边驱赶成群的蚊子，一边不时地往四周观看。那神情贯注的样子，就像一个哨兵似地那么认真。这个画面，至今还清晰地存在我的脑海里。我想，有这样对家乡的爱，对集体财产的爱，对事业的爱，对工作的爱，就没有克服不了的困难，就没有干不成的事业。

创新，是草桥不断走向辉煌的结果。自从王茂春当上草桥领头人后，草桥总是在不断地与时俱进，开拓创新。大环境刚露一点儿新变化，他就赶在潮头，跟着出新招，真是“春江水暖鸭先知”。其结果是，草桥一年一大变，让人看得有点眼花缭乱。然而，这创新，也不是一帆风顺的。例如，1998年1月16日开业的花乡花卉市场，至今仍是北京地区影响力最大的花卉市场。但当年王茂春决定建设时，他遭到了不少人的反对。他们说，咱村养的花，在北京是“蝎子拉屎独（毒）一份儿”，没旁人，卖花的钱咱一家挣。如果建起花卉市场，全国的人都来了，势必对当地的花卉经营是一种冲击。但王茂春在当时的草桥党总支书记的支持下，还是果断地建起了花卉市场。实践证明他是对的。类似的例子还有不少。王茂春的经验证明：创新往往不是一帆风顺的；真理，往往在少数人手里，就看你如何做工作，敢不敢坚持。

王茂春在草桥的插花间

包容，厚德。包容是一门

艺术，是拥有一份能容下他人的广阔的心胸。厚德，就是胸怀宽广，润泽他人，润泽天下而不计回报，以公为重，以己为轻。这些，在我看来，王茂春做到了。因为，草桥这20年的快速发展，摊子一个比一个大。这就需要各种各样的人才。没有人才，就很难创新，事业就很难做大。为此，王茂春以事业为重，以草桥的发展大局为重，启用了一个又一个挑大梁的人才。这些人才，既有本乡本土的，也有外来的。总之，事业的兴旺，是人才的兴旺，是不拘一格选拔人才、启用人才的结果。

王茂春说："爱国、创新、包容、厚德"是咱北京的精神，也是草桥人的精神。草桥人始终用自己的实际行动践行着北京精神。我们爱草桥，爱家园，就是爱国的朴素情怀；我们创新经营，引领行业发展就是创新的实际行动；我们村邻和睦，干群一心，是对包容的最好诠释；我们发展经济，回报社会，是对厚德最深刻的理解"。

20年风雨历程，20年的辉煌巨变，给王茂春留下了太多的感动。我相信，在未来的20年，他将带领他的团队，给草桥，给花乡，给北京，给社会，留下更多的感动。

2012年1月9日，上午

薛振球与北京花乡花卉市场

在北京，围绕三四环路，从南到北，由东到西，坐落着不少花卉市场。在这众多的花卉市场中，谁都这么说，花乡花卉市场一直是最为红火的花卉市场。花乡花卉市场在玉泉营立交桥的西南角，属于草桥。在草桥，还有在整个花乡，以至于在北京花木圈子里，都知道这个市场的总经理是薛振球先生。

1月16日，准确地说是2012年1月16日，临近春节了，正是销售年宵花的高峰，我去感受一下这家花卉市场的火爆气氛。

我一见到薛振球，他便呵呵地笑问道："您知道今天是什么日子吗？"

我也呵呵一笑，脱口便说："还用问，谁不知道啊，今天是腊月二十三，糖瓜粘，过小年的日子。我早上刚刚写了一篇回眸兔年的稿子。"

振球还是呵呵笑着："还有呢？"

他的一双明亮的眼睛紧紧盯着我。这分明是让我猜啊。

“哦。今天还是市场开业14周年。”我顿时恍然大悟。

他笑了：“对呀。这个市场您清楚，1998年1月16日开业的。”

时间过得好快啊！一转眼，花乡花卉市场开业已经整整14个年头了。从开业到现在，薛振球没挪窝，他一直是这个市场的总经理。而他的副手，一个个都被总公司陆续调离，单挑大梁了。

薛振球，属兔，快到“知天命”的年龄了，这是一个土生土长的草桥人。他中等偏上个儿，一头黝黑的头发，带一点自然的波浪。与众人在一起时，多数情况下都是当听众的角儿，常常是以笑代言。可以说，这是一个话不多，但做事非常稳健的人。

我认识薛振球，还是14年前，花乡花卉市场刚刚盖好，正处于后期筹备阶段。有一次，我在草桥实业总公司总经理王茂春的办公室采访。王茂春是我的老朋友。他上任没几年，正是开拓进取、大展宏图的时候。他正向我介绍开创花乡花卉市场的设想。突然有人轻轻敲门。茂春轻轻地说“进来”，随后，便走进来一个身穿夹克衣服的年轻人。这个陌生的年轻人见到我，很有礼貌地朝我笑笑。

“他叫薛振球。是我们即将开业的花卉市场的总经理。以后你们打交道就多了。”王茂春笑着向我介绍道。我不由得打量这位年轻人。他朝我又是笑了笑，并没有说些什么。从他的笑中我感觉到，这个年轻人还带有几分腼腆。当时我心里就在想：经营花卉市场，在北京都是开创性的，属于新生事物，更别说是在花乡草桥了。这么一大摊子，他能玩得转吗？他有这个能力吗？

就是在这种善意的迟疑的感觉中，我与振球相识了。实践证明，还是茂春慧眼识珠。他没有看错人，也没有选错人。

这些年，花乡花卉市场不管外部如何风云突变，市场之间的竞争有多么激烈，花乡花

花乡花卉市场一角

薛振球（右）与市场商家交流

卉市场在振球的掌舵下，始终立在潮头，总是那么稳当，一句话，总是立于不败之地。

与振球一起总结市场的成功经验。振球说他有那么几点体会。

一是市场必须注重宣传。市场是卖花的场所，靠的是消费者。因此，市场要想始终吸引消费者的眼球，就要时常变出花样，搞出点动静来，不让顾客在你的视野中消失。为了做到这一点，振球搞过月季展，搞过牡丹展，搞过菊花展，搞过奇石展，搞过组合盆栽展，还搞过插花展。搞展览，办活动，就有了新闻由头。然后，他就在《中国花卉报》、北京电视台、北京广播电台、还有北京地区的各种报刊大肆宣传一番。现在，社会上以搞活动为名，给商家提供宣传的平台很多。但薛振球认为，花卉市场造势，搞宣传，还是立足于市场内效果为好，而不是放在立场之外。这样做，既节约成本，效果还比较显著。但不管怎么说，一个花卉市场，要想富有生机与活力，不在宣传上下工夫，总是死气沉沉，是不成的。

二是抓日常管理。薛振球说，一个花卉市场，虽然是一个卖花的地方，但各种杂七杂八的事情很多。作为管理者，哪一点做得不到位都不成。做到位的目的，就是给商户营造一个安全的宽松的经营环境。商家挣到钱了，市场也就挣到钱了。这些年来，他一直坚持，每逢周一和周五，都要率领市场管理人员，里里外外，做一次市场的检查。发现什么问题，就落实到人，解决什么问题。这些问题，不管是大是小，都要定期解决。即使是小事，如果不解决，慢慢地也会演变成大事。市场的司机送我时，他说，“我们的总经理脑子可好使了。他不光布置事情，还要逐个落实。你哪个没做，他到下面一溜达就知道了。他也不批评你，而是笑呵呵地点拨你，问你那个事儿办得怎么样了。领导都发话了，谁还敢不赶紧办。”

其实，我知道，振球不光是脑子好使，更主要的原因是他责任感强。他不敢懈怠。

三是安全第一。市场人多线路多，防火安全这个弦始终摆在头等重要的位置。对此，薛振球记住消防圈内有一句话：治家千日富，火烧一日光。是的，发家致富需要一个长时间的过程，而一把火烧来，就会在一日之内把财产化为灰烬。因此，他深知其中的厉害。这两年，他投资了30多万元，把变压器、线路、还有照明灯，都更新了一遍。除此之外，每天市场停止营业后，市场的保安人员还要到市场里检查电源是否关闭。然后，市场办公室的人员再做一次巡查。当然，他自己更是不敢掉以轻心，时常要在市场内外仔细巡查。

2012年1月17日

都江堰畔的女盆景艺术家

四川省成都市的西部，有个都江堰市，因古代建设并使用至今的大型水利工程都江堰而闻名。这个由秦国蜀郡太守李冰父子修建的工程，被誉为“世界水利文化的鼻祖”。而管理、维护这个大型水利工程的是都江堰管理局。在都江堰管理局中，有个为都江堰添彩的女盆景艺术家。她，就是人到中年的雷飞英女士。因她年龄比我小，我一直称呼她为“小雷”。

2012年春节过后，我到川西著名的花木之都温江，小雷得知我的到来，特意从四五十千米之外的都江堰市来看望我，送我一本近年才出版的《中国都江堰盆景》。这本书是16开本的精装本，很是漂亮精美。书中收录的都是都江堰市知名盆景艺术家的作品，其中，就有“巾帼不让须眉”的小雷。而且，书中也只有她“一只红杏”。据我所知，从事盆景艺术有成就的人当中，别说在都江堰市女性极少，即便在整个四川，乃至全国也是凤毛麟角，屈指可数。她曾获四川省跨世纪杰出盆景艺术家称号，现任都江堰市盆景协会副会长，都江堰市花卉协会常务理事，都江堰市花卉协会盆景基地的负责人，作品多次参加全国和四川省、成都市盆景展览且获奖。

小雷，彭州市人，中等个儿，圆圆的脸盘，一双漆黑的大眼睛，总是闪现明亮的光芒。人到中年了，还有小姑娘一般的苗条身材。她没有“闭月羞花，沉鱼落雁”之容，却天生丽质，秀外慧中，清新可人，善解人意。

小雷是四川已故著名盆景艺术家张远信先生的弟子。我认识小雷，时间久矣，还是25年前的1987年。那一年，张远信先生在成都杜甫草堂组织成立四川省盆景艺术家协会，我应邀出席。当时，四川所有地区搞盆景的代表人物都出席了会议，足有一百多人，其景象就像梁山泊一百零八位好汉聚会一样，热闹非凡。中午就餐，长长的廊亭下摆满了酒桌，最后坐不下，酒桌只好延伸到了草坪上。在现场，有一个穿着花裙子，扎着两个小辫的苗条姑娘，像一只矫捷的燕子，穿梭其间，忙来忙去，一会给这个倒茶，一会给那个敬酒。客人的挎包滑落到地上，她就急忙拾起来，笑眯眯地递给主人。这个小姑娘，就是小雷。

那个时候，小雷刚刚拜张远信先生为师，她是作为会务人员出现的。当时，张远信借

雷飞英在修剪盆景

大家喝酒的机会，领着小雷，给她介绍了不少搞盆景的精英。张远信先生每介绍一个人，小雷都是微微地弯下腰，笑容可掬地说：“以后向您学习，请多多关照。”总之，她的勤快，她的谦恭，给我留下了深刻的印象。

一晃，二十五年过去，弹指一挥间。在这么多年当中，她经历了为人妻，为人母，经历了罕见的汶川大地震（都江堰是地震重灾区之一），经历了盆景事业的起起伏伏。但不管岁月如何轮回，风云如何变幻，她追求川派盆景艺术的热情始终没有改变。

20世纪90年代，她开始自己花钱买植物材料创作盆景。其作品既有树桩盆景，又有山水盆景，既有大型盆景，又有微型盆景。盆景数量由当初几盆发展到目前的数百盆。

作为一个既要工作，又要干家务的女性来说，在那么长的时间里不受各种干扰所困，不懈怠，坚持搞盆景，她要克服多少困难，承受多少压力，可想而知。都江堰地区有那么多的盆景名家高手，且都是男性，都江堰市花卉协会盆景基地的牌子却挂在她的基地里，这很能说明问题。

小雷所做的盆景，既有川派传统规则式的技法，又有现代自然随意的痕迹。

川派盆景，分树桩盆景和山水盆景两大类。树桩盆景，古朴严谨，虬曲多姿；山水盆景，气势雄伟，怪石嶙峋，讲究高、悬、陡、深，奇。这种风格，与巴山蜀水的自然风貌有直接密切的关系。

因为那里的海拔度较高，山岭重叠，尖峰深壑，山势巍峨，峰峦叠秀。盆景材料，不管是树桩盆景还是山水盆景，均来自于这块风水宝地。

树桩植物材料，主要是金弹子、罗汉松、六月雪、银杏、贴梗海棠、梅花、火棘、茶花、杜鹃等。山水盆景材料，以砂片石、锺乳石、云母石、砂积石、龟纹石为主。主要类型的特点为：对称美、平衡美、韵律美，统一中求变化，变化中有统一，活泼中有讲究，庄重中有灵动。源于生活，又高于生活，是对大自然艺术的高度概括与艺术加工。

这些盆景艺术特点，在小雷的作品——《中国都江堰盆景》一书中，均有很好的体现。

书中精选的都是她的树桩盆景，如“翠云翻飞”，如“群芳锦绣”，如“茂密小丘”，都可以看到川派盆景传统规则式与现代自然式的巧妙结合，其中，还不乏女性的细腻与柔美。

问她：“这么多年搞盆景，最深的体会是什么？”她笑笑说：“只要你喜欢一样，坚持下去，就没啥子难的，总会有一定成绩的。”

她说得好极了。

2012年2月11日，于温江

洛阳有个国际牡丹园

“庭前芍药妖无格，池上芙蕖净少情。唯有牡丹真国色，开花时节动京城。”这是唐朝著名诗人刘禹锡的名句。他说的“京城”，指的就是洛阳。“洛阳地脉花最宜，牡丹尤为天下奇。”这是宋朝欧阳修下的定论。其实到现在，赏国色牡丹，最佳的地方也是洛阳。

前些年，洛阳举办牡丹花会期间，我在洛阳王城公园赏过牡丹花。那里，当时是洛阳赏牡丹花的绝妙之处。花依然是那样的雍容华贵，绚烂多彩，恰如徐凝所云：“何人不爱牡丹花，占断城中好物华。疑是洛川神女作，千娇万态破朝霞”。但可惜花期太短了，只有1个多星期的时间，去晚了，只有剩下惨败的花瓣和宽大的叶子了。前几年，洛阳建了一个国际牡丹园，情况就大变了，牡丹的赏花期一下子延长了半个多月。

前不久，我到了洛阳之后，听了国际牡丹园的主人一番介绍，真是大开眼界了。

园子的主人，是我的老朋友霍志鹏先生。他建的这个园子，有380多亩地，投了巨资，几乎都是自筹的，让人佩服！

我认识霍先生，还是20多年前。那时候，他在洛阳市农委的支持下，创办了洛阳市花木公司（1987年6月）。这家公司，也是洛阳创办最早的牡丹经济实体公司。因此，中国花卉协会成立后，他代表洛阳，成为中国花卉协会的理事。其实，那时候作为中国花卉协会的理事，整个河南省也没有几个人。因为他是理事，每回到北京开会，总要到报社来看一看，我们自然很快就得以相识了。

霍先生中等个儿，圆圆的脸庞，宽大的脑门儿，如果他不出声，别人会以为他是广西人。他在众人面前，总是那么精神饱满、意气风发，待人总有那么一股子真诚劲儿。

在霍先生的带领下，我到牡丹园转了一圈。虽然已过了立春，但大地还没有解冻，牡

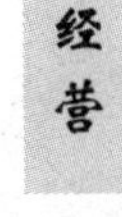

丹的枝条还在裸露着，但春时牡丹花开“动京城”的热闹景象还是可以想象得到的。

洛阳国际牡丹园（LUOYANG INTERNATIONAL PEONY GARDEN），在洛阳城北邙山的王城大道旁。大门坐东朝西，准确地说是朝偏西南方向。大门是个圆形的建筑，远远看去，像个放大了的“呼啦圈”。旁边，立有国际牡丹园的牌子。看见牌子的，会以为这个圈是一朵抽象的牡丹花。大门外，是一条宽阔的公路，因此大门是顺路而建的。这条有点偏的路，就是去洛阳飞机场的公路。牡丹花开的时候，去机场乘飞机倘若早了，可以先进园子赏赏牡丹花。“数苞仙艳火中出，一片异香天上来”，多美啊！因为从这里到机场，开车顶多六七分钟。不然，在机场干坐着，地方又不大，可看的地方又不多，真没什么意思。

园子是1999年建立的。到了这个园子，看看周边的环境觉得有点熟悉。霍先生看出了我的心思笑着说：“这个园子，就是我们洛阳花木公司原来的牡丹芍药基地。你是来过的，怎么能不觉得熟悉呢。”霍先生又说，但让这个园子真像那么回事，有影响力，还是2007年改造之后。现在，园子里有600多个牡丹名贵品种，芍药也有600多个品种，是洛阳面积最大的中外牡丹精品与晚花牡丹园，承担着洛阳全市4月下旬到5月上旬的花会接待任务。

园子分5个景区。这5个景区分别是华夏园、锦绣园、九色园、万芳园、芍药园。

华夏园，以洛阳牡丹栽培历史及演化为纵线，以国内牡丹分布区域为横线，集中展示了中国牡丹1500多年的演化历史。可以说，这里从野生到人工栽培，从药用到观赏，从单瓣到半重瓣、重瓣，从白、粉、红单色花到黄、绿、黑、红、白、粉等及复色繁多的品种，从五彩缤纷的牡丹花到灿烂夺目的花文化，从洛阳牡丹开始种植到全国广泛栽培的发展历程，均有详细的介绍。这一片，主要有“花王广场”“古稀牡丹二十品”“野生牡丹”“花型演变”“揽秀亭”等景点。

国内最大的自动化牡丹遮阳棚

锦绣园，位于牡丹园的西北部。这里既有代表中国的洛阳牡丹，又有来自东瀛日本的牡丹，还有来自法国的‘金阁’，来自美国的‘海黄’。牡丹原产中国，后传入日本、欧洲、美洲等，回到故乡的“海归”，花更大、更艳。最出彩的是“千株什锦牡丹”，是牡丹花会最佳的景点之一。

九色园，在园子的东西主干道上，由15个花坛组成，中心位置就是著名的“九色牡丹图”。中心为圆形花坛，栽植的是黄牡丹‘海黄’，围绕着8个扇形花坛，分别栽植红、白、粉、蓝、黑、绿、紫、复色等八大色系的品种。每个花坛为1个花色品种。构成洛阳目前面积最大、品种最佳的“九色牡丹图”。在互联网上的“谷歌地球”中，九色牡丹图卫星图片清晰可见。2008年牡丹花会时，在自然条件下，九色同献的时间达到2~3天，取得可喜成果。采取合理技术措施，延迟复色品种‘岛锦’开花，成为延长“九色同现”时间的关键因素。东西两侧，各有3个长方形花坛，自东向西，分别为黄牡丹、红色牡丹、白牡丹；西侧3个花坛，自东向西，分别是紫色牡丹、红色牡丹与粉色牡丹。

万芳园，是花开得最繁盛的地方，那儿有自动化遮阴大棚。大棚有5000平方米，四周是露天的，只有一个顶子。棚顶很高，足有七八米高，需扬首才瞧得见。高就有高的好处：敞亮、通风，非常有利于牡丹生长。顶子的帘子是自动的，根据牡丹长势需要，可开可合，工作人员只要按一下电钮，20分钟的时间即可完成一个开或合的程序。大棚下的牡丹，最有看头，是因为这里的牡丹品种最全。洛阳的牡丹品种，主要集中在4月开花，只有十几天时间，品种这里全有。更为主要的是，从日本、欧美引进的晚花品种，这里也最多，从4月中旬，可以开到5月中。这样一来，国际牡丹园的牡丹，“花开花落不间断”，赏花期就有一个半个月之多。

芍药园，花色也达到9种。著名的品种有：‘黄金轮’‘巧玲’‘凤羽落金池’‘墨紫绣球’‘铁杆紫’‘乌龙探海’等上百个品种。特别是他们培育出了绿色芍药新品种‘绿宝’。这个品种，形如菊花，晶莹剔透，白色的花瓣上，翠绿色的斑纹密布其上，填补了芍药品种的一个空白。洛阳牡丹花会后期，特别是‘五一’劳动节前后，成千上万的芍药花绽放，犹如彩色的海洋，与晚开的牡丹花遥相呼应，成为国际牡丹园又一亮点。

园子之所以取名为国际牡丹园，就是因为有他们有一大批国外的牡丹品种壮门面。这些外来牡丹，有200多个品种。当然，这些外来牡丹主要是来自日本。日本本来是没有牡丹的，但自从牡丹从中国传

牡丹名品‘洛阳红’

作者与霍志鹏先生在洛阳国际牡丹园

到日本之后，他们利用中国的牡丹种质资源，通过技术手段，培养出了很多牡丹园艺品种。而日本的牡丹品种和欧美的牡丹品种，几乎都比我国的牡丹品种花期要晚一些。这样，一早一晚，加在一起，牡丹整体花期的链条就拉长了。别的牡丹园没花了，这里还是繁花烂漫。

“怎么想起建个国际牡丹园的呢？”我问霍先生。他告诉我，这要追溯到10多年前。那个时候，他们公司获得了外经贸部授权的牡丹进出口权的资格。有国外的人要牡丹品种，出口也就方便了。同时，进口牡丹也省事多了。为了丰富洛阳的牡丹品种，霍先生就陆续进口了一些。这种情况到2005年之后，更是有了一个很大的提升。因为2005年，洛阳市和日本的牡丹之乡须贺川市建立了友好城市关系。那一年，他们与日方签订了10年引进100个牡丹品种的协议。每年10个品种，共100株牡丹。这样一来，加上从美国引进的15个品种，从法国引进的5个品种，总共就超过了200个牡丹品种。

引进的牡丹品种，经过繁殖，在园子里唱了主角，延长了牡丹花期。此外，这里的牡丹花期长还有一个客观因素，就是跟这里的地理环境有关系。园子属于李家凹村的地，一瞧这名，就知道这里地势低洼。本来，地势就低洼，加上园子的南侧有一溜高高的丘陵。西北部冷空气袭来，便被丘陵挡住。明摆着，冷空气下沉，热空气上升。这样一来，即使是国产牡丹品种，花期也要比别处的牡丹晚那么两三天的。

霍先生的公司，纯粹的一个企业，经济上自负盈亏，但他们却把科技创新一直当回事，成果也是显著的。近十年来，他们已经独自或者和省市科研部门联合，完成了13个科研项目。比如，他们完成的“牡丹花期调控技术”，通过人工施压的影响使牡丹就地升温或者就地降温，对拉长牡丹的花期起到了明显的作用。这项科研，获得了河南省科技二等奖。又如，数年的功夫，洛阳国际牡丹园栽了有上万株牡丹，而且相当一部分是国外牡丹品种。引进时，母株可没那么多，只有上千棵。这么多的数量，在这么短的时间里繁殖出来，并且都已经鲜花绽放，这要得益于他们的“牡丹繁殖双平法”科研成果。

洛阳国际牡丹园，知名度还会大增。因为，去年他们利用神州八号，作了国内首次航天培育牡丹新品种的实验。我想，辛勤耕耘，换来的必将是丰硕的成果。

2012年2月8日，初稿于洛阳，改于2月25日

胡明钰，把论文写在哈密大地上

牛奶与咖啡融合，味道就会好极了。同理，科研人员与实际相结合，科研才会显现出应有的价值。中国农业科学院郑州果树研究所高级工程师胡明钰先生就是这样一位科研人员。2011年春，他受所里委派，来到新疆维吾尔自治区哈密市，指导特种农业和苗木的种植技术，深受哈密地区各族民族的热情欢迎，被当地农民称为把论文写在大地上的农业专家。

胡先生的敬业精神是让人佩服的，说一条，就让人服气，伸大拇指。他自打2011年3月份受所里委派，来到哈密，就好像落地生根的植物似的，就在哪儿扎了根，一直没有离开过哈密，一直在基层忙乎，与各族人民打成一片，直到年根底下才回到郑州，与妻子女儿团聚。

春节过后的正月十五，我从北京到郑州。在出发之前，我想起了胡先生。因为2011年3月他给我打过一个电话，告之他已到新疆工作的消息。因此，我试探着给胡先生打电话，问他“目前是在新疆哈密还是在郑州？”他笑着说：“我还在郑州，准备买明天到新疆的机票。你要是来，我就推迟一两天走。”

到了郑州见到胡先生，感觉他比过去在郑州时黑了许多，细白的肉皮不见了踪影。这些，显然是在西部边陲哈密野外长期风吹日晒的结果。他的脸是黑了，也粗糙了，但黑中透红，人却显得更为健康、结实。

内地不少人对新疆地理不熟悉，只知道哈密瓜好吃，甜的就像蜜似的。这瓜就产自哈密，因此取名为哈密瓜。哈密是进入新疆的东大门，是新疆连接内地的交通要道，自古就是丝绸之路上的重镇，素有“西域襟喉”“中华拱卫”“新疆门户”之称。哈密的东部与甘肃酒泉相邻，南与巴音郭楞蒙古族自治州相连，西与吐鲁番、昌吉回族自治州毗邻。哈密北与蒙古国接壤，设有国家一类口岸，这就是老爷庙口岸。哈密地区有一个市，这就是哈密市。此外，有两个县：一个是巴里坤哈萨克自治县，一个是伊吾县。新疆第六次人口普查公报显示：截至2010年末，哈密全地区总人口57.24万人。

哈密严重缺水，每年的降雨量非常可怜。过去，这里的农民都是靠天浇水，树木长得很慢，果实产量也低。胡先生他们到了之后，为了加快果木业和苗木业的发展，就在那里大力推广滴灌设施。采用滴灌浇水，一亩地，200立方水足够了。这是在野外，要是在大棚里，还省，160立方水就成了。

胡先生到了之后，他还带了9个刚毕业的维吾尔族大学生，一天到晚在地里转，在村子里转。做出示范后，他通过维吾尔族学生，就讲给当地的农民听。因为，要想让农民重视科学，改变种植方法，首要的，是要让他们改变种植观念。种植观念不改变，什么都谈不上。一个村子一个村子的讲不过来，他就干脆写成文字材料，然后翻译成维吾尔族文字，让维吾尔族学生发给村民，宣讲先进的种植方法。下马涯村是他扶持的一个重点村子，到“十二五”规划后期，他有把握，让这里的农民成为全疆最富裕的村子。这么自信，他有什么把握呢？当然有了。他说：“现在这个村子种了600亩哈密瓜。过去靠天吃饭产量低，一亩地的瓜只能卖到2000多元，现在通过科学种植，效益至少翻一番。而且在此基础上，准备发展到1万亩瓜果，并且采用套种的方法，这可是这里过去没有过的。所谓套中的内容是，先种植哈密瓜，然后隔几米套种大枣。套种的大枣有山西的骏枣，河北赞皇的赞玉枣，东北的伊吾一号枣，还有新疆哈密的哈密大枣。套种的大枣，3年后1亩地就有1吨的收成。为了增加产量，1亩地还要施10立方米的有机粪。

为了让内地科学养殖的经验在哈密扎根，他不仅经常要到各村子去转，有时候还要在老百姓家里住上一阵子。例如，初夏的时候，地老虎（一种害虫）活动得很厉害，严重影响树苗的生长，破坏力不小。他就教农民捕捉的方法。逮地老虎，一定要在天刚亮时。那时候，哪株苗子断了，哪儿的土里准有一只地老虎。又例如，刚播种时，要在现场观察种子的发芽情况，看多长时间能拱出小苗。还有，在哈密推广密植枣树，1亩地可以种上千棵，也需要在村子里跟农民苦口婆心地解释。因为，1亩地种上千棵苗子，农民不信，没有过。第一天跟农民讲，农民一听，撇撇嘴就走了，只剩下了干部。后来，政府组织村民到胡先生的实验基地现场观看。农民看了，有的人就一棵一棵去数，一数，870棵，这才相信是真的。

我听了胡先生这番介绍，还是心存疑虑，禁不住问：“1亩地种植上千棵，大了，真是长不开，头跟头准打架。”

他笑了：“没错。但人是活的，到时候去掉一些苗子不就成了。一开始密植，3年后一挂果，可以多收不少果子呢。”

左为胡明銋

我跟胡先生谈得正热烈，他接到哈密打来的一个电话。电话是一个镇长打来的，说在大棚里的小树长出芽子了。他说：没事，休眠期够了。在大田里，哈密5月下旬才能出芽，比郑州要晚两个月的时间。

“去了差不多有一年的时间，你都有哪些收获?”

穿黑白红条格衣的为胡明钰

“呵呵。首先，通过我们做工作，老百姓开始相信科学了，开始用科学的方法种植哈密瓜、葡萄、棉花、大枣等农作物了。还有，这里过去种棉花不打杈，任其生长。我去了，传授他们抹芽技术，现在棉花的产量和质量都上去了。还有，建立了示范基地。有了示范基地，新技术、新产品推广就容易多了。再有，我带的9名维吾尔族学生，去年全部考上了郑州的高等院校（河南与新疆哈密为对口支援地区）进行再深造，学习期满后，回到当地就可以成为公务员了。”

我与胡明钰分手两天之后，他打来一个电话说，他已回到新疆哈密了。他是在新疆广阔的大地上书写论文的。这篇论文，他还将继续书写下去，而且会越写越精彩。

2012年2月9日，初稿于郑州，2月25日完稿于北京

附，中广网记者文章：在新疆种红枣的河南农业专家

中广网哈密2011年10月24日消息（记者孙涛，哈密台记者江红霞、苏春、杨文娟），记者见到中国农业科学院郑州果树研究所基地办主任胡明钰时候，他正在给农民介绍种植红枣的相关知识：“测土培肥，不要盲目的上肥。每一种植物跟我们人一样，它需要16种微量元素，微量元素够了，它的果子就甜。还要达到有机，新疆产的水果都要求是有机的，化肥不能超标，更不能打农药”。

农民问：“明年能不能打农药?”

胡明钰：“明年嫁接完就不能打农药。农药一残留，我们将来的红枣没人要了。我们还得面对市场，这个枣要种成我们吃都没问题，将来走向市场也没问题。”

这位正在为农民传授种枣技术的是中国农业科学院郑州果树研究所基地办主任胡明钰。自今年（2011年）5月1日下马崖乡红枣基地正式播种以来，负责这个项目的胡明钰就经常带着当地的农民在枣园里察看枣苗的长势。

伊吾县下马崖乡中心村党支部书记、村委会主任阿不都告诉记者：“我们种红枣的时候他就过来了。不管什么时候，不管他有多忙，我们这个地里他1个月要跑来四五回。种的时候，铺地膜的时候，苗开始萌芽没有发出来的时候，他天天来来给农民们讲技术上的

事。因为他有技术，我们老百姓也相信他。”

伊吾县下马崖乡是以种植哈密瓜和玉米为主的小乡。多年来，种植品种单一，农民增收缓慢。今年3月初，通过河南援疆干部牵线搭桥，胡明钰专程到伊吾县实地考察土壤和气候，发现非常适合种植大枣。于是决定利用下马崖乡2000亩集体农田种植大枣。但下马崖乡的农民对此心存疑虑。

伊吾县下马崖乡中心村党支部书记、村委会主任阿不都说：“这个是我们以前没有干过的事情。我们心里面担心，现在开始种，成功还可以，不成功的话，后面怎么办。”

前几年，胡明钰曾经在内蒙古、新疆搞过试点，都取得了成功。今年在伊吾县下马崖乡试种，他更有信心。经过几个月的苦心经营，种植的枣苗终于长成了小树。农民们看到了希望，胡明钰也和农民成了知心的朋友。

胡明钰说：这些枣树明年嫁接，当年挂果，亩产可以达100千克。明年大枣的种植面积还要扩大到10000亩。

胡明钰告诉记者：将来达到10000亩后，我们就搞加工厂。有企业来加工了，枣就不用出去卖，在下马崖就直接加工了。我们要力争在“十二五”期间把这10000亩全部给搞起来。

胡明钰的目标就是让这里的农牧民都能懂科学、爱科学、运用科学。他说：“作为一个农业专家，你首先把寂寞、孤独当成一种幸福，你才能去研究。对土地有一种挚爱，看到土地就像看见自己的母亲一样，所以越干越上瘾。我们搞研究的是65岁退休。我在这里起码还要干16年吧。这地方值得我研究，是值得我呆的地方，我就不走了。”

李德彬怎样为温江花木产业服务

李德彬先生是成都市温江区花卉园林局局长。按说，我与温江接触多年了，但以前，却从未与李局见过面。直到2011年3月16日，他到花卉园林局主持全局工作之后，这才得以相识。时间不长，只有一年时间，加之跟他接触仅那么两三回，但他全心全意为温江花木产业发展的奉献精神，却给我留下了深之又深的印象。

这是一个典型的四川人。他圆脸庞，一双炯炯有神的大眼睛，说起话来，操着一口浓重的川音，走起路来，不出声响，但却显得非常快捷有力。李局给我最深的感觉是，为人大气热情，办事雷利风行，从不拖泥带水。

他平易近人，待谁都那么热情，没有当领导的架子。我第一次见到李局，是2011年的5月初。那是个晚上，我乘北京到成都双流机场的航班，到了双流机场，已是晚上八点多钟。接我的是温江区花卉园林局办公室主任李贵清。贵清，我们相识多年。一坐上他的车子，我说，到温江还要半个多小时，再住下来，时间已经不早了，你就陪我随便吃点。他笑笑告诉我："不可能就咱两个人，李局长还在餐厅里等着你呢。"

这么晚了，还让领导等，多不好意思。

我安排好住处，来到餐厅，已是晚上九点多钟了。李局不仅在耐心地等我，而且亲自从餐厅的楼上跑到楼下，到外面迎接我。

我说："这么晚了，还让你等候。"

他说："你是温江尊贵的客人，应该的。"

听了这句话，真让人感动。我来温江，李局是这样接待；我介绍一些普通的花木经营者去温江，他也是这样，多晚了，也是等候。即使当晚在一起吃不上饭，他也要到驻地见上一面，问候一番，以尽地主之谊。还有，他和局里的同志一起吃饭，倘若不知道内情，可能猜不出他的身份，也许会以为他是局里的普通一员。因为，在吃饭的过程中，他跟大家有说有笑，一会给这个夹菜，一会给那个夹菜，找不到一点领导的影子。

前不久，我到温江参加花木产业"加快发展、率先发展"研讨会，李局的热情，再次感染了我。那天，参加会议的有100多人，几乎都是温江从事花木经营的企业老板。我和他提前到会场有半个多小时的样子。他连口水都没喝，一会跟这个握握手，一会跟那个摆会儿龙门阵。谈论的话题，都是跟温江花木产业如何加快发展有关系。直到主持人说静一静，马上开会了，他才坐到了主席台的位子上。中午吃饭的时候，他也是给这个敬酒，给那个夹菜，忙个不停。我劝他自己多吃一点，他笑了笑说："与这么多企业的精英在一起也不是常有的事，多跟大家接触接触有好处!"

我去年5月初到温江时，他来局里主持工作时间还只有1个多月，但由于他经常到下面搞调查研究，对温江花木业的发展现状已经非常的熟悉。他向我介绍说：

"温江是著名的花木之乡，从20世纪80年代初就开始花木盆景商品化生产，自2005年举办第六届中国花卉博览会之后，知名度剧增，从事花木经营的温江人越来越多，到这里租地办公司建基地的外乡人也越来越多。国内的知名花木企业，如广东的棕榈园林股份公司、福建的南海园林有限公司、海南的南美园艺公司等几十家大的公司都在这里设有销售窗口。福建漳平的花木经营者还在这里成立了漳平商会。近五六年，温江的苗木种植面积和苗木销售额平均每年以20%的速度递增。到目前为止，我们温江的花木已经发展到了15万亩，土地完全处于饱和状态。目前，我们已经实现了从生产基地向集散中心的转移。"

他说："2011年温江花木销售额突破18亿元，同比增长了25%。一个普通的苗农，年收入10万至20万元的非常普遍。随着温江知名度的提高和城乡一体化的加快发展，这里的土地租金越来越贵。近年来，每亩年租金已经上升到了3000元以上。现在，温江能够利用的土地都已经用来种植花木，走遍全区所有的乡镇和街道，在地里能够看到的，除了花木还是花木。于是，温江的不少有识之士都把发展苗木基地的视角延伸到了周边市县，如崇州、双流、大邑、彭州、都江堰等比较偏僻的地区。这些地方，租金不仅便宜，也有利于规模苗木种植。而把总部设在温江，把这里作为卖场和集散中心。目前，温江人到外乡发展的苗木基地已经达到9万亩。温江天府花城有限公司朱拥军一家公司，就在外乡发展了近1万亩，而在温江只有四五百亩苗木基地。温江薄利园林花木有限公司25岁的小伙子张强，2010年销售花木1400多万元，今年估计还有较快增长，一跃成为温江新一代花木经纪人的佼佼者。寿安镇大千园林的汪天一，去年一次在温江的邻县崇州就租用了500亩土地用来发展常绿乔木。金马镇万花环境建设有限公司的匡艳，去年在周边两个县市发展了1000多亩的花木，集中用来发展花灌木和出口盆景的生产。川西现代月季园经理刘国强很想在温江找地发展花木，但动了很多心思也找不到地，只好到温江毗邻的郫县租了200亩地，用来发展月季和紫薇。”

面对这种大好的形势，李德彬说温江区委区政府并没有满足现状。要加快发展，就要摸清全区花木业发展真实、准确的情况。比如品种，比如结构，比如分布究竟怎样，然后，再有针对性地开展工作。他说服务不仅仅是他个人的事，也是全局各个部门的职能和责任。

他说，从2011年5月23日起，区花卉园林局和市林科院的专家一起，集中力量成立了5个花木调查小组，对全区的花木资源进行了一次拉网式的详尽摸底调查，以便掌握第一手材料。这个工作，到8月初就已经完成。我前不久离开温江时，温江区花卉园林局副局长郭健女士送我到机场，我还很傻地问她，“调查结果数据出来没有？”她说：“早就出来了。有李局指挥，能出不来吗？”她还告诉我，参与这项调查工作的，从上到下有上百人之多，资料摞起来有1.5米高。”

李德彬局长近影

温江的这项工作，在全国都是开创性的，得到了中国花卉协会考察调研组的高度评价。调研组的包志毅教授说：“温江做的这项工作让人赞叹，很有价值！”

2011年，他们还与四川农业大学、四川农村经济研究中心合作，开发了花木价格指数平台，并在国家互联网管理中心注册申请了中国花木指数网。利用这个平台，从去年开始，已经把温江优势花木品种的市场价格定期在网上发布。从2012年开始，通过布点的办法，再把全国花木产区的市场行情在网上公布出来。打造全国花木产业高地，没有这类的支持是没有分量的。中国花卉协会副秘书长陈建武对此很是感叹。他说："我们想做而没有做的工作你们都做了。"

凡是有利于温江花木业荣誉的事，李局也是竭尽全力争取。让我感受最深的一件事是2011年的8月份。当他听说《中国花卉报》正在评选"2011年度'十佳苗圃'和'十佳苗木经纪人'时，马上给我打来一个电话。他说："根据你们在报纸上和网上公布的情况，我们准备推选两个企业参加评选：一个是温江薄利园林的张强，参加十佳苗木经纪人的评比；一个是成都伟峰生态园林，参加十佳花木企业的评比。他们的经营业绩都很突出。"没有几天，温江参加评选的材料就发到了报社。又过了没有几天，我又接到李贵清的一个电话。他说："明天李局要亲自来北京，介绍这两家企业的经营情况。"当时，北京正值酷暑，别说出门，即便在屋里，倘若没有空调也是大汗淋漓。但李局还是按时来了北京，力挺这两家企业参评。那天，我见到他时，他的脖子下搭块毛巾，一边说话，一边擦抹脸上的汗珠。由于工作太多，次日，他又飞回了成都。当然，这两家企业都如愿以偿，获得了应有的荣誉。这荣誉的背后，也凝聚了一方领导的汗水。

2012年2月27日

林华明，一年销售5000万元苗木的奥秘

林华明是成都市温江青春园林的总经理。近四五年，他每年的苗木销售都不少于5000万元。这个惊人的销售业绩，别说在苗木之乡温江，即便在全国也是为数极少。

过了龙年正月十五之后，我来到温江区寿安镇，在青春园林的一个卖场见到了林华明。宽敞的卖场里，除了走道，两侧堆满了刚刚起过土坨的桂花。桂花都是大规格的，米径有10厘米粗。现场最显眼的是一个升起来有十几米高的大吊车，正在往一辆大货车上吊装桂花，准备往外地发货。周围，有十来个工人在不停地忙碌着。这种繁忙的景象我从温江城里出来一路都没有见到。虽然，沿途道路两侧都是苗圃，但都是安安静静的，还不曾看见一个有装运苗木的车辆。

“今年从大环境看，苗木销售有点冷；但我这个小环境不存在，我有3个卖场，今天都在往外面发苗子。” 林华明介绍说。

“你的生意真是够火的。”我问林华明：“这人群当中谁是客户？我想采访他一下。”

他说：“你这个愿望算是落空了。这里的人都是我们公司的，没有客户在场，也没有一个是代表客户的人。”

“发苗木时，甲方不是都要有人在现场的吗?”

“那是在别处，我这里不存在。”

他刚说完，来了一个电话。从通话中得知，是河南一个客户要紫薇的。只听林华明说：“4厘米粗的红花紫薇，定干一致的，我这里不多了，我估计到4月底就没什么货了。”

林华明有近1000亩地，我曾经去看过，一律都是标准化种植，滴灌浇水。这么大的面积，就两个品种，一个是红枫，另一个是红花紫薇。紫薇长得都齐刷刷的，分枝点都是1.4米。

他放下电话，我说：“你地里不是有不少紫薇吗？都是四五厘米粗的，足有400多亩，还不够卖的?”

林华明说：“我那点苗子怎么可能够卖的。再说我还要留一些，养更大规格的苗子。我主要是销别人的苗子。”

“客户不来，人家怎么跟你签订合同?”我有点不解。

他说：“我这几年，每年销苗子都在5000万元左右，几乎是都不签合同的。签什么合同啊，不签合同的，没有合同可签。那个时期早已经过去了。当然，签合同的也不是一个没有，个别的。客户也几乎都不来验货。都是老客户介绍新客户。新客户成了老客户再介绍新客户。”

作者与林华明合影

“你为什么能够做到这个份儿上?”

他说：“他们相信我。我林华明做的就是信誉。”

在现场，林华明所说的信誉我算是领教到了。我们正说着，来了一辆送苗子的手扶拖拉机，车上装了四五棵桂花苗子。林华明的一个销售经理走上前去，仔细检查每一棵苗子的质量。在我看来，每一棵苗子的枝叶都是碧绿碧绿的，树冠也很丰满，质量很好。但销售经理却指着一棵树，对林华明说了一番四川话。我听不清，问林华明，销售经理说的是什么意思？林华明解释说销售经理告诉他：这棵树的冠径有一点点偏，要退货。因为，林华明采购的每批苗子，都跟苗农说得很清楚：质量不好的要退货，质量符合标准的不差钱，现金兑现。难怪他反复说跟客户不签合同，敢情青春园林在销售每一棵苗子时，都已经严格地替客户把好了质量关。

林华明是从1993年开始从事苗木经营的。从几亩地开始做起，一边经营苗圃，一边做苗木经纪人，然后一点点滚大。2006年，他被《中国花卉报》评为该年度的“十佳苗木经纪人”。

林华明从来不做园林绿化工程，专门吃苗木这碗饭。多年的经营实践使他懂得：客户就是衣食父母。谁亏欠了衣食父母，衣食父母也会亏欠谁，甚至断了他的衣食。因此，凡是他答应客户的要求，他都是不折不扣地兑现，新老客户不论生意大小，一视同仁，都是如此，而且年年如此，每一笔生意都是如此。每一次，他要的，就是自己那一份合理的利润。

“每年销售苗木5千万元，仅此而已，就这么简单。”他说。

2012年2月28日

密枝红叶李如何被郭云清迅速铺开

辽宁省开原市云清苗木花卉有限公司自2010年推出密枝红叶李之后，迅速在全国各地铺开，特别是在东北和西北地区迅速走红。2012年2月22日，我参加了在长春举办的东北地区苗木信息交流会。在此次会上，不少苗木经营者都在热议密枝红叶李。会议的主办者梁永昌先生介绍说，在过去他举办的东北地区苗木信息交流会上，密枝红叶李受宠的情况是不曾有过的，这都是开原市云清苗木花卉有限公司推广的功劳。参会的云清公司销售部经理包明玉向我介绍说：2011年，云清公司苗木销售额为1500万元，比上一年翻了一番，其中密枝红叶李这一个品种的销售额就占了整个苗木销售的近50%。进入2012年以来，向云清公司订购密枝红叶李的客户接连不断。其中，新疆乌鲁木齐一个客户就订购了150万元的密枝红叶李苗子。沈阳全运会会场周围，今年也将大量种植云清公司的密枝红叶李。

密枝红叶李源于俄罗斯产的红叶李小乔木，是长春市一个苗农前些年发现的一个变异提纯新品种。其最大的特点是，色彩鲜艳、亮丽，枝条多，节间短，且细密。耐修剪，抗旱，耐瘠薄，可塑性强，既可做绿篱、摩纹，还可做球。密枝红叶李除了具有以上鲜明的特点之外，最大的特点是耐寒性极强，在零下20多℃的自然环境下，完全可以安全越冬。而其他众人熟知的红叶植物，诸如红枫、紫叶李、红叶小檗、美人梅、红叶石楠等，不耐寒，在长城以北是无法安全越冬的。因此，密枝红叶李的诞生，可以说是填补了长城以北几乎没有鲜红彩色植物的空白，非常难得。

但密枝红叶李已经推出数年，一直声响不大，似有“躲在深山无人问”之意，直到两三年前。密枝红叶李被云清公司引进之后，为什么就能够在市场上迅速推开，成为热门植物了呢？新近在铁岭的开原，该公司总经理郭云清向我道出了其中的奥秘。

首先，是把基地迅速做大。2009年，云清公司只有450亩地。但自从得到密枝红叶李3万株种苗之后，他如获至宝，深感该植物在北方寒冷地区有广泛的应用市场。为了尽快把规模做大，他认为首先要全力以赴把基地做大，只有把基地做大，才能迅速把密枝红叶李做成规模。怎样才能迅速把基地做大，他想出一个招数：跟农民合作。农民有土地，有劳动力；他有技术，有销售能力。为此，他采取了出技术，出种苗，出资金的办法（每亩地补助3000元），开启了崭新的公司加农户的经营办法。郭云清说：这样做，农民乐，他也乐，政府也欢迎。很快，他的基地就扩大到了3000亩地。基地涉及铁岭地区的5个镇。其中种植密枝红叶李，他就拿出了1000多亩地。此外，他还利用开原市政府（每建1个1亩地温室大棚补助1万元）的优惠政策，一次发展了100个温室大棚，用来扦插繁殖密枝红叶李种条。这两种措施，使密枝红叶李很快就成了火红一片，大有气壮山河之势。

二是出重金大力宣传。2010年至2011年这两年，郭云清每年都投入四五十万元在《中

云清苗木花卉有限公司苗圃的主打品种密枝红叶李球

国花卉报》和“百度”及其他花卉园林专业媒体上大量刊登广告。除此之外，凡是东北和西北地区组织的苗木交流会，他们公司场场不落。他对公司的销售人员说：“这些地方，都是密枝红叶李应用的重点地区，即使有10个人参会，我们也要参加。说不定，在这10个人中就有1个大客户。”去年，郭云清通过开原市市委书记于洪波的介绍，还与《乡村爱情5》剧组联系上，把他的密枝红叶李基地作为拍摄外景基地。该剧播出之后，云清公司的密枝红叶李知名度再次冲高。

云清苗木花卉有限公司工人在定植苗木

为了进一步加大密枝红叶李种苗的扩繁速度，最近，郭云清将再建100个温室大棚。他说，今年仅嫁接费用就要突破300万元，以便实现今年繁殖200万株种苗和50万个球的计划。

郭云清迅速把密枝红叶李做大，且推广开，最根本的一条就是：奇迹是在大刀阔斧中脱颖而出的。

2012年3月1日

沭阳苏北花卉，成了科技创新的主体

“一个花木企业，要想跟上时代的步伐，成就美好未来，必须根据企业的需要，走科技发展之路，成为科技创新的主体，企业腾飞才会成为实实在在的现实。”这是江苏苏北花卉股份有限公司董事长李生近日在沭阳向我道出的一个深切的感悟。

江苏苏北花卉股份有限公司坐落在苏北著名的花木之乡沭阳县。李生20多年前从200元开始创业，到现在他的企业成为拥有国家一级园林绿化施工资质的江苏省大型花木企业、苏北地区花木产业名副其实的领头羊；他自己，先后荣获全国劳动模范、全国五一劳动奖章，并当选为江苏省第十一届人大代表。

这些年，随着市场竞争的日益激烈，花木行业一直处在起起伏伏的进程中。但不管风云如何变化，“苏北花卉”却由小变大，由弱变强，经济实力不断增强，这是一个无可争辩的客观现实。究其奥秘，就是始终走的是一条科技发展之路。

科技是第一生产力。企业依靠科学技术发展就离不开人才。人才兴，企业兴。而公司引进人才和培养人才又是与发展项目紧密联系的。因此，公司首先实施了人才与项目互动发展的战略方针。在人才的培养过程中，公司十分注重专业书本知识与生产实践的结合，采取项目培养、课题研究的方式，支持和引导大学毕业生参加科研项目与工程实践。公司先后与江苏省林科院、江苏省农科院、南京林业大学、南京农业大学等科研院校开展合作，以技术和项目为依托，为大学毕业生提供促进发展的平台。在苏北花卉有限公司，所有引进的人才一律吃住免费。公司承接的一些绿化工程，也安排新手上阵，由老同志辅导参与工程的图纸设计、招投标、施工等各方面工作，帮助年轻人尽快进入角色，成长为优秀的技术骨干或项目经理。并且，公司决定，刚刚加入公司的大学毕业生，为了使他们更快成长，只要一有机会，就会出资让他们到外面接受技术培训和进修。李生更是经常对大学生们问寒问暖，帮助他们解决生活中遇到的实际问题。有老同志的热心传帮带，加上经常能出去进修，有很多的实践机会，大家都感到在公司有很好的发展前景。现在，公司已拥有大专以上学历的各种人才100多名，成为公司可持续发展的中坚力量。

在政府的支持下，围绕企业的发展和实际需要，主动出击，承担国家和省部级的科研项目，这是“苏北花卉”强劲发展的又一步高棋。公司自创立以来，特别是近10年来，已经多次承担国家级、省部级农业新技术、新产品开发项目，如省级星火计划项目“花木新品种产业化开发”、科技

李生手持营养钵苗，向山东济宁客户介绍温室花木繁殖情况

成果示范推广项目“彩色树种的快繁及栽培技术示范推广”、省级科技示范花卉苗木项目等，都取得了很好的效果。公司之所以能够顺利争取到这些项目，就是因为在上报这些项目的时候，就已经找好省内外有关的园林园艺专家，让他们加盟。这样做的好处，不仅受到专家的青睐，而且对吸引年轻的大学毕业生加盟公司起到了很好的作用。因为他们到来之后，有了一个很好的学习和用武的平台。有了各类人才的加盟，公司申报的科研项目自然就容易获得批准；实施起来，也如虎添翼，容易得多。由于掌握了一套成熟的“调控根系快速容器育苗”技术，现在公司通过温室繁殖花木种苗，一年可以实现三茬，而且成活率高达95%以上。仅这一项，2011年就有1亿多元的经济收入。由此带动新扩花木基地2万余亩、花木生产大户5000多户，形成了一边出成果、一边出人才的大好局面。近年来，公司还被国家林业局授予“全国特色林木种苗生产基地”。公司的“农业生态旅游观光园”被江苏省旅游局授予的“省级农业观光园”，被国家旅游局授予“国家级农业旅游示范点”。

李生充满激情地介绍说：“2012年春节刚一过，我们公司就拿到了一个2.12亿元的园林绿化工程，预计全年中标5亿元的园林绿化工程不成问题。”

“这些年，如果没有科技支撑，不引进人才，这样的发展是不敢想象的，”李生很是感慨地说。

2012年3月5日

张迎，润通新上任的总经理

三八妇女节这天，我从济南到鲁西南的济宁。送我去的恰巧是一个女性，而且是一个非常优秀的女性。她就是济南润通农业发展有限公司的总经理张迎。她40出头，刚刚迈入中年的门槛儿，但苗条的身材，柔美的面容，与实际年龄差距不小，看上去也就30出头。然而，就是这个柔美且不失几分娴静的女性，其吃苦和坚毅的精神都给我留下了深刻的印象。

我认识张迎的时间不长。那是二十几天前在江苏的花木之乡沭阳。沭阳举办花木信息交流会，我作了一个有关花木产业发展的演讲，很受欢迎。会后，不少人跑到主席台前与我合影。其中，就有张迎和她的3个同事。她们是最后一个与我合影的，就在后面静静地等着。我们合影之后，她笑盈盈地说："什么时候到济南，一定要到我们公司看看。"她说话的声音很轻，但却是真诚的。我说："我过些天要去趟济宁。"她马上说："那就先到我们那里看看，然后我陪您去济宁。"

于是，我在认识张迎不到1个月的时候，就先来到了济南，来到了她的苗木基地。

张迎的办公室在济南市里，但她的苗木基地是在章丘。章丘在济南的东边，是济南的一个县级市。基地在章丘城的一座山坡上，坐北朝南，地势起伏，自然环境非常不错。山不算高，也就有几百米之多。这座山，很是有名，叫玉皇山。所以她的基地叫润通农业发展有限公司玉皇山苗木基地。这个基地有600多亩，已有8年的历史，时间不算短了。据张迎介绍说，基地苗木品种不算少，有50多个，常见的苗木品种如海棠、玉兰、白蜡、栾树之类等，可以说是一应俱全。

最抢眼的，就是基地办公房前的一片樱桃树了。樱桃树都有五六厘米粗，树干也就七八十厘米高，然后就分开四五个树杈。呈现一个馒头形。这么矮的樱桃树我没有看到过。张迎说，这是矮化大樱桃，是从国外引进的砧木'吉塞拉'新品种，属于山东省农科院近年推广的科研成果之一。虽然是观果植物，但在小区和庭院应用之后，却是园林绿化一个非常不错的观果品种。但坦率地说，在该基地转过一圈后，总的感觉是有档次的苗木不多。

张迎在查看矮化大樱桃生长

于是，心里就在嘀咕：看张迎挺能干的，怎么10来年的苗圃就搞成这个样子？因为，我以为张迎一直是这里的当家人。直到次日早上，我来到张迎的办公室，看到她们集团公司对她的一份任命，才知道她走马上任仅有1个月多一点，时间是2012年2月2日。在此之前，她是公司的业务员，而且只有两年。再早，她是在别的单位工作的。

“集团领导怎么就看重你，让你当这个总经理的？”在去济宁的高速路上，我问张迎。

她微微一笑，有点不好意思地说道：“我也不知道。”

我盯了一句：“怎么可能不知道呢？”

“可能集团领导看我能吃苦，比较能干吧。”她直言说。

说实在的，在这一两天的接触中，我已经感觉到她有一种不知疲倦的工作热情。我来济南的头一天，她在胶东看苗子，调苗子。为了次日接我，夜里就赶了回来，连家也没回，在苗圃住了一夜。但我还是追问她：“你是怎么能干的？”

她打开了话匣子：“我来公司上班这两年，一直是没白天没黑天地干。上班有点，下班没点。有要卖的东西，都是自己联系自己送货，又是司机又是搬运工。有时候百十来箱的货，也是自己一个人从外面搬到电梯口，上了楼再搬到人家指定的房子里，累受的多了，汗也流的多了。但这两年，客户提出什么要货和送货的条件，我都说行。我想，人家给咱送钱，咱没有理由不给人家服务好。服务搞好了，我的客户也越来越多。客户一来公司，或者一来电话，找张迎的最多。”

除此之外，张迎说为了不至于因为决策的失误，影响润通的生存和发展，她还直言，反对在苗木基地建有机农业生态园，高档温室。按照有人做的规划，苗圃要建一座大型温室，发展矮化大樱桃，投资需要1200万元。这1200万元投资，加上日后的维护和能源消耗，起码要2000万元的费用。好看倒是好看，漂亮倒是漂亮，但润通是企业，企业是要讲经济效益的。大樱桃要卖多少钱1斤才能赚钱？有人说，卖300元1斤就可以不亏本。她不信，也不争论，她利用春节的假期，跑到北京搞市场调查。北京几个大型水果批发市场她都去了，还去了几个大型超市。从智利进口的宾莹、霖宝、蕾妮等优良品种的大樱桃，批发价是50元，市场零售价才100元多一点；国产的批发价更低。随后，她又去了上海做调查。上海的情况与北京的情况大致相同。事实胜于雄辩。由此，她阻止了一个错误的投资。

当上了润通农业发展有限公司的总经理，张迎觉得责任重大。她觉得，要把苗圃搞好，使苗圃生产的各种产品受到市场的青睐，必须改变小而全，走专业化、优质化的路子，才能跟上时代的步伐。

她的干劲和韧劲，让熟悉她的人都钦佩不已。因此，我相信，润通的明天一定会越来越好。

2012年3月10日，于山东临沂

顺义马坡，有个守增花卉苗木基地

在北京顺义马坡，近年涌现出一个守增花卉苗木基地。守增花卉苗木基地专门生产萱草类宿根花卉，规模很大，有600多亩地，知名度甚高。2011年7月，参加全国花木信息研讨会的200多位代表参观了这个基地。众人对这个基地宿根花卉品种之多，品质之好，纷纷伸出大拇指，给予了高度的评价。来自东北和西北地区的不少企业，还当场订购了一大批萱草芽子。会议的组织者梁永昌告诉我，仅这一次会议，该基地拿到萱草芽子的订购就有60多万元。

守增花卉苗木基地的名称是比较沉稳的，之所以如此，是因为这个基地的创办人叫郝守增。

郝守增，中等个儿，圆脸庞儿，一笑，会露出一排雪白、整齐的牙齿，显现出一副真诚的样子。他说话、做事，都是掷地有声，有板有眼，从不忽悠人。自己多难，只要答应别人的事，他都会兑现。因为，他非常赞赏孔夫子的话："人而无信不知其可也？"答应别人的事不能朝令夕改，不能翻手为云覆手为雨，让朋友不高兴。忽悠总是短暂的。忽悠没有写进宪法，但靠忽悠得到的，必将丢弃在忽悠里。他的助手王立辉女士说，因为郝守增说话算话，像个男人，落下一个好人缘。他有难处，别人都愿意帮他。

郝守增不是北京人，而是来自东北的长春人。他来北京闯天下，办花卉苗木基地，只有两年多的时间。

3月上旬的一个中午，我和守增约好，在小汤山镇一个小餐馆见了面。

小汤山镇对于我们俩而言，正好处在一个90°角上。他在顺义，我在北京城里。他往西，我往北，两个人都方便得多。还有，眼下尚是早春，树没有发芽，草没有露头，基地里还是光秃秃一片，没什么看头。找一个小餐馆聊聊，挺好。

"你是怎么想起搞萱草类植物的呢？"我们面对面地坐着，我问他。

守增憨厚地笑笑，说："我是2004年开始搜集萱草类宿根植物的。那时候，我主要是搞苗木。东北适应的苗木，比如白桦、杨树、京桃、榆树、还有松柏类的乔木，我都搞过。但养这些东西，周期长，见效慢，至少要三年才能出圃。还有，也不好销售，挖苗子的成本也高。所以，我就想调整一下产品结构，找一类见效快的花木产品生产。调查来调查去，就发现了萱草。萱草类植物，当时在长城以南刚刚开始使用。随着城市绿化美化水平的提高，宿根花卉在绿化景观配置上取得了很好的景观效果，这是创造优美空间过程中施法自然的一种趋势。

“萱草之类的植物，在东北能过冬吗？那是要种在室外绿地里的。”我插话道。

守增马上说：“没问题。我搜集回来一些，试种在不同地区，发现萱草类植物在东北寒冷的冬季完全能安全越冬。现在看来，萱草即使在佳木斯、黑河也没问题。这让我非常兴奋。”

“那真是好啊!”我说。

“情况确实如此。现在看来，经营萱草最大的好处有3条：一是品种新。东北园林绿化还刚刚开始应用，市场潜力巨大。二是经营萱草，投资少，见效快。入冬前，地面上的叶子枯萎了。可来年大地解冻，春风一吹，新叶子又冒出来了，好不神奇！要不怎么叫多年生宿根植物呢？最多两年就可以上市。种上一年，就能分蘖出新芽子。挖大树，一开始人工就吃掉你20%的利润。起萱草，就省事多了。拿个铁锹一挖，提起来，磕磕土，抖落抖落装在袋子里就能变钱。三是管理粗放。成年芽子在室外晒上三四天不会死。种在地里，适当的施点肥浇点水就可以了，非常的节水耐旱。”

“所以，你就选择了萱草类植物经营?”

“对的。而且是坚定不移地选择了萱草经营!”

他是20世纪70年代出生的，还没有到“不惑之年”。但他看准了一项事业之后，看得出，就一门心思干到底了。追时髦，赶浪头，站在这座山望着那座山高是干不成大事的。

“守增，你现在有多少个萱草品种?”

守增说：“100多个品种吧。除了金娃娃这种普通的品种外，我现在这里热销的品种主要是‘红宝石’‘红色海盗’‘东方不败’‘金光大道’等。我自己还杂交出1个品种，粉花，重瓣的，现在还在试种观察。呵呵，现在看来，应用前景错不了。‘红色海盗’2011年卖15元1芽，还供不应求。‘红宝石’价格也很高。”

价格，是商品供求关系变化的指示器。价格高低，是靠市场供需关系调节的。数量少，需求高，价格就高；反之，价格就会低。价格总是起起伏伏的，而商机就蕴藏在其中。

‘红宝石’萱草，守增花卉苗木基地主打产品之一

"'金娃娃'普及了，听说去年1个芽子只有1毛5分钱。前三四年我到山东莱州，那里还卖5毛呢。"

守增很平静地说道："去年我这里先期卖的贵些，每个芽子2毛8分钱。后期便宜了，我没卖，再繁殖呗。"

做生意，就需要沉着冷静，该出手时就出手，不该出手的时候就要稳坐钓鱼台。守增就有这样的定力。

"现在，你的萱草都销到哪里了？"我问守增。

守增说："除了东北以外，还有西北，连常州、上海、河北、山东、湖北、合肥都有客户购买。销售领域大大地拓宽了。"他感叹道："要不是来北京发展，销售面不大可能这么宽。"

"你是怎么想起到北京发展的？"

据我所知，改革开放以来，特别是北京申办奥运会以来，东北到北京办苗圃和花圃的人就没有断过。我熟悉的就有七八位。有做得不错的；但也有失败的，有没成什么气候的。因此，在北京已有众多苗圃和花圃的情况下，敢于舍家撇业，到北京闯天下，没有相当大的魄力是不行的。在见到守增的1周前，王立辉曾跟我说，郝守增决定来北京发展之后，在举目无亲、两眼一抹黑的情况下，就一头扎到了北京，跑遍了北京郊区，找了1个月，才在在顺义马坡落了脚。

郝守增在他的萱草基地前

"听王立辉说，她跟你来到北京，找了好多地方，都不理想，你有没有想过放弃在北京发展的念头？"

"呵呵，没有。只要想找，这么大的北京，总会有我立足之地的。困难，总会有的，人不能被困难难住。"

"说的好。"我笑笑，问道："你是怎么想起要到北京发展的呢？"

守增也笑了："我在长春的苗圃都先后由于城市的发展被征用了。再租新的地，一是不好找，二是也贵，年租金要1200元，比北京也便宜不了多少。而北京虽然竞争激烈，吃花木这碗饭的人多，但机会也多。您说是不是？”

这时，辽宁一个客户打来电话。只听守增在电话里说：“您想要‘红宝石’啊？什么？还有‘东方不败’。好。您问价格多少？现在还没定今年的价格，要到5月中旬才能定价。我说实话。现在定价，高了您吃亏；低了我也不合算……定金我是不收的，到时候什么价，我会及时通知您。”

守增的回答，对方甚为满意。

守增还向我透露，他又刚租了200亩地。这样一来，他的基地面积已经达到800亩。这800亩地，他已经开始实施立体种植方案。一边种植萱草，一边种植乔木。高低错落，互不影响。

就在郝守增与我见面的这一天，他的助手王立辉来信息说，最近特别忙，从早到晚，都在基地里带领100多人为一种乔木搞嫁接呢。而这天的当晚，郝守增为了生意，还要连夜赶回长春。

守增规模化种植萱草的方式让我钦佩，而他和他的同事们的奋斗精神更让我钦佩。

2012年3月20日

临沂邦博刘海彬打差异牌显优势

山东临沂邦博园林绿化有限公司董事长刘海彬先生是东北吉林通化人，他的公司是两三年前注册成立的。公司虽然有“园林绿化”几个字，但他第一步，也就是最近的一些年，主要从事苗木经营，精心养好几种苗木，并不急于承接园林绿化工程。他告诉我，他现在有两处基地，一处是在临沂，一处在潍坊，总共有500亩地之多。基地相隔有三四百千米，尽管有点远，但都没跳出山东这个圈子。

刘海彬说，他打的是差异牌，种植的是油松、樟子松、密枝红叶李和紫叶稠李、五角枫。这几个品种都是东北和西北地区需要的树种。即使在哈尔滨，这几个品种成活率也不存在任何问题。目前，他的这种经营模式已经有了鲜明的优势。

在山东，几乎所有的苗圃种植的都是长城以南地区适应的品种，诸如国槐、樱花、白

作者与刘海彬先生一起品茶

蜡、栾树、法桐、海棠、紫叶李等。刘海彬踏入花木行业之前，在上什么品种上，也有人建议他发展适应华北和华东地区生长的花木。这就是说，别人搞什么，他也搞什么。甚至有人还建议他发展非常畅销的红叶石楠。通过详尽的调查，他感到，发展国槐、樱花、白蜡、栾树、法桐、海棠、紫叶李等这些苗木，应该说没什么问题。靠这些品种，别人能挣口饭吃他也能挣口饭吃。但他明白，别人都搞了许多年了，自己再怎么干，也赶不过别人，没有什么优势可言。发展红叶石楠，倒是时髦，但在山东种植，没有气候上的优势，再怎么搞也搞不过江南地区的苗圃。秃子头上的虱子，明摆着。

就在这个时候，妻子的一句话让他眼前一亮。妻子说，你是东北人，对东北熟悉，你何不发展能够在东北地区生长的品种。他一想，对啊！东北地区冬季寒冷，无霜期短，在气候上，山东明显有得天独厚的地理优势。在山东长一年，东北起码要长一年零三四个月。就像种植月季，华北地区无论如何没有昆明生长快。云南昆明素有春城之说，一年到头花都旺盛生长，华北地区怎么能相提并论？

因此，刘海彬种植油松、樟子松、密枝红叶李、紫叶稠李、五角枫之后，他的目标非常清晰，主要是面对东北和西北地区市场。他培养的油松和樟子松，这两年主要是西北地区的客户购买，而且客户越来越多，主要用于荒山绿化。再具体点说，主要用于山西忻州、朔州、大同，内蒙古包头等地的煤田回填环境修复绿化。新疆，也有客户购买樟子松。樟子松很耐旱，防风、固沙效果特别明显。就在我们交谈的过程中，刘海彬就接了3个从山西和内蒙古打来的电话，都是要油松和樟子松的。

他的品种之所以越来越俏，他认为主要基于以下几个原因。一是以前山西、内蒙古和新疆这几个地方买油松和樟子松，都是从东北调，运输时间长，费用高。13.5米长的货车，装满油松和樟子松苗子，运费需要1.6万元。而从他这里购买，不仅苗子便宜一些，运费也便宜许多，每车只需要7000多元，节省费用50%还要多。这个经济账，对于一个苗木企业，尤其是初创苗木企业来说，可是一笔不小的开支。二是山西和内蒙古地区都是黄土地，山东这边也是黄土地，而东北地区则是黑土地。因此，就土壤因素而言，山东的优势也是显而易见的。因为同样土壤的植物，移栽成活率显然要高。还有，东北春暖时间晚，起苗起码要到4月中旬；而山东3月初即可挖苗。在销售时间上，山东也占有40多天的优势。

从种植实践看，密枝红叶李、紫叶稠李、五角枫长势要比东北吉林快得多。刘海彬做过五角枫的对比试验。在吉林，五角枫的小苗一年生长也就40来厘米高，而在山东临沂却长到1米，高的可达1.2米。差距就是钱。40 厘米与1米相比，价格差距之大不可谓不明显。

中国有句老话：吃不穷，喝不穷，算计不到就受穷。做企业也是如此，不算细账，盲目的随大流、赶浪头是不行的。殊不知，大把大把的钱就在算计与不算计之中得到或者流失了。这是山东临沂邦博刘海彬经营苗木的深刻启示。

2012年4月5日

京林园林苗木经营走仓储之路

我前天和报社社长助理李颢去了一趟北京京林园林集团公司。这家公司坐落在房山良乡，是一家有着国家城市园林绿化施工一级资质的大型园林花木企业。他们在苗木经营上，走的是一条仓储式的发展路子，这令我耳目一新，并为之称道。

据集团公司董事长王超介绍，他们集团公司多年来一直以承揽城市园林绿化为主。近几年，在北京做了好几家知名房地产的园林绿化工程。现在，他们的视角已经延伸到了山东、天津、沈阳等地的房地产。2011年，实现园林绿化工程额为2亿元。今年，根据已经签订的合同看，园林绿化工程额可以达到4亿元。在北京地产园林这个范畴里，京林园林的地位不低，也属于前几名的位置。尽管如此，为了进一步提升企业的竞争力，他们在近两年又加大了苗木经营的力度，把过去的苗木工程部升格为公司，注册成立了北京尚美苗木有限公司，基地从200来亩，增加到1500亩，分别在北京房山的良乡、琉璃河，河北涿州和山东烟台4个地方。

集团总经理宗海明和苗木有限公司总经理谢黎黎带我们去看了在良乡的基地。这个基地有200多亩，别看面积不大，但含金量很高，价值起码在上千万。苗木分两类：一类是大规格乔木苗木；一类是灌木。乔木苗木都是20来米高的大乔木，诸如元宝枫、五角枫等槭树科的植物，及白蜡、栾树等，有独头的，也有多头的，干径不少于四五十厘米粗，好大一片。灌木中有金银木、金银花、山茱萸等，也都是大规格的，冠幅都有两三米。

我们所看到的乔木和灌木，不仅规格大，数量多，而且株株是精品，棵棵都是一道美妙的风景。转了一遍，最初感到很奇怪：这些苗木，不是种在地表下面，而是种在地面上面，树根处都叠起一个好大的土堆。这与我在别的苗圃看到的情况大不相同。

问过宗海明，他说："我们几个基地，苗木种植的方法基本上都是这个样子，有点临时种植的味道。因为，我们采购的苗木都是挑了又挑的精品苗木，是买人家生产的成品苗木。我们不去生产，我们是摘桃子的。

李颢说："你们走的是一条仓储式苗木经营发展的路子？"

"对的。"宗海明继续说："我们集团主要精力是放在地产园林绿化工程上，因此，发展苗木经营就不能走生产的路子。因为精力有限，管理人员也有限。但又不能丢弃这一块，摸索来摸索去，我们感到还是走仓储式这条路子比较好，搞好这个环节就行了。"

京林园林没有像别的大的园林公司那样，走成规模的生产大规格苗木的发展之路，而是走仓储式的路子，把最好的成品苗木买回来，储栽起来，然后经过一两年的养护，出仓周转出去，这个经营模式，为我们的苗木产业又增添了一个链条节段。他们的做法我是赞成的。一个企业，做好一个环节就行了。什么都搞，什么饭都想吃，最后往往是吃不好的。

由此，我想到：一棵树，树冠上的树杈越多，树木才会越来越丰满越高大，树干也会随之越来越粗，从而成为一棵参天大树。我们的花木产业也是如此，链条越多，分工越细，产业才会越来越大，继而越发成熟。欧美国家生产花卉苗木，早已实现专业化、机械化，甚至系统化，就是树杈多、链条环节多的缘故。

宗海明说得好："我也知道今年买4厘米的樱花，养上三四年，长到8厘米，效益也很不错。但我宁愿还是今年买8厘米的樱花。因为，我耽误不起那时间，也搭不起那人力。"

每个公司有每个公司的具体情况。我们的苗木产业，如果走向成熟，就离不开详细分工。有人需要生产专用肥料，有人需要生产专用基质，有人需要生产容器袋，有人需要生产种苗，有人需要生产中等规格的苗木，有人需要生产大规格的苗木，同样，也需要有人搞仓储式苗木经营。

京林园林走仓储式的路子，是基于他们的具体情况而定的。他们在承接地产园林绿化中，越来越感到精品苗木的重要性。精品苗木，再加上批量化，采购是需要一定时间的。工程来了，再采购苗木，临时抱佛脚，苗木的品质往往是很难保证的。保证不了，你的工程质量就会打折扣。提前把好的苗木采购进来，苗木的品质就有了可靠的保障。而且，苗木来源地不同，还要有一定的适应过程。

总之，现上轿现扎耳朵眼是不行的。2012年，他们之所以能接4亿元的地产园林绿化工程，其中高品质的苗木功不可没。除此之外，去年他们不仅保证了自己工程上的需要，还销售出去2千多万元的苗木。

今后，他们的地产园林绿化市场开拓到哪个城市，就要把仓储式苗木基地建到哪个城市去。

现在，宗海明认为，他们集团的苗木公司，迫切需要在华北、东北、西北地区，建立一支合作默契的苗木成品生产商队伍，以便根据他们的需要，源源不断地提供高品质的苗木。还有，总结出一套成熟的养护技术也是至关重要的。

2012年4月11日，上午

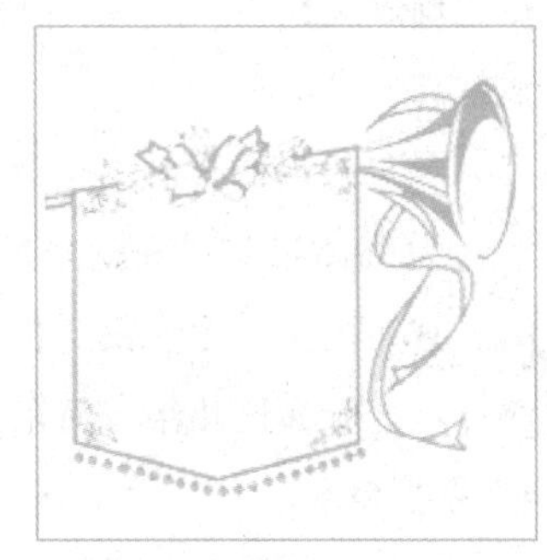

沂州海棠节，吹响专业化冲锋号

沂州，就是现在的山东省临沂市。古时临沂称沂州（沂州古城大致可以上溯至2500年前，其范围包括今天的鲁南和苏北一带）。临沂自2009年举办沂州海棠节后，就没有间断过。通过不断地举办海棠节，临沂市海棠专业化生产的冲锋号吹得越来越响。2012年4月20日，我参加了临沂市第4届沂州海棠节，这方面的感受很是强烈。

前几届海棠节，都是在河东区汤河镇举办的，因为汤河镇是临沂海棠生产的核心地带。而这届海棠节，为了扩大知名度和影响力，挪到了市中心的人民广场。漂亮、宽敞的广场上，挤满了人，起码有上万人之多，四周，摆满了海棠花。那些高的矮的海棠，都在盛开着鲜艳的花朵，真是花姿潇洒，恍如仙子下凡，楚楚动人。难怪苏东坡都担心："只恐夜深花睡去，故烧高烛照红妆"。

在开幕式上，临沂市副市长刘彦祥介绍说："截至2012年3月底，临沂市花木种植面积达到8万亩，产值13.3亿元。其中，海棠为2.9万亩，产值5.6亿元。这就是说，临沂的花木业，海棠占了相当大的比重。如果再往细一点说，海棠产业又主

上图从左至右，为临沂市河东区林业局局长高纪涛、山东省花卉协会副会长徐金光、山东省林业局副局长吴庆刚，在临沂市第四届海棠节期间观看参展海棠花。

要集中在沂河东岸的河东区。因为河东已经成为了‘沂州海棠之乡’”。

这样一个大好局面，与沂州海棠节的持续举办是密不可分的。因为没有政府搭台，搞海棠节，临沂的海棠产业就不可能搞得这么大。前来参加开幕式的山东花木协会会长、省林业局副局长吴庆刚说：临沂海棠节的举办，使临沂的海棠产业越做越大，专业化程度越来越高。

吴局长说的很对。临沂河东区发展海棠产业的进程我是清楚一点的。

大概15年前，我就来过临沂，到了河东区的汤河镇，认识了汤河镇前张庄村的管兆国。管兆国是一个农民，但他不是一个普通的农民，他是河东区海棠产业的开创者之一。通过跟老管和这几年与河东区林业局同志的接触，我认为，河东区的海棠产业可以划分为4个发展阶段。

第一个阶段是20世纪80年初期。管兆国等人把濒临灭绝的木瓜海棠资源抢救过来，使其得到了恢复。第二个阶段是20世纪90年代初后期。汤河镇人从原有的木瓜海棠中选育出了一批优良品种，把木瓜作为一种集观赏和经济作物并重的植物大量生产。这一时期的代表人物也有管兆国。他在山东农大教授罗新书先生的指导下，从众多的木瓜植株中选育出了‘罗扶’‘长俊’‘红霞’‘一品香’等优良品种。木瓜罐头、木瓜果酱、木瓜汁等就是那个阶段的产物。第三个阶段的代表人物是河东区汤河镇人刘明允。此人利用木瓜海棠为砧木，嫁接繁殖成了观赏性很强的复瓣海棠，继而做成了盆景。在他的影响下，大量的沂州木瓜被嫁接成了花朵硕大的海棠花盆景，由此打开了广州和北京等地花卉市场的大门。第四个阶段是近两三年，也就是沂州第二届海棠节之后。那次海棠节我参加了，我看到参展的海棠花，还几乎是清一色的海棠盆景，并且多为盆径三四十厘米的小盆栽。然而，这一次看大不相同了。海棠节上，你不仅可以看到各种规格的海棠盆景、海棠盆栽，三四米高、供园林绿化应用的海棠也是随处可见。什么现在苗木市场流行的北美海棠各个品种，什么中国传统的西府海棠、贴梗海棠、垂丝海棠等，这里应有尽有。参展的有苗农，有公司苗圃，也有组织起来的海棠合作社，大有千帆竞发，百舸争流的架势。

瞄准海棠绿化大市场，吃这碗饭，汤河人，临沂人，已经看得非常清楚了。我想，他们有与时俱进的观念，紧跟社会潮流的观念，很重要的原因，就是得益于越搞越大的沂州海棠节。而海棠节，又把海棠专业化生产推向了一个更高的阶段。

河东区林业局局长高纪涛先生对我说：只要有利于沂州海棠产业的发展，老百姓不断得到实惠，我们的展会就像吹响的冲锋号一样，会越吹越响。高局长是军人出身，他说话、做事都非常果断，军人气派十足。当然了，他道出的既是政府的声音，也是临沂花木经营者的意愿。

临沂海棠产业有政府的大力支持，加之有勤劳、智慧的人民的努力，如此下去，想不做大做精都难！

2012年4月20日，早，于山东临沂

管兆国的创新

一个花木经营者，只有紧跟时代的潮流，不抱守残缺，勇于创新，才有可能跟上社会前进的步伐，创造新业绩，实现新辉煌。山东临沂河东区汤河镇前张庄村的管兆国就是这样一个花木经营者。

两天前，我应邀到山东省临沂市参加第四届沂州海棠节开幕式。会后，管兆国得知我的到来，特意来宾馆看我。老管60岁出头，说话做事还是风风火火的，像个小伙子似的那么冲。他一进门，就操着大嗓门对我说："老方，我从去年开始，在经营海棠上又有了新的做法。"

然后，他一屁股坐在椅子上，跟我开聊起来。他离开之后，我不禁感叹：一个60开外的农民，还能有新的经营举动。这是转变观念的结果，不容易，让人佩服。

我与老管认识许多年了。大约是十四五年前，我到临沂参加一个花木活动。去了很多记者专家，同行的，就有中国科学院院北京植物园的刘金老先生。活动期间，他带我来到河东区汤河镇老管那里，由此认识了老管。

老管是一个既普通又不普通的农民。

说他普通，是因为他与汤河众多的农民没什么区别。虽然他是河东区木瓜种植协会会长，但出头露脸的事你是找不到他的。海棠节开幕式时，参会的花木经营者和市民有上万人之多，但在这众多的人群当中，却没有他的影子。他在忙着一笔生意，待他赶到会场，开幕式已经结束了。

说老管不普通，是因为他是临沂海棠产业的开拓者，也是这个产业的主要带头人。临沂的海棠产业是从木瓜开始的。这里的木瓜就是木瓜海棠。20世纪80年初期，是管兆国把濒临灭绝的木瓜海棠资源抢救过来，使其得到了恢复。然后，又是老管率先成立了第一个民办木瓜研究所。这个研究所，就是沂州木瓜研究所。研究所正是在老管的带领下，从原有的木瓜海棠中选育出了一批优良品种，把木瓜作为一种集观赏和经济作物并重的植物大量生产。老管种植的30亩木瓜也成了"摇钱树"。

我给老管下的这个结论有据可查。据2010年10月出版的《沂州海棠》一书介绍："上世纪八十年代后期，汤河农民管兆国在山东农业大学罗新书的指导下，从众多实生木瓜株系中筛选出‘罗扶’‘长俊’‘红霞’‘一品香’等较优良品种。”临沂生产出木瓜罐头、大木瓜果酱、木瓜汁等，并推向市场，就是那个阶段的产物。这本书，是具有权威性的，因为这本书的编著者，是临沂市林业局和临沂市河东区人民政府。

“一亩木瓜树产果1万斤左右。1斤1.7元，10亩木瓜树一年下来能卖17万元左右。20亩的木瓜树苗每年也能卖个十几万元。”他曾对记者这样介绍说。

正是基于此，在老管家高大的门楼上，他理直气壮地写上了“天下第一木瓜”几个非常醒目的大字。

在老管的带动下，汤河镇各村一时纷纷种起了木瓜。靠种木瓜，管兆国和乡亲们的日子一天比一天红火，很多人盖了新房，买了小车。

老管说，他的木瓜海棠新品种问世后，当时社会上便有人假冒他的新品种，刊登广告，销售假种苗。为了保护经济利益不受侵犯，老管于1999 年向国家工商局申请注册了“沂州木瓜”“兆国牌皱皮木瓜”“长俊木瓜”“一品香木瓜”和“绿玉木瓜”的商标，保护期为10年。

老管认为，注册新品种商标，虽然要交纳一定的费用，但非常值得。因为这样做，才能得到法律的认可，更好地保护辛辛苦苦培育出的新品种，减少经济损失。

近几年，随着海棠乔木品种在绿化美化上的大量应用，不少汤河镇人从搞盆栽海棠，又搞起了苗木海棠，诸如西府海棠、垂丝海棠、贴梗海棠和北美海棠系列品种。在这种新的浪潮中，老管并没有只守着原来的摊子，也阔步加入到这个行列，并且有了新道道。

老管告诉我，他准备推出两个“中美系列海棠”品种。这“中美系列海棠”可不能从字面上理解：亲本既有中国的也有美国的。实际上这个品种的育成与美国并没有什么关系，就像江苏武进毛权柄先生搞的丹麦草，与丹麦并无关联，而只是一个商品名一样。按老管本人的权威解释是：“中美系列海棠”，就是中国最美丽的海棠系列品种。他说：“北美海棠是从国外引进来的，很好。其实我们中国也有很好的海棠。我就是要长中国人的志气。”

上图为管兆国选育的千是果

老管将向市场推广的海棠是不是最好的，市场自有公论，但他的这种精神还是很让我佩服的。

说来，老管的“中美海棠系列”共有两个品种，一个是‘中美海棠系列1号’，一个是‘中美海棠系列2号’。‘1号’

海棠，是他发现的垂丝海棠的一个变种。一般情况下，垂丝海棠是不结果的，而这种垂丝海棠挂黄色的果实。这就给垂丝海棠赋予了新的生命，有了新的观赏价值。春观花，秋赏果，多好啊！现在，他已经从一株，繁殖到了30多株，明年就可以有上千株。用不了两三年，他便可以推向市场了。‘2号’海棠，是临沂的一个老品种，叫‘老北京海棠’，但这些年来并没有怎么利用开发，实现商品化生产，只是在民间有少量存在。这是一种小乔木，花朵为粉红色，复瓣，整朵花呈现的是馒头形；另外，花朵初绽时，花瓣从中间裂开，像一只款款欲飞的蝴蝶，很是漂亮。还有，叶子比现有的西府海棠亮，有油光光的质感。因此，他非常看好这种海棠的市场前景。

老管的新鲜玩意不仅有“中美海棠系列”品种，还有“中美木瓜海棠系列”，前些年，他搞的木瓜海棠都是挂果的，准确地说，属于果树的范畴。而今他将要推广的是观花的木瓜海棠，花朵观赏价值高，均属于复瓣之列。

老管的创新精神是非常好的。但毕竟这两个系列海棠都尚处于繁殖阶段。我对他说：“从各地企业成功推广新品种的实践经验看，有了新品种，必须做到拼命繁殖。”

60开外的老管还在与时俱进，开拓创新，有一股子闯劲，真是值得让人伸大拇指。

2012年4月23日，晨，于青岛市黄岛

访王波

王波是北京纳波湾园艺有限公司董事长，她太忙了。

我认识王波许多年了。多年来，她一直是河南南阳月季基地的总经理。南阳，毕竟与北京相隔较远，与她见面的时候不多。即使见到，也都是在各地参加有关月季活动时，蜻蜓点水似的说上那么几句，对她的了解自然也局限在表面的那么一点。真正识得“庐山真面目”，知道她怎么工作，懂得她为什么能够获得中国月季推广大使、全国三八红旗手、全国妇女争先创优先进个人、中国花协月季分会副会长、北京月季栽培大师等一系列荣誉称号，还是2012年五一节前的一天。

她在北京的公司是一年多前创办的，位于大兴区魏善庄镇陈各庄村。因为种种原因，我一直没有去过。这次，为了跟她好好地聊聊，去的头一天，我特意给她打了电话说明来意。她说明天在公司，其他数天都要在外面忙。于是，我决定第二天去采访她。

“王波，就这么定啦。”临挂电话我又叮嘱了一句。

“呵呵。就这么定了，明天见。”她在电话里笑笑，还说：“你坐地铁4号线到头也就是天宫院站，我去接你。”

然而，次日上午我到了天宫院站之后，给她打电话，情况却发生了变化。

王波在电话里说：“对不起，哥们儿，我这里有事，实在走不开；您稍等，我安排司机去接您了。”

王波长得小巧玲珑，脸上始终洋溢着一丝丝的笑意。从外表看，有一种小鸟依人的感觉。但她说话、做事却是快快的，正如她的名字，透着男孩子的一股子豪气。婆婆妈妈、扭扭捏捏这些词与她是沾不上边的。她的语气中也往往带着一股男子汉劲儿。与人打交道，多了，熟了，不论是男是女，只要年龄与她相仿，她时常会呵呵地笑着，用“哥们儿”这个字眼称呼对方，一下子拉近了彼此的距离。

到了纳波湾园艺有限公司，这里真是一块风水宝地。公司的200亩基地，完完整整，四四方方，特别整齐。四周被翠绿的林带环绕着。如今，在城市化步伐加快的情况下，能找到这么一块完整的土地是不容易的。

公司的大门上，除了挂有公司的牌子外，还有两块格外引人注目的牌子。一块是“北京市花（月季）出口基地”，一块是“北京市农业标准化生产示范基地”。

这两块牌子，分量可不轻。公司注册时，北京市有关部门就看中了王波的能力，看中了她销售的月季品质，因此把她注册的公司批准为北京市花（月季）出口基地。这个基地，是北京批准的第一个月季出口基地。我原以为，这里无非就是一个月季集散兼生产基地，但实际上，其内涵比这要丰富得多。王波的目标，除了要打造一个高标准的月季出口

王波工作照

基地，还要打造一个弘扬中华月季文化的平台。

此时，纳波湾的基地里，一片兴旺、繁忙的景象。靠左侧，有几排温室大棚。天气渐暖，大棚的保温设施已经撤去，一排排的盆栽月季、藤本月季、丰花月季、树状月季、地被月季均枝繁叶茂，长势茁壮。虽然自然状态下的月季在北京要到5月下旬才能盛开，但由于这些月季是在保护地越冬的，因此不少已经繁花盛开，流光溢彩，大有“春色满园关不住”的气势。靠近大棚的甬路上，停着一辆加长货运汽车，车上装的都是刚从南阳月季基地拉来的盆栽月季，十几个工人正在卸车。月季大棚另一侧的建筑工地上，工人正在修路、铺地砖。

到了办公室，想让王波给我介绍园区情况，但去了几个屋子，都不见她的人影。这时，见到一个年轻的姑娘，她说：“王董刚走。她接待完客人，一口水没喝，就让镇上给叫走了。”那姑娘叫刘娟，硕士刚毕业，是王波的助理。

我说：“镇上的事跟你们也有关系？”

她说：“有啊。我们这里以后要作为北京市花的展示园，王董早就向镇上申请安装路标的事了。现在有了结果，她听到信就赶紧去了。”

王波做得对。她的基地离高速公路有点远，不容易找，没个醒目的指路牌怎么可以？等月季文化产业园建好了，再考虑安装指路牌的事就迟了。慢慢腾腾做事不属于她的风格。

王波不在，刘娟拿出一个文化产业园区的设计册，向我介绍道：“踏进园区大门，是迎宾大道，两边是公司特有的树状月季，树下配以微型月季作为点缀。路两侧是两座智能温室，有了它们，就可以四季都看到月季花啦。园区中央，迎接客人的是一尊高大的月季仙子塑像，材料是大理石的。左右是环形的月季花坛，种植的也都是品种月季。再往里走是蝶形的品种基因园，收集世界各地的优秀品种。水系是一个园子的灵魂，纳波湾也如是。用不了多久，一条弯弯曲曲的水流将贯穿整个园区，最终汇聚到人工湖内。点缀两岸的，是地被月季和丰花型月季。在我们园区，王董最看重的是将要落成的玫瑰宫。玫瑰宫将成为园区的核心主体建筑，从多方面、多角度综合展示和月季有关的一切元素。出了玫瑰宫，还有一个用灯光投射出来的虚拟门，连接室内室外，很是神奇”。

王波与世界月季联合会前主席海格和中国花卉协会月季分会会长张佐双合影

我们正说着，只听外面有人说：“王董回来了。”

出门找王波，还是不见她的人影。公司的人告诉我："月季仙子大理石塑像的小样送来了，她在办公室审看小样呢!"

她有事，我自然不便打扰。刘娟说："我带您去看树状月季吧。"

在树状月季大棚里，我看到的一个情节让我深深地感觉到，王波不仅与客户、与朋友相处特别随和，而且在公司，也不摆董事长的架子。

北京的春天是多风沙的，那时我们正要离开大棚，王波赶了过来。忽然，一棵3米来高的树状月季被风刮倒在地上。刘娟上前去扶，王波见她手里拎着包很不方便，赶忙示意："还是我来吧。"话到手到。一转眼，她已经弯下腰把月季树扶了起来。

见此，我夸奖王波。王波只是呵呵一笑。刘娟说："这样的事，我们董事长干得多了!"

熟悉王波的人，都愿意与她相处，原因是她不仅没有架子，总是笑语相迎，而且很会体贴别人。那天在纳波湾，我还目睹这样一个情节。

临近中午，王波盛情邀请我和其他几个客人去外面就餐。车子开到一个月季大棚前，她看见公司邀请的一个盆景专家，正蹲在地上为月季盆景上盆，便招呼他同去进餐。那人不肯，她便下车，笑呵呵地去请："走吧，去吃饭吧。下午再干。"专家说：换盆要抓住现在最好的时机，午饭就在公司食堂吃吧。她再三邀请后未果，但临行前不忘叮嘱食堂，给专家加几个菜。

吃饭的时候，我特意跟王波坐在一起，以方便采访。我问她："你的基地已经是北京月季出口基地了，把这方面的事做好就行了，为什么还要增加月季文化产业园区的内容?"

王波说："月季原产在中国，这是世界公认的。由此引申，我们的月季文化是博大精深的，有着非常丰富的内涵。而北京，又缺少一个展示月季文化的平台。我作为一个月季推广者、经营者，有责任弘扬中国的月季文化，在这方面做一点事情。"

她的话还没说完，手机又响了。原来是北京市园林绿化局的人找她，已经在公司等候。而下午3点，她还要赶到大兴城里，跟一家公司谈合作事宜。

"得，采访王董的计划就这样一风吹了。"我向刘娟说。

刘娟说："我们王董天天这样，哪天都得忙到很晚。虽然很累很辛苦，但感觉她总有使不完的劲儿，工作一定是放在第一位的。"

是啊！王波太忙了，太辛苦了。然而，仔细想一想，正因为她整日的忙碌，敢于挑重担，并且有一个好的为人，她才获得如此多的荣誉，别人也才敢把好"果子"让她去吃。勤是成功之本。她是干出来的，做出来的。

我的这次采访不算成功，但我的采访对象王波女士正在一步步走向更大的成功，这不是很好嘛!

2012年4月28日，于小汤山润藤斋

郯城的银杏

五一节前去了一趟郯城，郯城的银杏让我震撼。

郯城是一个县，属于临沂，在山东的紧南边。南边，与郯城接壤的是江苏的邳州、新沂、东海三县市。北边，与郯城接壤的是临沂的罗庄、河东和临沭、苍山四区县。郯城历史悠久。早在旧石器时代这里就有人类活动的踪迹。郯城是古徐文化的发源地，商代，这里曾是早期古徐国的国都所在地。古徐国的第一位国君和此后的数位国君都葬于城北七里处。春秋时期，这里是郯国的国都。“孔子师郯子”的典故就发生于此。秦置郯县、郯郡。后代屡经改名，几度废置。元代时，始称郯城县。其后这里一直是较为稳定的县级行政区。

今天的郯城，在我看来，最为有名的便是银杏。

银杏原产中国，是中国的国树。银杏是与恐龙同时代的地球的统治者。在自然界变化中，恐龙成了“化石”，而银杏却神奇地幸存下来，成了“活化石”。20世纪80年代中期，我开始搞花木宣传工作。这些年来，走过不少地方，接触过不少古银杏，如北京大觉寺的古银杏、河北易县的古银杏、贵州盘县黄家营的古银杏、广西灵川县海洋乡的古银杏，还有杭州凤凰山上圣果寺的古银杏。唐代僧人释默还有“圣果寺”诗句留至于今。其诗云：“路在中峰上，盘围出薜萝。到江吴地尽，隔岸越山多”。按唐诗注：僧侣们称银杏树为圣树，称其果为“圣果”。

在我的印象里，这些古银杏已经够让我震撼的了。十年前到了临沂，谈起银杏，临沂的朋友说，你说的这些古银杏算什么呀，你有空到我们的郯城看看，有一株古银杏才神奇呢。去了几次临沂，阴差阳错的，虽然只相隔四五十千米，但都没有去成郯城。这次，与江苏新沂的许莉和我们报社的年轻记者范敏一起参加临沂沂州海棠节开幕式，我又想起了郯城的古银杏。跟市林业局的邵伟主任提起此事，他一笑说：“这还不好办，打电话给郯城林业局，叫他们接待一下你们不就行了嘛。”

到了郯城，在县林业局孟祥胜副局长和孙庆刚主任的陪同下，我们看了郯城的那株古银杏，真是大开眼界。原来在别处看过的古银杏，最大的不过1000多年，跟郯城的古银杏根本就不是一个档次的，没有一拼，属于小字辈中的小字辈。因为郯城的古银杏，是周朝所植，至今已有3000余年的历史了。

我们看到古银杏，已是临近黄昏时辰了。那银杏，生长在郯城新村乡所在地。虽说是乡，其实就是一个小镇。宽敞的路两侧，都是三四层的商业楼，跟我们在其他地方见到的小镇没什么不同。这里，西临沂河，东望马陵山，背靠红石崖。古银杏在一个寺院里，拱形的一个大门，古香古色的，大门半敞开着。门口有个斜挎书包的老头儿，是看门的。门票10元。我们进门时，老头大声提醒了一句："快点看，5点关门。"可能老头见过的游客太多了，包括一些大人物，因此，他尽管知道我们是北京来的记者，又有县里的同志陪同，但从话语里，丝毫没有通融的痕迹，一副公事公办的腔调。

大门坐西朝东。坐西朝东开门，据说是元朝的讲究。山门朝向太阳升起的方向，体现了辽国时期契丹人朝日的建筑格局。但在这里，跟这一讲究没有什么关系，完全是与院外横贯南北的路有关。

一进大门，我们就被镇住了。虽说院子很是宽敞，但好像还是被几十米远的那棵古树给充满了。那树在一个高坡上，像一把巨大的伞，浓荫遮蔽了大半个院落，巍峨而恬静地挺立着。树干粗大，需十来个人方能合围。它太高大了。人在它面前仿佛就是一片树叶。周围，被大理石栏杆给围住了。栏杆外，有几块碑石，上面写着大字，或曰"银杏王"或曰"老神树"，还有一个石碑，写的是"荫泽万古"，都是恰如其分的称谓。看古银杏，跟看高山一样，须仰首，即便如此，也看不到树尖。树下，有一个小的牌子，上面简要介绍了树的历史。牌子上写道："清《北窗琐记》

周朝古银杏

载：此树植周朝，至今3000岁矣。树高41.9米，胸围8.2米，为世界第一银杏雄树，谷雨时可为方圆30里地之遥的雌株授粉。孟局长介绍说，距离这里100多千米外的莒县，也有一株3000多年的古银杏，为雌株。想必，那株古树堪称世界第一雌株银杏了。

这世界之最的古银杏，寿命如此之高，即使是秦始皇嬴政帝，在他面前也是小字辈了。我围绕树身转了几圈儿，近观，远视，参天的古树依然郁郁葱葱的，看不到一根有枯萎迹象或者衰老的枝条，壮的还像个充满活力的小伙子。在树的另一侧，写有这样几句很有情趣的话："一搂福二搂财，三搂四搂好运来，五搂六搂乐开怀，七搂八搂人长寿，九搂十搂佛光开"。就凭着这些吉利话，我们几个人不仅涌上前，搂了又搂树干，沾沾福气，还满心欢喜地背靠大树合影留念一番。

郯城自从有了这株老祖宗银杏，这里的人们就有了种植银杏保护银杏的意识，银杏的香火一直不息不绝，繁衍旺盛，代代相传。在主人的热情安排下，我们驱车四五十千米，来到沂河岸边的新村乡，看到了万亩古银杏林，真是心醉神迷。

弯弯的沂河，宽宽敞敞，河水静静地流淌着，在阳光下闪着粼粼的波光。老万亩银杏林就分布在这沂河之滨。这银杏林，小的须一人搂抱，大的须三四人搂抱，蜿蜒南北数十华里。太阳光将树林子照得亮亮的，翠绿翠绿的叶子自然也是鲜亮鲜亮的。在里面走动，时不时可以看见散落着农户人家。一群群的鸡鸭，扭来扭去，在院子周围的银杏树下悠闲地啄食。据说原来在这里居住，买油、打醋、割肉很是不便，当地政府前些年曾想让他们迁到林子外，融到别的村子。他们不干，舍不得这片林子，舍不得这天然氧吧。多幽静啊！多自然啊！现在，生活条件好了，生命珍贵了，更感觉出这里的好了，城里的别墅，也赶不上这儿的美啊！买东西也不犯愁了，骑上摩托车，一开电源，突突突，一会儿就采购回来了。这里的人寿命也比外面的人长，大伙儿都信，这是沾了银杏的光！银杏长寿，置身在银杏林子里怀抱的人，能不长寿嘛！

进树林里，见有一个长方形的石碑，上书"古银杏林，位于沂河之滨岸堤两侧，现存万余亩百年以上大树，年产银杏果100万公斤，实为一方百姓富庶之园。"这片林子，长得茂盛极了。树冠与树冠之间交错着，实属夏日纳凉避暑的好地方。《北窗琐记》云："古银杏林，盛夏其间温度

郯城新万亩银杏林一角

偏低于林外七八度，每至秋熟，沂河津渡，舟舶填塞，帆桅错动。”从这短短的文字描述，我们不难看出，有了这片古银杏林子，当年这里热闹纷繁，可想而知。

春江水暖鸭先知。改革开放之后，沂河两岸的农民感觉发展银杏的春天到了。很快，就有人靠老银杏，繁殖起了银杏苗子，做起了银杏生意，销到了大江南北。新村乡人靠银杏挣了钱，过上了小康生活，很快，就普及到了重坊镇和胜利镇。除此之外，还普及到了江苏的邳州等地。

孟局长介绍说，外人只知道郯城盛产银杏，其实，郯城的银杏仅局限于这三个乡镇，而新村乡又是核心地带，属于银杏产业的发源地。

孟局长还介绍说，这两年银杏市场好，销售出现了高潮。郯城这三个乡镇的银杏，现在已发展到了25万亩。前几天看到一篇文章，说郯城的银杏有30万亩。看来，这个数字是不准确的，官方认可的还是25万亩。实事求是，一就是一，二就是二，不搞数字浮夸，这多好啊！

我们驱车，走了两条路，笔直笔直的，都十几千米长，路两侧的地里全是银杏，而且，都是十几厘米粗的大银杏。显然，这些银杏种植都在十四五年以上了。而小一点规格的银杏，连新村乡的银杏经纪人都说，郯城几乎没有，要买，要到邳州去买。邳州，受市场的拉动，银杏也成了大产业。这里的银杏规格比郯城的小点，但也都有十来厘米粗，种植不少于十个年头了。这两年，各种苗木畅销，小苗子短缺。银杏也是。郯城也好，邳州也罢，小苗子育苗断了档，很难再有现货出售。我们离开郯城后到青岛黄岛。坐长途汽车，与范敏坐在一起的就是郯城的一个银杏经纪人。他也去黄岛，到那边，就是为了调银杏小苗子。银杏小苗子短缺，有市场需求这个杠杆撬动，不用号召，郯城苗农繁殖小苗的积极性自然会高涨起来。

郯城县政府为了进一步把银杏产业做强，最近还出台了一些优惠政策。对从事银杏果、叶、苗及系列产品销售的经营大户，给予适当减免相关税费；获得市级以上名优品牌称号的，如获得“有机”、“绿色”、“无公害”农产品认证的，还给予1万元至5万元的认证奖励。这项奖励，还包括成功申报市级以上银杏开发或科技计划项目的经营大户。

我想，郯城的银杏有各级政府的鼎力支持，加之这里的人们的不懈努力，银杏的保护事宜还会做得更好，银杏的产业还会做得更加强大！毫无疑问，郯城的银杏日后还会让人感到更震撼！

2012年4月草于郯城，5月3日改于北京

持续举办活动，南阳石桥月季做大了

市场经济，日趋激烈。在此情况之下，会展活动的持续举办不失为带动经济发展的一种好方法。

河南省南阳（石桥）月季文化节的连续举办，呈现的就是这样一种兴旺的局面。2012年5月8日，我和中国月季协会几个人参加了南阳（石桥）月季文化节隆重的开幕式活动。这一天，石桥镇南阳月季基地里的文化广场上锣鼓喧天，彩旗飘扬，人潮如涌。城里人来了，乡村人来了，各地的花木商来了，河南省省长助理、省花卉协会会长何东成，中国花卉协会副秘书长陈建武，南阳市市委书记李文慧，南阳市市长穆为民，第五届中国月季展组委会秘书长、海南省三亚市政府副秘书长林有炽等领导和国内一些知名的月季专家也来了，共同庆祝这一盛大的月季文化庆典。

我穿梭在人流中，徜徉在花海中，亲眼目睹了这一活动给一方特色农业产业带来的显著变化。

石桥镇属于南阳市卧龙区，位于南阳市区的北部，距离市区有20多千米，是汉代著名科学家张衡的故乡。这里处于宛洛古道要塞，东临白河，水路交通便捷，是一个有着1400余年历史的千年古镇。改革开放之后，这里的农民把美丽的月季花引种过来，很快如雨后春笋般地铺展开来，涌现出了一批以南阳月季基地为代表的龙头企业，形成了一个产业。2000年，国家林业局和中国花卉协会就把石桥镇命名为中国月季之乡。但真正大的变化，在社会上有广泛的影响力，还是这三年来连续举办南阳月季文化节开始出现的。

南阳市民参观南阳月季博览园

南阳月季基地总裁赵国有与作者合影

首先是通过举办月季文化节，提高了月季产业的档次。这三届活动，都是在南阳月季基地举办的。南阳月季基地经过多年的发展，前几年，已经拥有3000余亩地，精优月季品种600余个，年产大花月季，藤本月季、地被月季、丰花月季、微型（迷你）月季、食用和观赏玫瑰3000万株，成为全国最大的月季生产和销售基地。尽管如此，南阳月季基地总裁赵国有还是非常兴奋地介绍说，自从举办首届月季文化节之后，南阳月季基地的规模从3000余亩已经增加到了4000余亩。在卧龙区委区政府的支持和协调下，南阳月季基地还在距市中心数千米的七里园乡，建成了一个500亩的月季博览园。开幕式这天，被组委会邀请的嘉宾首先来到了月季博览园参观。这里，树状月季、桩景月季、灌丛月季、地被月季、大花月季、丰花月季应有尽有。各类月季均分片种植，高低错落，鲜花盛开，简直成了月季花的海洋，把春天的大地装点得分外绚烂。这里，既是对市民开放的一个月季旅游景点，也是南阳月季基地产品展示的一个销售窗口。按赵国有总裁的话说，有了这个窗口，客户就不必到石桥基地几千亩的种植地里转了，只要在一个比较小的范围内，就可以轻松选择到所需要的月季商品。这个窗口的建立，方便了客户，大大提高了南阳月季基地的档次。在此基础上，市领导还希望南阳月季基地把月季博览园进一步做强，在最短的时间内，建成一个世界月季名园。要做到这一点，就要建设一个世界顶级的月季基因库，把世界上的名优月季都搜集过来，保存下来，以便把石桥月季产业做得更强更大。赵国有相信，有市里的大力支持，这个设想将很快变为现实。

其二是带动了一方月季产业发展。出了市区往北到石桥镇，有20余千米的路程。前年我到石桥南阳月季基地，参加了首届月季文化节。那年，沿途路两侧几乎都是农田。如今，在这20余千米的公路两侧，已经初步形成了一个月季产业带。虽然月季企业还没有密集到鳞次栉比的程度，但相隔上百米或者二三百米就可以看到一个月季苗圃的牌子。上面或者写“月季苗圃”“月季合作社”，或者写“树桩月季园”“富民月季园”等等名称。牌子由政府有关部门统一制作，因此，长条形的牌子齐刷刷的，四五米高，都是一个规格的。据了解，卧龙区还出台了一个优惠政策，凡是在路两侧50米之内种植月季的企业，还免交土地租金。这部分费用由政府买单。据石桥镇党委书记田华宇介绍，在此政策的推动下，20多千米长的月季产业带已有30多家月季企业入住，这个数字还会快速递增。从今年起，南阳市政府还将拿出500万元到1000万元，用于支持南阳的花木产业发展，而月季产业显然又是重点扶持的对象。现在卧龙区石桥镇月季已经达到近万亩，成为宛北一道亮丽的风景线。月季产业的持续发展，带动了38个自然村3000多户农民走上了致富路。

其三是月季文化节的举办，得到了各级政府的大力支持。今年举办第三届月季文化节时，河南省省长助理、还有南阳市市委书记和市长党政一把手都参加了开幕式，这在前两届月季文化节是没有过的。市长穆为民在开幕式上还说："我们衷心地希望，全市，尤其是卧龙区，以月季为媒，广交四方朋友，努力将月季文化节打造成我市对外开放交流的平台，不断谱写南阳文化的新篇章，为南阳发展作出更大贡献。"据了解，明年第四届南阳（石桥）月季文化节，主办的规格将进一步提高，由现在的卧龙区政府主办上升为市政府主办，其规模也将大为扩展。

南阳的月季已经很有名了。但我相信，月季文化节的持续举办，还将使南阳的月季更有名，产业升级的步子也会迈得更大。

2012年5月9日，晚，于河南焦作

圣兰德的企业发展观

圣兰德是一个公司的简称，全称是海南三亚圣兰德花卉文化产业有限公司。圣兰德的企业发展观，简而言之，就是依靠团队力量的发展观。这个思路，我是完全赞成的。

这几天，我与该公司副总经理乔顺法先生等人在华北地区转，做第五届中国月季展的招展工作。第五届中国月季展，2012年12月12日将在老乔他们公司的亚龙湾玫瑰谷举办。在路上闲暇的时候，我与乔顺法聊天，谈到圣兰德的业绩，例如圣兰德为何成为海南省花卉产业的龙头企业，为何成为全国月季行业响当当的企业，为何能填补月季产业在海南三亚的空白，为何能够促成市政府和中国月季协会在三亚举办一届高水平的月季盛会。总之，说了不少为何之类的话。

随后，一向平和的老乔笑着说："圣兰德做到这些，公司董事长杨莹和我本人都认为，我们靠的就是一种团队的力量。"

我恍然大悟。我说："没错。根据我的观察，你们公司确实培养和凝聚了一批管理和技术人才。"

他说："是的。正是依靠这些人才，我们公司才形成了一支能够开拓进取的团队力量。依靠这个团队，我们填补了月季在热带地区种植的空白，筛选出了一大批能够在热带地区种植的月季品种，形成一个近3000亩的种植规模，而且使一大批农户掌握了月季种植的经验，使他们在经济上尝到了甜头。这一切，得到了省里的高度认可。举个例子。我们前不久上报的'2011年三亚热带玫瑰（月季）露地栽培技术'，就得到了海南省科技厅的批复，成为一个经济支持项目。这是三亚上报到省里唯一得到批复的项目。支持的资金不在于多少，而是说明对我们工作的认可。离开团队的力量，靠一两个人，行吗？我看是不行的。"

老乔说得对极了。

一个企业的诞生，可能靠的就那么三五个人，甚至一两个人，但运作起来，能够不断发展壮大，仅靠少数人，跳光棍舞、唱独角戏是不行的。俗话说得好：一个人浑身是铁，又能打几个钉？企业必须拥有一支给力的团队，才能够兴旺发达。一个国家的兴旺也是这样。当年，我们能够打败蒋介石，解放全中国，就是因为中国共产党领导的中国人民解放军是一支战无不胜的队伍。这支队伍中有无数前赴后继的英雄，涌现出那么多的元帅、将军和杰出人才。我们花木行业，这些年做得风生水起的大企业，围绕在老板周围，也都有那么几个独当一面的能人，能人的下面是基层勤勤恳恳的能人。正是这些个能人，在老板的统一指挥下，形成了一支骁勇善战的团队。

所谓团队，是指一些才能互补、关系融洽，并为负有共同责任目标而奉献的一帮人。团队不仅强调的是个人的工作成果，更为强调的是团队的整体业绩。团队所依赖的是集体讨论和制定的企业发展目标，然后围绕发展目标，大家一起为之奋斗。团队的核心是共同奉献。当然，这种共同奉献，需要企业决策者让每一个成员明确自己的职责，不能眉毛、胡子一把抓，职责不清。换句话说，就是把每个工作岗位分解到个人，通过奖惩机制的实施，让个人在这个岗位上充分发挥聪明才智，出色地完成工作目标。这样才会特别给力。个人的目标实现了，团队的目标才会水到渠成！

三亚圣兰德的团队发展观，值得我们每一个园林花木企业借鉴。

2012年5月13日，晨，于邯郸

朱永明的另外两个拳头产品

朱永明是山东德州双丰园林绿化有限公司的董事长，也是我的老朋友。前些日子跟老朱通电话，他说：你要是到山东来，就先到济南落落脚，有新闻要跟你念叨念叨。他的公司在德州临邑，临邑离济南不远。去年秋天我曾到过他的公司。他让我看了他的木槿基地，有500多亩。一个企业种植那么多的木槿，这在全国是没有先例的。前几天，本报记者宋波和李颖到山东，采访了老朱。从他们撰写的文章上得知，今春老朱一鼓作气，又发展了500多亩木槿。为此，业内人士还给老朱封了一个称号："木槿王"。在专业化、特色化经营方面，老朱创出了自己的一条路子，让人佩服。此次山东之行，我自然要跟老朱再见上一面。

跟老朱见面之后，他向我说了两件事，都算得上是新闻了。

一件事，是他刚刚获得2011年"绿色德州十大年度人物"。再过几天，就是6月5日，他就要去领奖了。这个奖项分量不轻，是德州市11个县市推荐了25个候选人，然后在网上投票，最终由政府认可的。德州全市农林口只评了一个，这就是老朱。我问老朱为何能在众多的竞争者中胜出？他说还是这些年在创造经济效益和社会效益方面给家乡做了一点事吧。经济效益显然是指他发展特色苗木方面；社会效益是他为社会做了一些有益的事情，诸如他给全市十几所学校捐助《弟子规》等数万本书籍。得这么一个奖，老朱自然是很兴奋的，但同时他也感到自己肩上的担子更重了。因为荣誉只能代表过去，是一个阶段的终

朱永明与作者合影

结，未来还要不松懈、脚踏实地地干，争取做出更多更好的业绩来，回报社会。一个人有这样的认识，不故步自封，不骄傲自满，才会有所前进，取得新的辉煌。

另一件事，让我搞清了一个概念。老朱的拳头产品，不止一个木槿，还有楝树和香花槐。老朱说，我前些天在专栏上写的“种楝树”他看过了。其实他10年前就开始种楝树了。最多时有50亩地。

老朱是教师出身。在德州华忆职业技术学校的院里，他特意种了一片楝树林。因为楝树又称苦楝，在校园里种植楝树，不仅绿化美化了环境，而且蕴含着让孩子们“勤学苦练”之意。

楝树耐盐碱，前些年，处在盐碱之中的东营市，种了很多楝树，不少树苗都是老朱提供的，起码有数万棵之多，现在都长有十多厘米粗了。

楝树真是一种好树种。不仅耐盐碱，而且浑身是宝。我在网上登出“种楝树”的文章之后，有个江西的读者告诉我，说楝树的木质有花纹，波浪起伏的，特别漂亮，广东人都把楝树木材与红木搭配，做成家具当红木卖。做成家具，一般人是分辨不出哪块料是红木哪块料是楝树的。还有，楝树的根煮水，有驱虫的作用。过去贫穷时买不起药，小孩子青皮挂瘦的，常喝楝树根煮过的水，驱虫效果非常明显。

老朱这次告诉我，楝树的种子还有驱蚊虫的作用。前几天，有个养猪场的老板找他要了一些楝树种子，说是泡开后撒在猪舍里，夏日就可以有效防止蚊虫滋生。

但这几年楝树没人种植了。问老朱为什么？老朱笑说：因为楝树前几年不值钱，一株10厘米粗的楝树，才卖50来元。现在，大家觉得它是好东西了，价格翻了几番，已经上涨到200多元了。他苗圃里七八厘米粗的楝树，今春都被北京和河北的客户拉走了。他留下一批成龄植株，还要采集种子繁殖小苗呢。明年，他要准备把楝树种植扩大到100亩。

香花槐也是老朱的一个拳头产品。现在，他有100亩香花槐的种植面积。

香花槐原产于西班牙，是黑洋槐的一个栽培变种，又名富贵树，属豆科落叶乔木，株高10~15米。树冠开阔，树干笔直，全株树形自然开张，树态苍劲挺拔。叶片和刺槐差不多，深绿色有光泽，青翠碧绿。总状花序，花玫瑰红色，花开时，浓郁芳香，一嘟噜一嘟噜的，数百朵的小花同时开放，非常壮观美丽。

香花槐，在北方每年5月和7月开两次花。老朱说，花落后掐尖，还可以在炎热的夏天再次现花。

2008年北京举办奥运会时，香花槐作为稀有的绿叶香花树种，成为北京绿色奥运的主要树种之一。但几年过去了，开红花的香花槐比起国槐、法桐和银杏，在绿化应用上还是少而又少。老朱正是看到了这个空挡，大力发展香花槐。

当然，老朱最大的拳头产品还是木槿。比起木槿这颗大星星来，楝树和香花槐还属于小星星。小星星璀璨，也是很不错的啊！

2012年5月31日，于济南

淄博，惊现金叶北海道黄杨

北海道黄杨是大叶黄杨的栽培变种，属卫矛科、卫矛属的常绿阔叶树种。虽然从名称上看有“黄”字，但实际上只是北方耐寒的一个常绿品种。这就是说，其品种一年四季呈现浓绿的色彩，叶片并没有表现一点黄色的特征。让人可喜的是，6年前，山东省淄博市川林园艺场总经理翟慎学先生在一株北海道黄杨中，意外惊喜地发现一段叶片带有金黄色的枝条。经过数年观察，这段属于自然变异的金叶北海道黄杨，基因稳定，不仅春、夏、秋三季呈现金灿灿的色彩，耀眼夺目，即便冬季也是如此。现在，该园艺场已经实现小批量的繁殖。据山东省一位园林专家说，金叶北海道黄杨的出现，具有重要意义，它填补了北方冬季（黄河以北，长城以南地区）没有彩页阔叶树的空白。

5月31日下午，我来到淄博市，去了翟慎学的园艺场。他的园艺场有500多亩地，分5个地方。他带我看了一个有三四百亩地的苗圃，那是他面积最大的苗圃，主要种植的是流苏树、北海道黄杨、文冠果、红豆杉。随后，他又带我到淄川来到一个农家小院。他说这是他最小的苗圃，也就两亩来地，但含金量很高。原来，小院里隐藏着一个很大的秘密，这就是金叶北海道黄杨。

小院从外面看很荒芜，都是一些杂七杂八的乔灌木。看清里面的秘密，需要过

翟慎学与作者在金叶北海道黄杨前合影

两道上锁的栅栏门才行。

走进小院里面，在一溜房子前面，有一个几十平方米的简易棚子。他掀开遮盖的塑料布，我眼前一亮，里面扦插的小苗，互相拥挤着，半尺多高，叶片虽然带有绿色条纹，但总体感觉是金灿灿的。这些扦插成活的小苗，肥大的倒卵形叶子，既不是金叶女贞，也不是金叶榆。我正在感到好奇，老翟微笑着告诉我："你没见过吧？这是金叶北海道黄杨。"

再往里走，是两块带有明显坡度的地块，种植的全是苗木，但里面也有不少金叶北海道黄杨的影子。在高的一块地里，扦插繁殖了一片金叶北海道黄杨，小苗已有了三四根分枝，有1000多棵。低洼的一块地里，种植的是数百棵高干北海道黄杨，不少，被嫁接成了金叶北海道黄杨。我大概数了数，大约有四五千株。据老翟介绍，金叶北海道黄杨到了冬季不仅金黄如旧，而且成龄植株还会挂有红彤彤的种子。在寒冷肃杀的冬季，此植物的树冠上，黄中透着红，红里又映着黄，真称得上一道美妙的风景。

老翟还带我看了母株。母株有两米来高，干径有3厘米多，隐藏在一片北海道黄杨之中。从上到下，在绿色的枝叶中，只有一个枝条是黄色的。老翟告诉我，这棵北海道黄杨最初不是种在这里的，而是在他的另一个苗圃里，自从发现干上出现一个金色的芽子后，他就敏锐地感觉到了它的巨大的经济价值。为了保守秘密，掩人耳目，老翟特意把它移栽到了这里。老翟的助手告诉我，尽管这个小院很隐蔽，上了两道门锁，但为了做到万无一失，他的老父亲就住在院子的后面，白天黑夜都在这里守护。

2011年，山东农业大学一位教授看到变异的金叶北海道黄杨后非常兴奋地说："这个新品种太好了，赶快鉴定，准能获个大奖。"

老翟还告诉说，他们目前正在做金叶北海道黄杨的技术鉴定准备。此外，就是全力以赴加大繁殖力度，从原来一年繁殖一次改成两次繁殖，而且冬季还将采用温室繁殖，力争在最短的时间内把该品种推向市场，为绿化美化环境服务。

在园林绿化品种注重多样化的今天，苗木新品种，特别是受众面比较广泛的新品种，谁都知道它的市场价值。谁拥有了它，谁就会在市场竞争中占有主动权，大赚特赚一把。翟慎学在园艺领域摸爬滚打了30多年，他深知其中的道理。

在发现金叶北海道黄杨后，他做的第一件事就是保护。移植母株，找个隐蔽的农家小院，神不知鬼不觉地保护起来。从新品种诞生到现在，6年的时间，没有一个芽子流失到外面。

他做的第二件事，就是采取各种办法繁殖，而不是漫不经心地，像小脚女人走路似的那么慢慢腾腾。我曾概括为：拼命繁殖。因为，一种植物由品种变为产品以致成为商品，不这样做是不行的。当然，到时候拼命宣传也很重要啊！

2012年6月1日，上午，于淄博市淄川

昌邑，出了一个“白花玉簪张”

山东省昌邑市是著名的苗木之乡，以搞七叶树育苗为特色。但近年，该地区却冒出一个正丰花木场。这是一个以发展白花玉簪为主的花木企业，产品畅销，北到新疆，南到云南、贵州，有20多个省份之多。该场经理姓张，名泽昌，人称“白花玉簪张”。

张泽昌，大个子，50挂零，快人快语。他因为走南闯北，与外面打交道多了，操着一口标准的普通话，让人感到很是亲切。

2012年6月初，我在该场采访的时候，张泽昌接到一个辽宁来的电话，一次就跟他订购30多万个白花玉簪的芽子。他告诉对方：“我这里的白花玉簪，一个芽子9毛5分钱?”对方马上回应说：“9毛5就9毛5，我订了。”语气极为坚定。

他的花木场，有200来亩地，原以为就在昌邑绿博园附近。因为这里每年都举办全国花木信息交流会和绿博会，周围云集着一个又一个花木基地。而实际上，他的花木场远离绿博园，一直向南，有70多千米，在昌邑市北孟镇的高阳西村。这里与高密市仅隔一条小路。而且要去张泽昌的场子，还必须穿过高密的地界才成。我问他，这里这么偏僻，是不是地租费便宜一些？他说也不便宜，一亩地要上千元，与昌邑绿博园附近相差无几。他说之所以在这里安营扎寨，主要原因这里是他的家乡，民风淳朴，彼此之间都很熟悉。人熟是一宝。再说，现在交通发达，信息灵通，远一点也没什么关系。

张泽昌原来以种植紫薇为主，但一个偶然的机会打破了他的经营思路。2006年初夏的一天，他到昌邑一所学校收购绿化淘汰下来的紫薇。不经意，在学校一个耐阴角落里发现一簇白花玉簪，冠径有八九十厘米，好大的一敦！玉簪抽出的枝条上，正在盛开着数十朵白色的小花，其色美如白玉，活泼可爱，散发的香气，一二十米远都可以闻得到，沁人心脾。他顿时感觉这是一个他可以发展的好品种。于是，他花很少的钱，把这墩玉簪买回了家。就是这墩玉簪，成为母本，通过种子繁殖，最后做大了几十亩，成为他企业的拳头品种。明朝李时珍《本草纲目·草六·玉簪》云：“玉簪处处人家栽为花草。六七月抽茎，茎上有细叶，中出花朵十数枚，长二三寸”。他培育的白花玉簪，萌芽力强，极为耐干旱、低温。花长也是二三寸，但一簇肥大的叶子中间，伸出的花朵可达60多朵，谁见了谁爱。不仅如此，他的白花玉簪是地道的传统矮化玉簪，株高只有三四十厘米；而近年从山野里引种的白花玉簪，株高要达到1米左右，其形状较之前者相差很多。

现在，他的白花玉簪年产100多万株，供不应求。他每年销售只限于80多万株。余下的，要保留下来作为母株，为来年再生产做准备。他说，由于绿化市场需求量大，白花玉簪的价格逐年上涨。他最初销售时，一个芽子只有3毛钱，后来涨到5毛钱，现在市场价已经达到了1元钱。他认为，尽管白花玉簪的市场价格涨了又涨，但前景依然形势大好。在白花玉簪的带动下，近年他还打出了另一个拳头产品，这就是金娃娃鸢尾。一般的鸢尾是开紫色花的，而这种鸢尾是开金黄色花的，近似于金娃娃萱草，市场需求也很大。

张泽昌在他的玉簪基地里

有了销售白花玉簪和金娃娃鸢尾的资金垫底，张泽昌去年入冬时，又引种了3个乔化灌木新品种。这3个新品种分别是：红王子锦带、红瑞木、还有连翘。引种这3种灌木，张泽昌就花了60来万元，价码够高的。但他认为花高价码引种新品种非常值得。因为这些灌木耐寒性都很强，适应广泛，而且绿化市场现在还处于空白状态。日后大路货苗木一时饱和后，价格下跌，而他的新品种正是大显风采的好时候。况且，种植新品种灌木与种植白花玉簪、金娃娃鸢尾也不矛盾，一高一低，土地还得到了充分的利用，岂不妙哉！

2012年6月9日

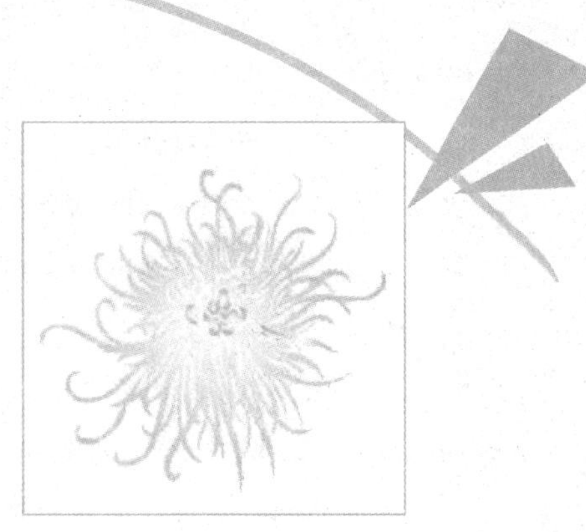

思兰与菊

思兰，就是北京林业大学教授戴思兰女士。她1984年毕业于北京林业大学园林系，此后师从中国工程院院士陈俊愉教授，从事栽培菊花起源研究。1994年获得农学博士学位；1996年开始担任硕士生导师；2001年晋升为教授；2002年被聘为博士生导师。1997~2000年，在美国康奈尔大学遗传及分子生物学系进行博士后研究，师从著名华裔分子生物学家吴瑞教授，从事水稻基因组及植物目的基因分离和功能鉴定等研究工作。

这么些年来，思兰的头衔增加了许多，但在从事花卉教学的同时，她一直没有间断菊花的研究工作。早在20世纪90年代，她就提出了用植物系统学方法研究观赏植物品种亲缘关系及起源的思想。特别是对中国栽培菊花的起源和近缘野生种间的亲缘关系等问题，进行了较为深入的探索，取得了重要突破。其重要突破的标志是，阐明了参与中国菊花起源的主要菊属植物种间的进化关系及其在菊花起源中的重要作用。此后，她在菊花历史文化、品种资源收集和评价、产业化栽培技术、花色形成机理、花期调控和抗逆性机理等方面开展了大量工作。

2010年，北京市为了促进花卉产业的发展，特意成立了市花花卉育种研发团队。而市花之一的菊花，其育种研发团队的带头人就是戴思兰。

思兰与我是老熟人，彼此相识已有十五六载。大约10年前，我给她介绍了北京市一家专门从事切花菊生产的企业，从此她与这家企业建立了长期的合作关系。这家企业就是北京市双卉新华园艺有限公司，该公司总经理刘克信先生是我的老朋友。他的产品主要出口日本，以承担订单生产为主。但他深知科技的重要性。她俩的合作，从切花菊周年生产栽培技术到切花菊采后保鲜技术，直至切花菊新品种培育，真可谓是全面的合作。一路走来，风雨无数，共同见证了中国菊花产业发展的轨迹。

我和思兰虽说是老熟人，又同在北京，但各忙各的，一晃也有两年多不曾见面。前些天，陈俊愉先生（思兰的恩师）过世，我与她才在北京林业大学见了一面。虽说她已近“知天命”的年龄，但依然端庄秀丽，举止娴静，说话时含着非常甜蜜的微笑，不失“大家”的风采。

我们共同缅怀陈先生后，话题不经意间就转到了她的科研上。

我说："你搞的菊花研究怎么样了，有什么进展吗？"

"有一些。"她的声音很柔，柔中带有一种清脆的金属声音，很是悦耳。但瞬间我感到她显得有点凝重。

"是不是很难？"

"有一点。要不然陈先生总是教导我们说，做事要千方百计，要百折不挠呢。"

是的，干成点事总是需要一定的时间，总会遇到一些意想不到的困难。"你这两年有哪些进展？"

她说："在菊花的花色形成、开花调控和抗逆性机理研究上有一些进展，为企业生产培育了一些新品种。"

经她解释我才知道，她和她的团队在800多个栽培菊花品种中，发现一类品种只含有花青素苷，而且只含有矢车菊素苷一种。说得通俗点，就是有些菊花品种的花色只有单一色素。有了这样一种科学结论，她的团队便利用各种育种技术进行菊花育种研究，已经成功地培育出了4个具有商品化生产价值的切花菊新品种，其中就有开白色花朵的切花菊。今年还将扩大范围，做批量试种。此外，她还获得了一批彩色切花菊新品系，目前正在进行试种。

"进口的切花菊不都是白色的吗？你的跟别人的有什么不同？"我问思兰。

思兰道："我们搞的白色切花菊新品种侧芽少，接受光周期诱导的时间也短。"

我深知这一改变对经营者具有重要意义。因为这样一来，我们就可以节约不少劳动力成本和生产成本。在当前劳动力和生产资料费用大幅度上升的情况下，降低成本对企业来说尤为重要。这会让刘克信先生乐开花的。

但思兰非常清楚，一个新品种在生产上得到广泛的应用，成为一个含金量比较高的商品，还需要有个过程。她自己除了经常深入到企业之外，她的研究生中总会有人沉在企业里做不间断的科学实验。她告诉我，她的一个研究生刚毕业，才离开企

戴思兰教授在菊花大棚里

业，另一个研究生又接着继续开始了实验工作。总而言之，她在菊花研究上有一种不搞出点名堂来誓不罢休的韧劲。其实，做成一件完美的事情，靠的就是这样一环扣着一环，不松懈，最终实现零距离，实现突破。在花卉研究上，科研就是要为生产服务，为增强企业竞争力服务。

“有追求是快乐的，有欲望是痛苦的”。思兰特别喜欢这句话。因为她一天到晚就是一个快乐的人。一个在菊花王国里进行不懈追求的人。“咬定青山不放松，立根原在破岩中”。况且，恩师陈先生未竟的科研事业也需要像她这样的学生继续做下去。衷心祝愿思兰按着这个路子走下去，在菊花研究上有更多作为。搞科研需要专一，搞企业也需要专一。

2012年6月16日

朱绍远自解经营制胜路

在当今社会，一个优秀的苗圃，有两个明显的标志：其一是生产的花木产品要有良好的品质；其二是使生产的产品要迅速地转换为商品，在市场上流通，取得良好的经济效益。换句话说，两手都要硬，缺一不可。按照这个尺度衡量，山东昌邑市花木场就是这方面的突出代表。近10多年来，该场总经理朱绍远在发展的过程中，解决资金问题，一直不靠贷款，而是依靠优质的产品，依靠出色的销售，使企业的雪球越滚越大。

近几年，不管市场风云如何变幻，他的基地始终保持在3000亩左右，既不缩水，也不扩张。在花木行业，朱绍远成为名副其实的领跑者，无可争议。2012年6月初，我来到昌邑花木场，看到他的办公室外，有几块刚刚制作的巨幅展板，都是为参加2012年8月下旬在昌邑举办的全国花木信息交流会而准备的。第一块展板为写在前面的话，很有意味，顺便抄录下来：“昌邑市花木场继2004年被评为‘山东省十佳苗圃’后，2006年又被评为‘全国十佳苗圃’，我们成功经营的秘诀在于，始终以老实平稳的态度，科学的耕耘着3000余亩苗木；友好善对客户及周边苗农，正确引领他们把握苗木市场走向；‘大苗容器化，小苗穴盘化，’是我们的栽培模式；‘棵棵都是精品苗，不达精品不出售’，是我们追求的目标；诚实的经营和良好的口碑让我们赢得全国六个第一：第一个将黄金槐推向市场；第一个将美人梅推向全国市场，第一个将紫花酢浆草推向全国市场；第一个拥有长夏石竹新品种保护权；第一个在全国成立地被植物超市；第一个在全国成立地被植物研究所。

朱绍远在他的苗圃里

我们的实力是：8厘米至20厘米粗的黄金槐、北美海棠、七叶树、北美乔木紫荆、小叶朴、三角枫、北京丁香等乔木，每个品种在圃量均有6千至1万棵。”

我抄录之后，朱绍远恰好风尘仆仆地从外地赶回来。他没擦一把脸上的汗水，便对展板的一些内容回答了我的提问。

“你是怎么理解老实平稳的态度和科学地耕耘的？”

“我们是搞苗圃的，就是要按照科学的态度，精耕细作，老老实实地搞好苗木生产，没有捷径可走。现在，一些人搞苗圃非常浮躁，在养护上没有耐心，总想着一年挣多少钱。可是他不明白，现在是讲究精品的时代，你没有精品产品，是挣不到钱的，而精品是需要一定的时间精心养护的。因此我的看法是，搞苗木种植，要求精，不要恋大，还是要在养好每一棵树上下工夫。”

“你是怎样友好善对客户和苗农的？”

“善待客户和苗农，用一个字概括，就是‘诚’。真心实意地告诉他们发展什么树种好，什么树种不好。其实，树种没有好与不好之分，每个树种都有它存在的价值。但不同的地域是适合种植不同树的。从这个意义上说，树种是有好与不好之分。选择树种还是立足本地的乡土树种为好，不能盲目地跟风。我吃过这方面的亏，就是要原原本本地告诉人家，避免别人再吃亏。”

“销售过程中什么最重要？”

“实事求是最重要。好就是好，不好也不要说好。苗木规格、起苗、包装、运输等，客户怎么要求，你就怎么去做，不折不扣地做。我常对我的员工讲：苗木价格可以讲，质量是不能讲的。买8厘米粗的树，7.9厘米粗都不可以给。咱给客户办了100件事，99件对了，是应该的；而有一件错了，就要接受批评，下次改正。

“你是怎样理解精品苗木的?”

“所谓精品苗木，就是要像一个英俊的小伙子似的，有模有样。具体点说，就是植株健康，精心修剪过，冠径丰满，单株不偏冠；如果是行道树，分支点还要整齐一致。”

这就是朱绍远苗木经营的制胜路，倘若别人做到了，毫无疑问，也会获得成功。

2012年6月20日

汶上新建人民公园受众口称赞

山东省济宁市汶上县人民公园，于2011年2月动工，7月底竣工，自开园后，受到方方面面的好评。6月底，我来到汶上县。汶上县县委常委、县新城区生态水系建设工程指挥部总指挥徐玉金借用老百姓的话，向我评价这个新建公园：“老百姓说，人民公园是人间

汶上人民公园的地被植物

仙境，是政府给我们做的一件大好事！”我在公园转过一圈，感到公园确实建得很成功，不比大城市公园逊色，不愧是鲁西南地区一颗耀眼的绿色明珠。

湖水让公园显灵气

园子有300多亩地，湖面就占有一半还多。园子是开放性的，四周都是马路。从远处看，园子里的湖是圆的。走近看才知道，湖面是长的，而且弯弯曲曲。湖水极为清澈，绿绿的，亮亮的，掬上一捧，喝到嘴里都是甜滋滋的。从西往东望去，湖上有两个小黑点，在轻轻地晃动。陪同的汶上县水系建设工程指挥部崔主任说，那是一对野鸭。如今，这里成了水禽的天堂，在这里经常出没的野鸭子和水鸟有上百对之多。清晨来，可以听到各种鸟的清脆鸣叫声，“两个黄鹂鸣翠柳”，算是小儿科而已。有了这辽阔的湖面，这里成为水禽繁衍生息的乐园，已成为不争的事实。园子的水，是活水，水源来自城北的大汶河。倘若遇上大旱之年，没水供应也不要紧。在建园子水系时，水底已经接通了一个直径一米粗的管道，如需要补充水源，把开关一拧，自来水公司加工的中水就可以补充进来。水是从北面进，南边出。出口处叠了两道坝。水往下流淌时，会飞花碎玉般地乱溅。因为有七八米的落差，水砸下去，像山涧的瀑布似的，传出很大的声响。穿林听水声，数里之外均清晰可辨。

园子没建之前可不是这样。原来，这里到处堆积的都是垃圾，还有一些坑濠和肮脏的水塘。如今，变成清澈的湖水，老百姓怎么不乐！在西岸，有两排张拉膜的凉棚，雪白雪

汶上人民公园的河坝

白的，远看，似两只展翅站立的白天鹅。下面，坐满了观赏水景的老者。

水生植物成为大亮点

从东口进去，下一个坡，便是搭建的一个不规则几何形状的木制台子，四周是不锈钢栏杆。靠在栏杆上，往左可以触摸水草，往右，也可以亲近水草。水草有种在水里的，也有长在岸上的。有蒲草、有睡莲、有千屈菜，高高低低，错落有致，野趣横生，很是自然。蒲草，肥大的一簇簇叶子中，蒲棒刚刚露头。千屈菜，正是大显风采的时候。桃红色穗状的花序，这里一片，那里一片，把水面映衬得分外绚烂。两米多高的再力花，也在凑趣，长长的花莛上也绽开了花朵，花朵好似一只只鹤望兰，正在水边展翅飞翔，颇为可爱。

当然，这种景象园子的四周都有，不局限在东口。西岸边，最奇的是在水草中间，点缀了数株大头柳。大头柳都有六七十厘米粗。去年定植时，一些人还怀疑，花不少钱，种柳树秃桩子有什么意思。但开了春，大头柳一抽出枝条，形成一团浓浓的绿色，露出庐山真面目之后，人们的看法变了，都惊喜不已，觉得大头柳像威武的绿色卫士，彻夜守卫着园子，不简单。有了大头柳，周围的水草都神奇了许多。观景的走过去，都会停下脚步，驻足观看。倘若没有这几株大头柳，园子也不会失色，但有了这大头柳，园子就多了一点灵气。

苗木靠湖水添生机

种植水草的地方再往外，围绕园子一圈，长得高高大大的几乎都是苗木。北方常见的花木，如银杏、国槐、栾树、白蜡、樱花、海棠、雪松、白皮松、新疆杨、柿子树等一样

汶上人民公园的彩色园路

也不少。株株都那么浓绿。树姿巍峨，枝干挺拔。加之规划时，就把园子外围地形设计得很高，游人在园子里行走，是在低洼处，因此往高处看那些花木，怎么瞧都是那么的精神抖擞，斗志昂扬。如果去掉支撑的三脚架，谁也不会想到这些花木刚刚定植一年，才经历一个秋冬。这些花木，胸径至少都在10厘米以上，其中有相当多的花木，都在30厘米以上。种植时间都是在六七月份，已错过了栽树的最佳时机。但数千株花木，都是全冠移植，没有一株死亡。崔主任说，这主要是济南施工方王荣发先生专注认真的结果。每一株花木都是他亲自到产地选购的。不仅株株健康，而且冠形丰满，姿态优雅，有良好的观赏效果。花木起苗后，及时运到，然后立即定植，环环相扣。王荣发先生透露说，植株定植后，前两天都要浇1次透水，然后隔1天，让水渗一渗，再浇1次透水。这样移栽，植株根部不会脱水。

宿根植物地表唱大戏

公园里，福禄考、麦冬、鸢尾、萱草、玉簪、金鸡菊、太阳花，到处都是这些宿根植物的身影。自开春后，这个花开败后，另一个又顶上来盛开。红的似火，黄的如焰，紫的似锦，都是大色块。莫言春度芳菲尽，因为，园子里从春到秋，是不缺少瑰丽的花朵的。在南出口处一片地里，种植的是小叶麦冬，植株之间有点稀疏。崔主任说，原来这里种植的还真是草坪。但后来发现草坪在夏季太费水，而且容易染病，养护成本高，王荣发就给去掉了，改种了麦冬。王荣发先生说，即使是他出资，也要换上麦冬。这个改动，自然很受欢迎。

2012年6月30日

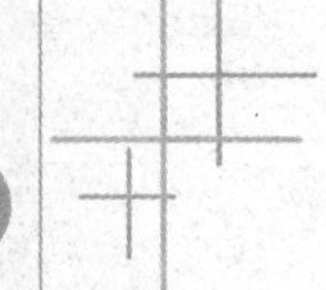

在蒙阴，有这样一个女经理

她叫王洁，是山东蒙阴东园生态有限公司的一个女经理。该公司是一家新的苗木公司，刚起步，2011年才踏入这个行当。王洁，30出头，高个头儿，庄重大方，圆圆的脸上，总是洋溢着灿烂的笑容，就像她的名字一样，似蓝天，像宝石，如湖水，那么纯洁无瑕。一看，就是一个充满快乐、朝气，有亲和力的女人。认识她的时间很短，但她的勤劳，她的热情，她的平静，她总是为他人着想的样子，无不给人留下深刻的印象。

与王洁相识纯属偶然。6月底，我在临沂参加华东地区苗木信息交流会，在会上认识了王洁的一个同事，蒙阴东园生态有限公司的另一个经理，也是一个年轻的女性，她叫孟庆芝。会后，小孟得知我要往北，与济南平安花卉市场的老板王荣发先生去济宁，便邀请我们顺路到她们公司的苗圃看看。

我们看过苗圃，已是中午。小孟说，她们公司的老板王士江要请我们一起吃个便饭。我说好。小孟挑了一家有山有水非常幽静的农家乐就餐。我和荣发都来自大都市，在一个青山绿水、满目葱茏的地方就餐，自然满心欢喜。

我们在室外挑了一个亭子里坐下。正喝着茶，王士江先生出现了。没想到，与他同时到场的还有一个满脸带笑的女士。她一出现，便热情洋溢地逐一向我们问好，并很优雅地递上名片。这个女士的到来，就像这盛夏飘来一缕凉爽的风似的，那么让人感到惬意。她，自然就是王洁。

王洁坐了下来，但还没有坐稳，便站了起来。她向前倾着身，非常麻利地把桌子上所有的碗筷盘子碟子放在一个盆子里。

王洁在她们的苗圃里多开心啊

"都是干净的。"我望着雪白的餐具说。

她呵呵地笑道："不行，还是洗洗好，不然不卫生，拉肚子怎么好。"

王荣发搭话说："不会的。"

她说："嗯。那可不一定。我们山里，空气好，吃的也多是野味。但苍蝇蚊子多，还是小心点好。"她这么一说，我才想起，刚才就有两个苍蝇在桌子周围飞来飞去，凑热闹。餐具早已摆在桌上，谁知道它在餐具上落脚没有？

就在我脑子走神的时候，她的身影已经像一阵风似的离去了。可以洗漱的地方，不是十步八步就能到达，要先穿过一个搭在空中的木栈道，然后下二十几节台阶，再转两个弯才成。

但她很快又像一阵风似的刮了回来。给每个人摆好餐具。她坐了下来，喝了一口茶。然后，又拿起茶壶给众人倒水。紧接着，她抄起一旁的水壶，蹬蹬蹬地又出去灌开水。一切依然是那么的麻利。

就餐的时候，我与王总边吃边聊。我说："你们要做好思想准备，很有可能过两年花木业就要走入低谷。这两年花木业发展太快了。你们应该清楚，市场经济，有高潮就有低潮。"

王士江说："我们有思想准备。"

"我们已经做好五年的吃苦准备。"王洁补充说道。当然，她还是笑吟吟的。

就餐完毕，我们离去。开车去上高速。王洁说："这里的路你们不熟悉，我开车给你们带路，免得走弯路。"

王荣发驾驶车子，听了，一脸的喜气。

到了高速路口，我们下车，向王洁表示感谢。她跟我们握手告别。我们正要上车，她拦住说："先等等。"一转身，打开后备箱，取出两瓶矿泉水，递到了我们手里，笑道："带着吧。省得路上渴。"

我们上了高速，我问王荣发："你对王洁如何评价？"

他感慨道："太优秀了！"

是啊！太优秀了。她眼里有活儿，总是能为他人着想。当然，这只是表现在人际交往上，且都是小事一桩。但看一个人，往往从小就可以看到大。大是由小累积而成的。

这几年，很多人都看好花木业，租地，或办公司，或建苗圃，全力以赴抓经营，希望尽快捞到第一桶金。我觉得，想捞到第一桶金，乃至长期在这个领域干下去，显然是每个人内心所盼望的。实现这个目标，取决于选择什么样的主打花木品种，取决于怎样实现花木优质化，这些固然都很重要，但更为重要的是先学会如何做人，如何为他人着想。因为，物是死的，人是活的，人世间的一切奇迹都是由人创造出来的。做成事，先做人。做人，就是多为他人着想，多做有益于他人的事。

礼记云：君子贵人贱己，先人而后己。王洁，还有王士江、孟庆芝，做人都很优秀，按着这个路子走下去，再有个良好的心态在花木业打拼，他们的事业一定奇迹般地升华，我看想不成功都难！

成功，属于肯为他人着想的人。

2012年7月3日

回眸兔年

今天是2012年1月16日，腊月二十三，一个不同寻常的日子，因为这一天已是小年了。

从小年开始，按老规矩，就算过年了。这一天，南方流传着一首童谣："二十三，祭罢灶，小孩拍手哈哈笑；再过五六天，大年就来到；辟邪盒，耍核桃，滴滴点点两声炮；五子登科乒乓响，起火升得比天高。"这首童谣，反映了南方儿童盼望过年的欢喜心理。我们北京也流传着一首民谣，面儿更为宽广，从腊月二十三，一直涵盖到大年初一。这首民谣是这么说的："二十三，糖瓜粘；二十四，扫房日；二十五，炸豆腐；二十六，炖锅肉；二十七，宰公鸡；二十八，把面儿发；二十九，蒸馒头；三十儿晚上闹一宿；大年初一扭一扭。"这些民谣，不管是南方的，还是北方的，都说明一个问题，从腊月二十三开始，就要过年了。卯兔即将过去，辰龙就要到来。什么事，最让人怦然心动的，都是即将到来之时。

迎龙年，我们怎能忘得了令人欣喜的兔年。这一年，对于我们的国家，对于我们的花木行业，对于我们的报社，以至于对于我个人来说，都是丰收的一年。

从我们的国家来说，可以说是国泰民安、风调雨顺、经济持续快速发展的一年。著名经济学家郑新立先生给2011年打了90分。郑先生说，加分一个原因是经济平稳较快增长，另外是通胀压力已经明显缓解，三是三大需求均衡、旺盛增长，保持在一个快速增长的范围。全年经济增长在9.2%以上，这在全世界也是最快的。郑先生还说，中国有一句俗语：熊掌与鱼不能兼得。然而2011年，中国通过改善宏观调控，可以说既吃到了鱼，又吃到了熊掌。我概括为一句话：真牛！

我们的花木行业，背靠日益强大的祖国，更是兴旺发达的一年。这一年，我们的花木经济，特别是苗木业，可以说是30年来最好的一年。以往前些年，都是大规格苗木俏销，价格上升；而这一年，从一开春，苗木需求就全线飘红。大苗涨价，中等规格的苗子涨价，就连一年生的小苗子也是涨价，而且价格是暴涨。搞苗木经营的，日子都特别好过，乐得合不拢嘴，"大洋钱"没少往兜里揣。农业部2011年6月份对2010年全国花木业有个统计，据统计：2010年，全国花卉种植面积为91.8万公顷，相比2009年增长10.0%；全国花卉销售额862.1亿元，相比2009年增长19.8%。两者增长幅度均创下2005年以来的新高。2011年花木产业的统计要到2012年6月份才能出来，但据我估计，2011年花木业的面积，还有销售额，至少要在2010年的基础上增加35%。用一句话形容，还是：真牛！

而这一切，都是我们的花木企业家们抓住机会、勇于开拓拼搏的结果。因此，我要向大家致敬！

我们的报社，在经济上也是出现了近几年少有的好形势。大前天的晚上，报社全体同仁在一起吃年夜饭，周金田社长在做简短总结时，喜气洋洋地对大家说：2011年，兔年这一年，报社的经营收入是2007年以来最好的一年。报社的经营收入，主要靠的是广告。广告收入好，意味着在我们报纸上刊登广告的企业多了，投入大了。这说明，我们的报纸在花木行业的影响力还是很高的。不然，谁的钱也不是大风刮来的，倘若没多大作用，怎么可能往这张报纸上“砸那么多钱”？很显然，企业在我们报纸上刊登广告，对增加产品销售，提高企业知名度也是大有裨益的。

我个人，也是颇有收获的一年。这一年，我连续出版了两本书。一本是5月份在中国社会出版社出版的《我所探访的中外月季名家》。这本精装本全彩的图书出版之后，在月季界引起了很好的反映。一些月季专家，还把此书送给了美国、意大利、瑞士、英国、法国、日本等地的朋友。再有，就是昨天刚刚从中国林业出版社取回的样书：《花木经营妙招216》。这本书虽然注明的是“2012年1月第1版，但别忘了，1月22日以前还属于兔年。此外，就是我在报社领导的支持下，在中国花卉网开办了“老方侃经营”专栏。可以说，我们报社有网站的十多年来，我是第一个开办个人专栏的花卉报人。当然，我也没有辜负报社领导的信任，在3个多月的时间里，我像个小青年似的，不知疲倦，充满了激情，带着电脑，几乎是走到哪儿，写到哪儿。现在，我已在网上登了100余篇文章。可以说，在前3个月，几乎是每天一篇，而且每篇都在2000字左右，以至于业内有人给我戴了一顶“劳动模范”的帽子。此外，还有一点我也想说上一句。这一年的7月份，我作为中国花卉协会聘请的专家评委，还参与了“2011年度十佳花木种植企业”的评比工作。我想，中国花协这么做，也是对我这些年在行业内所做的工作的一种肯定。

雄关漫道真如铁，而今迈步从头越。回眸兔年，我们有太多的辉煌，有太多的感动，有太多的收获。展望龙年，我们自然还有更多的期待。让我们携起手来，为我们的祖国，为我们的行业，为我们的企业，创造更加辉煌的业绩！同时，愿新的一年里，每一天，每一缕灿烂的阳光都给您带来平安、幸福、开心、快乐！

感谢兔年！满腔热忱地拥抱龙年！

2012年1月6日（腊月二十三），晨